基于工作过程导向的“十三五”规划立体化教材
高等职业教育机电一体化及电气自动化专业教材

电气控制与PLC技术

（第2版）

主　编　徐炜君　徐春梅
副主编　杨　可　罗　旭　周海波　余秋兰

华中科技大学出版社
http://www.hustp.com
中国·武汉

内容简介

全书共分6章:第1章为常用低压电器及其应用,介绍常用低压电器的结构、工作原理及其选用;第2章为继电器接触器控制电路,介绍电气控制系统的基本环节、典型继电器接触器控制系统的原理及应用;第3章为PLC基础,介绍PLC的结构和工作原理、编程语言的种类及其特点,在此基础上以西门子S7-200系列PLC为例,介绍了其硬件结构、数据类型和编程元件及寻址;第4章为STEP7-Micro/WIN32编程软件,介绍S7-200系列PLC开发软件STEP7-Micro/WIN32的使用及仿真软件的使用;第5章为S7-200系列PLC的基本指令及其应用,介绍西门子S7-200系列PLC的基本指令和功能指令及其应用;第6章为S7-200系列PLC的高级应用,介绍S7-200系列PLC的特殊功能指令,PLC与组态软件构成的监控系统的构建方法,PLC应用系统的常用设计方法。

图书在版编目(CIP)数据

电气控制与PLC技术/徐炜君,徐春梅主编.—2版.—武汉:华中科技大学出版社,2018.1(2024.7重印)
ISBN 978-7-5680-3424-1

Ⅰ.①电… Ⅱ.①徐… ②徐… Ⅲ.①电气控制 ②PLC技术 Ⅳ.①TM571.2 ②TM571.6

中国版本图书馆CIP数据核字(2017)第328325号

电气控制与PLC技术(第2版)
Dianqi Kongzhi yu PLC Jishu

徐炜君 徐春梅 主编

策划编辑:张 毅
责任编辑:张 毅
封面设计:孢 子
责任监印:朱 玢
出版发行:华中科技大学出版社(中国·武汉) 电话:(027)81321913
武汉市东湖新技术开发区华工科技园 邮编:430223
录 排:华中科技大学惠友文印中心
印 刷:武汉邮科印务有限公司
开 本:787mm×1092mm 1/16
印 张:13.5
字 数:351千字
版 次:2024年7月第2版第2次印刷
定 价:42.80元

前言 QIANYAN

电气控制技术是以电力拖动系统或生产过程为控制对象，以实现生产过程自动化为目的的控制技术。作为现代工业的基础，电气控制技术现已广泛应用于工业、农业、国防、科学技术各领域和人们的日常生活中，并随着科学技术的发展得到迅猛发展。现代电气控制技术是在原有的继电器接触器控制技术的基础上，综合应用了计算机技术、微电子技术、检测技术、自动控制技术、智能技术、通信技术、网络技术等先进技术的科技成果。作为现代电气控制技术的一个分支，PLC 技术一经问世即以强大的生命力迅速占领了传统的控制领域，在工业自动化、机电一体化及传统产业技术改造等方面得到了广泛的应用。

"电气控制与 PLC 技术"是各大专院校电气、自动化、机电类专业中十分重要的专业课，为了使学生能更好地掌握这门专业课，我们在总结长期教学经验的基础上编写了本书。本书以继电器接触器控制系统与可编程控制器为主线，以培养学生的电气控制工程实践能力为核心，系统地介绍了继电器接触器控制技术和 PLC 技术，在突出基础知识、基本分析设计方法以及基本编程能力的基础上，更注重强化工程应用能力和技能的培养。

本书既可作为高职高专机电类、自动化类及电子信息类等专业的教学用书，也可作为应用型本科院校、成人教育、技师学院、函授学院、中职学校等院校相关专业的教材，还可作为电气技术人员的参考工具书及电气行业培训用教材。

本书由东北石油大学徐炜君和武汉工程职业技术学院徐春梅担任主编，长江职业学院杨可、广东农工商职业技术学院罗旭、长江工程职业技术学院周海波、武汉软件工程职业学院余秋兰担任副主编。其中，罗旭编写第 1 章，徐春梅编写第 2 章，周海波、余秋兰编写第 3 章，杨可编写第 4 章，徐炜君编写第 5 章和第 6 章，全书由徐炜君统稿、定稿。

本书的编写融入了"互联网＋"思维，以二维码的形式穿插在文中，扫码即可观看微视频，查阅知识点。（由于视频格式原因，可能会出现不能观看的情况，请下载后观看，下载地址 http://yishu.hustp.com/index.php? m＝Teachingbook&a＝detail&id＝314）

在本书的编写过程中，得到了业界各位同仁及院系部领导的关怀和指导，在此深表感谢！

由于编者水平和编写时间有限，书中难免存在一些疏漏和不妥之处，敬请广大读者批评指正。

编　者

目录 MULU

第1章

常用低压电器及其应用

本章学习重点

(1) 重点掌握开关电器、主令电器、接触器、继电器、熔断器等低压电器的作用、结构和工作原理。

(2) 重点掌握常用低压电器的电气图形和文字符号。

(3) 重点掌握常用低压电器的技术参数。

(4) 重点掌握低压电器的使用和选用原则。

低压电器是电力拖动控制系统、低压供配电系统的基本组成元件，其性能的优劣直接影响着系统的可靠性、先进性和经济性，是电气控制技术的基础。

通过本章的学习，重点掌握常用低压电器的结构、工作原理及选用原则，为学习后续章节打好基础。

1.1 低压电器概述

一、电器及低压电器的定义

根据外界信号和要求，自动或手动接通或断开电路，断续或连续地改变电路参数，以实现对电路或非电路对象的切换、控制、保护、检测、变换和调节的电气装置均可称为电器。我国现行标准将工作在交流 50 Hz、额定电压 1 200 V 及以下和直流额定电压 1 500 V 及以下电路中的起通断、保护、控制或调节作用的电器称为低压电器。

二、低压电器的分类

低压电器的品种、规格很多，其作用、构造及工作原理也各不相同，因而有多种分类方法。

1. 按照用途分

1）低压配电电器

低压配电电器主要用于保护交直流电网内的电器设备，使之免受过电流、逆电流、短路、欠电压及漏电等不正常情况的危害，同时也可用于不频繁启动电动机及操作或转换电路。常用的低压配电电器有刀开关、转换开关、断路器等。

2）低压控制电器

低压控制电器是指用于电力拖动及自动控制系统的电器，如使电动机完成生产机械要求的启动、调速、反转和停止所用的控制电器，常用的低压控制电器有接触器、继电器、主令电器、启动器等。

2. 按照操作方式分

1）自动电器

自动电器是指依靠本身参数的变化或外来信号的作用，自动完成动作指令的电器，如接触器、继电器等。

2）手动电器

手动电器是指通过人的操作发出动作指令的电器，如刀开关、转换开关和主令电器等。

3. 按照工作原理分

1）电磁式电器

电磁式电器是指根据电磁感应原理进行工作的电器，如交直流接触器、电磁式继电器等。

2）非电量控制电器

非电量控制电器是指以非电物理量作为控制量进行工作的电器，如按钮开关、行程开关、刀开关、热继电器、速度继电器等。

1.2 低压配电电器

一、刀开关

刀开关又称闸刀开关，是低压配电电器中结构最简单、应用最广泛的电器。刀开关主要用在低压成套装置中，作为不频繁手动接通和分断交、直流电路或隔离开关用，有时也用来控制小容量电动机的直接启动与停机。根据不同的工作原理、使用条件和结构形式，刀开关及其与熔断器组合的产品有以下几种：①刀开关和刀形转换开关；②开启式负荷开关；③封闭式负荷开关；④组合开关。

开启式负荷开关又称胶盖刀开关，其外形如图 1-1(a)所示。它结构简单、价格便宜、使用维修方便，主要用于电气照明电路和电热电路、小容量电动机电路的不频繁控制开关，也可用于分支电路的配电开关。

胶盖刀开关的电气图形符号和文字符号如图 1-2 所示。

1. 胶盖刀开关的结构

胶盖刀开关的结构如图 1-1(b)所示，它由手柄、静触头、动触头、进/出线座和瓷底座等组成。此种刀开关装有熔丝，可起短路保护作用。

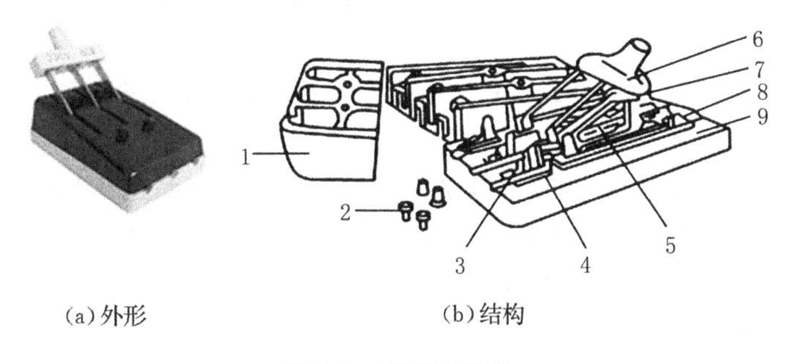

(a)外形　(b)结构

图 1-1　胶盖刀开关

1—胶盖；2—胶盖紧固螺钉；3—出线座；4—静触头；5—熔丝；6—手柄；7—动触头；8—进线座；9—瓷底座

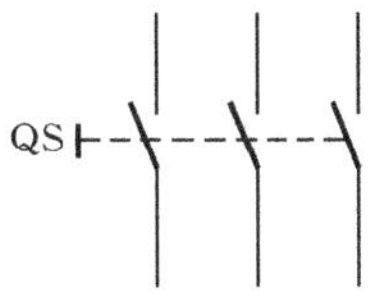

QS

图 1-2　胶盖刀开关的电气图形符号和文字符号

胶盖刀开关的优点：胶盖可以防止电弧飞出而灼伤操作人员，同时还可以防止极间电弧造成的电源短路；状态明确。其缺点：控制能力差、操作具有一定的危险性、自动化水平低。

2. 胶盖刀开关的型号和主要技术参数

胶盖刀开关的型号含义如图 1-3 所示。

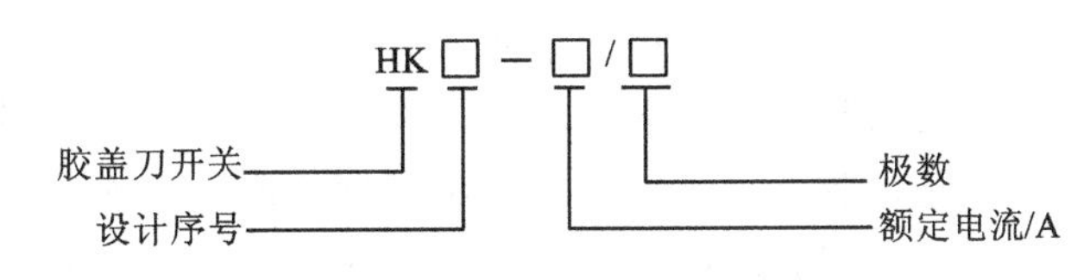

图 1-3　胶盖刀开关的型号含义

胶盖刀开关的常用型号有HK1、HK2、HK4和HK8等系列。HK1系列胶盖刀开关的技术参数如表1-1所示。

表1-1 HK1系列胶盖刀开关的主要技术参数

型　号	极数	额定电流/A	额定电压/V	可控制电动机最大容量/kW		熔丝直径/mm
				220 V	380 V	
HK1-15/2	2	15	220	1.5	—	1.45～1.59
HK1-30/2	2	30	220	3.0	—	2.30～2.52
HK1-60/2	2	60	220	4.5	—	3.36～4.00
HK1-15/3	3	15	380	1.5	2.2	1.45～1.59
HK1-30/3	3	30	380	3.0	4.0	2.30～2.52
HK1-60/3	3	60	380	4.5	5.5	3.36～4.00

3. 胶盖刀开关的使用注意事项及选用原则

1）使用注意事项

安装胶盖刀开关，刀开关闭合时手柄要向上，不得倒装或平装，以避免由于重力自动下落而引起误动合闸。接线时，应将电源线接在上端，负载线接在下端，这样拉闸后刀开关的刀片与电源隔离，既便于更换熔丝，又可防止意外事故的发生。

2）选用原则

用于照明和电热负载时，选用额定电压220 V或250 V，额定电流不小于电路所有负载的额定电流之和的两极开关。

用于控制电动机的直接启动和停止时，选用额定电压380 V或500 V，额定电流不小于电动机额定电流3倍的三极开关。

【例1-1】 用胶盖刀开关控制一个电动机，电动机的型号是Y112M-4，额定功率是4 kW，该刀开关的技术参数各是多少？（电动机型号：Y—三相异步电动机，112—机座中心高(mm)，M—机座长度代号(S为短机座，M为中机座，L为长机座)，4—磁极数）

【解】 工程应用中，电动机额定电流的简单计算方法是：

$$I_N = P_N \times 2 \tag{1-1}$$

式中：I_N——电动机的额定电流；

P_N——电动机的额定功率。

故该电动机的额定电流为8 A，刀开关的额定电流应该不小于3×8 A=24 A，选择30 A，额定电压为380 V，3极，如HK8L-30/3。

二、万能转换开关

万能转换开关是一种多挡位、多段式、控制多回路的主令电器。如图1-4所示，它由操作机构、定位装置和触头等三部分组成；当操作手柄转动时，带动开关内部的凸轮转动，从而使触头按规定顺序闭合或断开。万能转换开关主要用于各种控制线路的转换、电压表、电流表的换相测量控制、配电装置线路的转换和遥控等，它还可以用于直接控制小容量电动机的启动、调速和换向。

(a) 外形

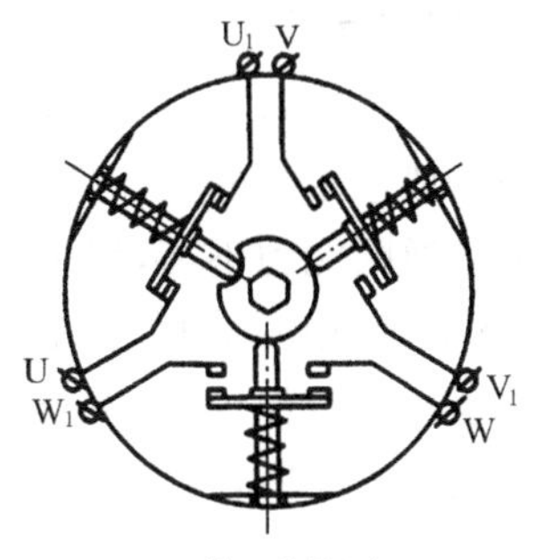

(b) 单层结构原理

图 1-4 万能转换开关

1. 万能转换开关的型号和主要技术参数

LW5 系列万能转换开关适用于交流 50 Hz，额定工作电压 550 V 及以下、直流电压 400 V 及以下的电路中，作电气控制线路转换之用（电磁线圈、电气测量仪表和伺服电动机等），也可直接控制额定电压 380 V、额定功率 5.5 kW 及以下的三相笼形异步电动机。

1）产品型号及其含义

LW5 系列万能转换开关按照其用途可以分为主令控制用转换开关和直接控制 5.5 kW 电动机用转换开关，其中主令控制用转换开关的型号含义如图 1-5 所示，直接控制电动机用转换开关的型号含义如图 1-6 所示。

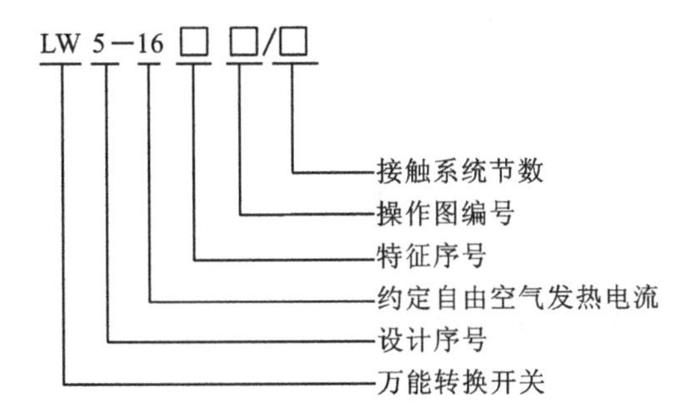

图 1-5 主令控制用转换开关的型号含义

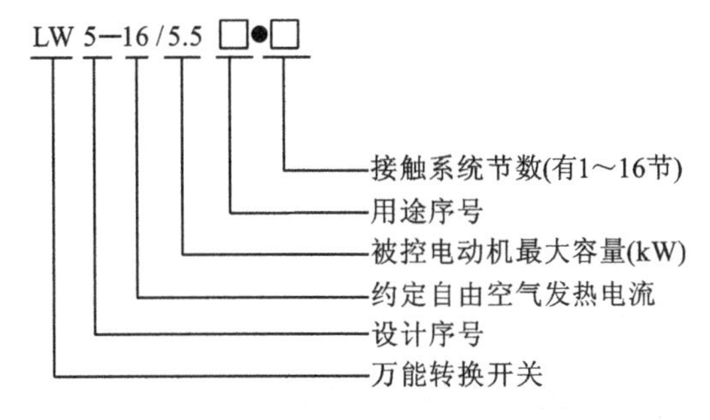

图 1-6 直接控制电动机用转换开关的型号含义

2）主要技术参数

LW5 系列万能转换开关的主要技术参数如表 1-2 所示。

表 1-2 LW5 系列万能转换开关的技术参数

用途分类	使用类别	电流类别		控制线圈或电动机/W	额定工作电压/V			电气寿命/次	
主令控制	AC-15				500	380	220	20×10^4	
	DC-13	直流	双断点	60	400	220	110		
			四断点	90					
直接控制电动机	AC-3	交流		5 500	380			19.5×10^4	20×10^4
	AC-4							0.5×10^4	

2. 万能转换开关的使用注意事项

(1) 万能转换开关的安装位置应与其他电器元件或机床的金属部件有一定间隙。

(2) 万能转换开关一般应水平安装在平板上。

(3) 万能转换开关的通断能力不高,用来控制电动机时,只能控制小容量的电动机;用于控制电动机的正反转时,则只能在电动机停止后才能反向启动。

(4) 万能转换开关本身不带保护,必须与其他电器配合使用。

(5) 当万能转换开关有故障时,应切断电路检查相关部件。

三、低压断路器

低压断路器也称空气开关,其外形如图 1-7 所示,它是能够接通、承载及分断正常电路条件下的电流,也能在规定的非正常电路条件(过载、短路)下接通、承载一定时间和分断电流的开关电器。它可用来分配电能、不频繁地启动异步电动机、对电源线路及电动机等实行保护,当它们发生严重的过载或者短路及欠压等故障时,能自动切断电路;在电路中除起控制作用外,还具有一定的保护功能,如过载、短路、欠压和漏电保护等。

低压断路器的电气图形符号和文字符号如图 1-8 所示。

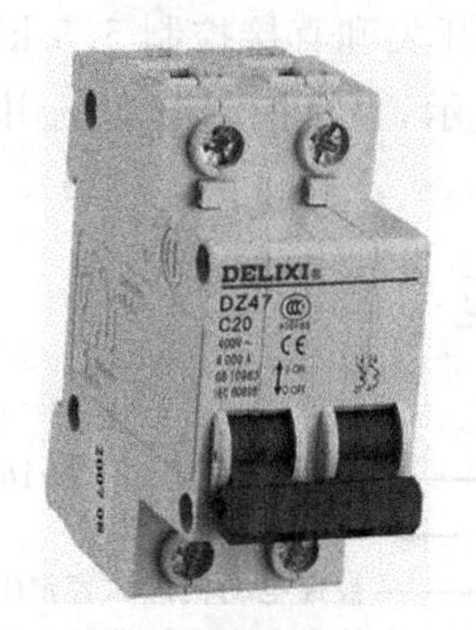

图 1-7 低压断路器的外形

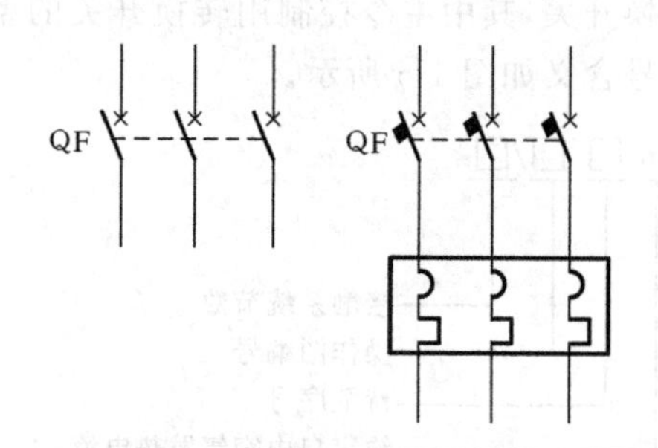

图 1-8 低压断路器的电气图形符号和文字符号

1. 低压断路器的结构和工作原理

低压断路器的种类比较多,但是其基本结构相同,主要由触头系统、灭弧装置、脱扣机构、传动机构组成。

低压断路器的工作原理如图 1-9 所示:手动合闸后,主触头闭合,自由脱扣器将主触头锁在合闸位置上。过流脱扣器的线圈和热脱扣器的热元件串联在主电路中,失压脱扣器的线圈并联在电路中。当电路发生短路时,过流脱扣器线圈中的电流急剧增加,衔铁吸合,使自由脱扣器动作,主触头在弹簧作用下分开,从而切断主电路;当电路过载时,热脱扣器的热元件发热使双金属片向上弯曲,推动自由脱扣器动作;当电路发生欠压故障时,失压脱扣器电磁线圈中的磁通下降,电磁吸力下降或消失,衔铁在弹簧作用下向上移动,推动自由脱扣器动作;分励脱扣器用于远距离分断电路(远程控制用)。

2. 低压断路器的分类及典型产品

低压断路器主要是以结构形式分类,有开启式和装置式两种,开启式又称为框架式或万能式,装置式又称为塑料外壳式(简称塑壳式)。按照用途分类,有配电用、电动机保护用、家用或类似场所用、漏电保护用和特殊用途;按照极数分类,有单极、两极、三极和四极,按照灭弧介质

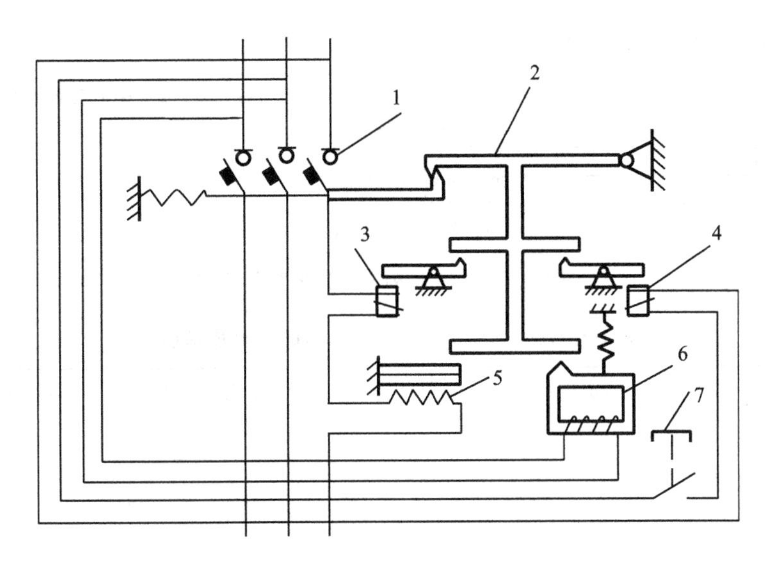

图 1-9 低压断路器的工作原理

1—主触头；2—自由脱扣器；3—过流脱扣器；4—分励脱扣器；5—热脱扣器；6—失压脱扣器；7—按钮

分类，有真空式和空气式。现以装置式断路器为例，介绍其典型产品。

装置式断路器由塑料外壳、脱扣器、操作机构、触头及灭弧系统等组成，可手动或电动（对大容量断路器而言）合闸，有较高的分断能力和动稳定性，有较完善的选择性保护功能，广泛用于配电线路。

目前，常用的装置式断路器有 DZ15、DZ20、DZX19、DZ47、C45N（目前已升级为 C65N）等系列产品。T 系列为引进日本的产品，等同于国内的 DZ949 系列，适用于船舶。H 系列为引进美国西屋公司的产品。3VE 系列为引进德国西门子公司的产品，等同于国内的 DZ108 系列，适用于保护电动机。C45N（C65N）系列为引进法国梅兰日兰公司的产品，等同于国内的 DZ47 系列，这种断路器具有体积小、分断能力高、限流性能好、操作轻便、规格型号齐全，可以方便地在单极结构基础上组合成二极、三极、四极断路器等优点，广泛使用在 60 A 及以下的民用照明支干线及支路中（多用于住宅用户的进线开关及商场照明支路开关）或电动机动力配电系统和线路过载与短路保护中。DZ47-63 系列断路器型号的含义如图 1-10 所示，DZ15 系列断路器型号的含义如图 1-11 所示。DZ47-63 和 DZ15 系列低压断路器的主要技术参数见表 1-3 和表 1-4。

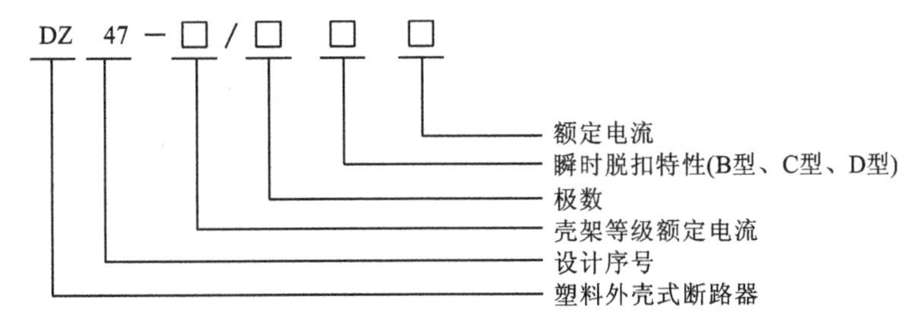

图 1-10 DZ47-63 系列断路器的型号含义

注：B 型主要用于冲击电流小的设备，如白炽灯照明回路；C 型主要用于冲击电流一般的设备，如荧光灯、气体放电灯照明，以及普通用电设备回路；D 型主要用于冲击电流大的设备，如电动机等大启动电流的设备。

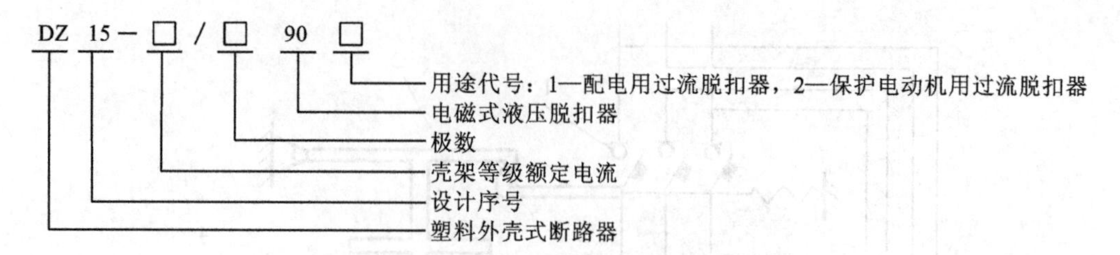

图 1-11　DZ15 系列断路器的型号含义

表 1-3　DZ47-63 系列低压断路器的主要技术参数

额定电流/A	极数	额定电压/V	分段能力/A	瞬时脱扣类型	瞬时保护电流范围/A
1、36、10、16、20、25、32	1、2、3、4	230、400	6 000	B	3～5
				C	5～10
				D	10～14
40、50、60			4 500	B	3～5
				C	5～10
				D	10～14

表 1-4　DZ15 系列低压断路器的主要技术参数

型　号	壳架等级电流/A	额定电压/V	极　数	额定电流/A
DZ15-40	40	220	1	6、10、16、20、25、32、40
			2	
		380	3	
DZ15-100	100	380	3	10、16、20、25、32、40、50、63、80、100

3. 低压断路器的技术参数

低压断路器的主要技术参数有极数、电流种类、额定电压、额定电流、额定通断能力、允许操作频率、机械寿命、使用类别等。

1）额定工作电压

额定工作电压是指在规定的条件下，断路器长时间运行承受的工作电压，它应不小于负载的额定电压。通常最大工作电压即为额定电压，一般指线电压。直流断路器常用的额定电压值为 110 V、220 V、440 V 和 660 V 等。交流断路器常用的额定电压值为 127 V、220 V、380 V、500 V 和 660 V 等。

2）额定工作电流

额定工作电流是指在规定的条件下，断路器可长时间通过的电流值，又称为脱扣器额定电流。

3）额定通断能力

额定通断能力是指在规定的条件下，断路器可接通和分断的短路电流值。

4）电气寿命和机械寿命

电气寿命是指在规定的正常工作条件下，断路器不需要修理或更换的有载操作次数。机械寿命是指断路器不需要修理或更换的机构所承受的无载操作次数。目前，断路器的机械寿命已达 1000 万次以上，电气寿命是机械寿命的 5%～20%。

4. 低压断路器的选用原则

（1）应根据对线路保护的要求确定断路器的类型和保护形式，如万能式或塑壳式断路器，通常电流在 600 A 以下时多选用塑壳式断路器，当然，现在也有塑壳式断路器的额定电流大于 600 A。

（2）断路器的额定电压应大于或等于被保护线路的额定电压。

（3）断路器的额定电流应大于或等于被保护线路的计算电流。

（4）断路器的极限分断能力应大于线路的最大短路电流的有效值。

（5）断路器欠电压脱扣器的额定电压应等于被保护线路的额定电压。

（6）断路器的热脱扣器的整定电流应等于所控制的电动机或其他负载的额定电流。

（7）断路器的电磁脱扣器（短路保护）的瞬时动作整定电流应大于负载电路正常工作时可能出现的峰值电流。采用断路器作为单台电动机的短路保护时，电磁脱扣器的瞬时整定电流为电动机启动电流的 1.35 倍（DW 系列断路器）或 1.7 倍（DZ 系列断路器）。

（8）配电线路中的上、下级断路器的保护特性应协调配合，下级的保护特性应位于上级保护特性的下方，并且不相交。

（9）选用断路器时，要考虑断路器的用途，如要考虑断路器是作保护电动机用、配电用还是照明生活用，这点将在后面的例子中提到。

【例 1-2】 有一个居民用照明电路，总功率为 1.5 kW，选用一个合适的断路器作为其总电源开关。

【解】 由于照明电路的额定电压为 220 V，因此选择照明电路的额定电压为 230 V。照明电路的额定电流为 $I=P/U=1500/220$ A≈6.8 A，可选择断路器的额定电流为 10 A。DZ47-63系列的断路器比较适合用于照明电路中瞬时整定电流值为 6～20 倍的额定电流，查表 1-3 可知，C 型适合。因此，最终选择的低压断路器的型号为 DZ47-63/2P、C10（C 型 10 A 额定电流）。

【例 1-3】 CA6140A 车床上配有 3 台三相异步电动机，主电动机功率为 7.5 kW，快速电动机功率为 275 W，冷却电动机功率为 150 W，控制电路功率为 500 W，请选用合适的断路器作为电源开关。

【解】 由于电动机的额定电压为 380 V，所以选择断路器的额定电压为 380 V。整个电路的额定电流为 $I_N=\dfrac{P}{U}=\dfrac{7\,500+275+150+500}{380}$ A≈22.2 A，在选择断路器的额定电流时需要考虑以下情况：如果断路器的额定电流选择较小（如 25 A），车床在启动的瞬间由于电动机启动电流过大，电路中的电流有可能达到甚至超过断路器中电磁脱扣器的瞬时整定电流，从而引起断路器的过流保护断开，因此可以选择断路器的额定电流大于其电路的额定电流（如 40 A）；再者考虑到本电路要保护电动机，所以断路器的具体型号为 DZ15-40/3902、380 V、40 A。

1.3 主令电器

在电气控制系统中,主令电器是用于闭合或断开控制电路,以发出指令或作为程序控制的开关电器。它可以直接作用于控制电路,也可以通过电磁式电器的转换对电路实现控制。主令电器应用广泛、种类较多,常用的主令电器有控制按钮、行程开关、接近开关等。

一、控制按钮

控制按钮的外形如图1-12所示,它是一种手动且可以自动复位的主令电器,其结构简单、使用广泛,在电气控制电路中,可用于手动发出控制信号以控制接触器、继电器、电磁启动器等。

控制按钮的电气图形符号和文字符号如图1-13所示。

图1-12　控制按钮的外形

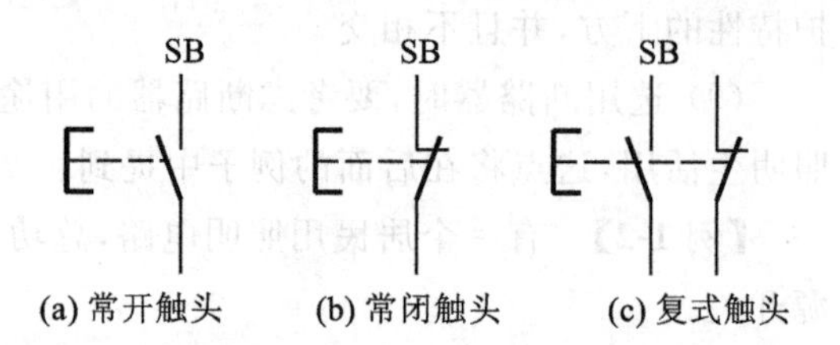

(a) 常开触头　(b) 常闭触头　(c) 复式触头

图1-13　控制按钮的电气图形符号和文字符号

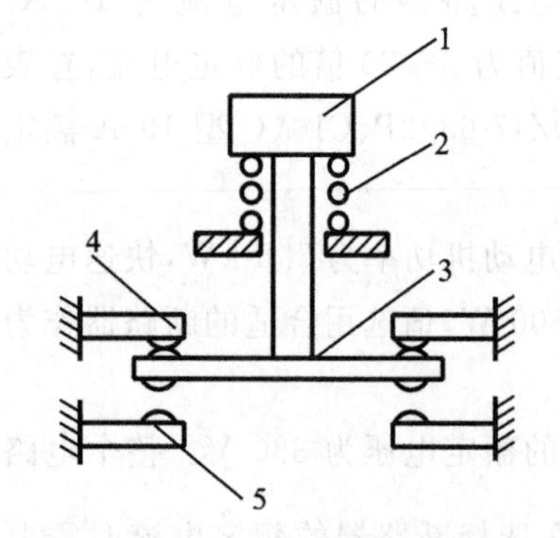

图1-14　控制按钮的结构示意图

1—按钮帽;2—复位弹簧;
3—动触头;4—常闭触头;5—常开触头

1. 控制按钮的结构和工作原理

控制按钮由按钮帽、复位弹簧、桥式触头和外壳组成,其结构示意图如图1-14所示,通常情况下控制按钮做成具有常闭触头和常开触头的复合式结构,其工作原理是:在按钮没有操作前,其常闭触头闭合,常开触头断开;在按下按钮时,其常闭触头断开,常开触头闭合;在按钮释放后,在复位弹簧的作用下,按钮又恢复到没有操作前的状态。

2. 控制按钮的典型产品

常用的控制按钮有LA2、LAY3、LA18、LA19、LA20、LA25、LA39、LA81、COB、LAY1和SFAN-1系列。SFAN-1系列为消防打碎玻璃按钮;LA2系列为仍在使用的老产品;新产品有LA18、LA19、LA20和LA39等系列,其中:LA18系列采用积木式结构,触头可按需要拼装成六个常开、六个常闭,而在一般情况下拼装成两个常开、两个常闭;LA19、LA20系列有带指示灯和不带指示灯两种,前者用透明塑料制成,兼做指示灯罩;COB系列按钮具有防雨功能。LAY3 系列按钮的主要技术参数见表 1-5，其型号含义如图 1-15 所示。

表 1-5 LAY3 系列控制按钮的技术参数

<table>
<tr><th rowspan="2">型 号</th><th colspan="2">额定电压/V</th><th rowspan="2">约定发热电流/A</th><th colspan="2">额定工作电流</th><th colspan="2">触头对数</th><th rowspan="2">结构形式</th></tr>
<tr><th>交流</th><th>直流</th><th>交流</th><th>直流</th><th>常开触头</th><th>长闭触头</th></tr>
<tr><td>LAY3-22</td><td>380</td><td>220</td><td>5</td><td rowspan="8">380 V，0.79 A/220 V，2.26 A</td><td rowspan="8">220 V，0.27 A/110 V，0.55 A</td><td>2</td><td>2</td><td rowspan="2">一般形式</td></tr>
<tr><td>LAY3-44</td><td>380</td><td>220</td><td>5</td><td>4</td><td>4</td></tr>
<tr><td>LAY3-22M</td><td>380</td><td>220</td><td>5</td><td>2</td><td>2</td><td rowspan="2">蘑菇形</td></tr>
<tr><td>LAY3-44M</td><td>380</td><td>220</td><td>5</td><td>4</td><td>4</td></tr>
<tr><td>LAY3-22X2</td><td>380</td><td>220</td><td>5</td><td>2</td><td>2</td><td>二位旋钮</td></tr>
<tr><td>LAY3-22X3</td><td>380</td><td>220</td><td>5</td><td>2</td><td>2</td><td>三位旋钮</td></tr>
<tr><td>LAY3-23Y</td><td>380</td><td>220</td><td>5</td><td>2</td><td>2</td><td rowspan="2">钥匙式</td></tr>
<tr><td>LAY3-44Y</td><td>380</td><td>220</td><td>5</td><td>4</td><td>4</td></tr>
</table>

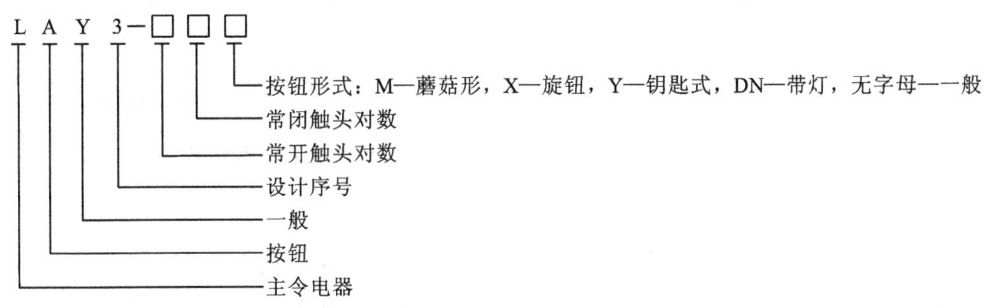

图 1-15 LAY3 系列控制按钮的型号含义

3. 控制按钮的选用

为便于识别各个控制按钮的作用并同时避免误操作，通常将按钮帽制成不同标识并采用不同颜色以示区别，一般红色表示停止按钮、绿色表示启动按钮。不同场合使用的按钮还制成不同的结构，例如，紧急式按钮装有突出的蘑菇形按钮帽以便于紧急操作，旋钮式按钮通过旋转进行操作，指示灯式按钮在透明的按钮帽内装有指示灯作指示，钥匙式按钮必须用钥匙插入方可旋转操作等。

控制按钮的选用应根据使用场合和具体用途确定，例如，控制柜面板上的按钮一般选用开启式，需显示工作状态则选用带指示灯式，重要设备为防止无关人员误操作就需选用钥匙式。按钮颜色根据工作状态指示和工作情况要求选择，见表 1-6。

表 1-6 控制按钮的颜色及其含义

<table>
<tr><th>按钮颜色</th><th>含 义</th><th>说 明</th><th>应用示例</th></tr>
<tr><td>红</td><td>紧急</td><td>危险或紧急情况时操作</td><td>急停</td></tr>
<tr><td>黄</td><td>异常</td><td>异常情况时操作</td><td>干预制止异常情况</td></tr>
<tr><td>绿</td><td>正常</td><td>正常情况时启动操作</td><td>—</td></tr>
<tr><td>蓝</td><td>强制性</td><td>要求强制动作情况下操作</td><td>复位功能</td></tr>
<tr><td>白</td><td rowspan="3">未赋予特定含义</td><td rowspan="3">除急停以外的一般功能的启动</td><td>启动/接通(优先)、停止/断开</td></tr>
<tr><td>灰</td><td>启动/接通、停止/断开</td></tr>
<tr><td>黑</td><td>启动/接通、停止/断开(优先)</td></tr>
</table>

二、行程开关

行程开关又称限位开关,其外形如图1-16所示,其工作原理与控制按钮的相类似,不同的是行程开关的触头动作不靠手工操作,而是利用机械运动部件的碰撞使触头动作,从而将机械信号转换为电信号,再通过其他电器间接控制机械运动部件的行程、运动方向或进行限位保护等。常用的行程开关按其结构不同可以分为直动式、滚轮式、微动式和组合式。

行程开关的电气图形符号和文字符号如图1-17所示。

图1-16 行程开关的外形

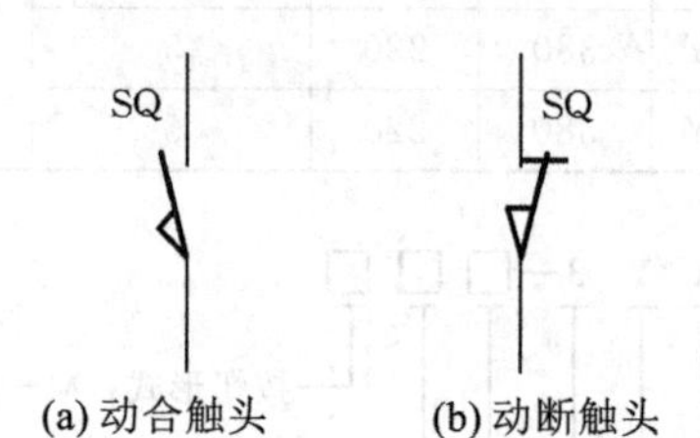

图1-17 行程开关的电气图形符号和文字符号

1. 直动式行程开关的结构和工作原理

行程开关的结构和外形多种多样,但工作原理基本相同,在此只介绍直动式行程开关,其结构示意图如图1-18所示,当运动机械撞到行程开关的顶杆时,顶杆受压触动使常闭触头断开,常开触头闭合;当运动机械移走后,顶杆在弹簧作用下复位,各触头回至原始通断状态。

2. 行程开关的典型产品及选用

1) 典型产品介绍

常见的行程开关有LX1、LX2、LX3、LX4、LX5、LX6、LX7、LX8、LX9、LX10、LX19、LX25、LX44等系列产品。LXK3系列行程开关的主要技术参数见表1-7,其型号含义如图1-19所示。

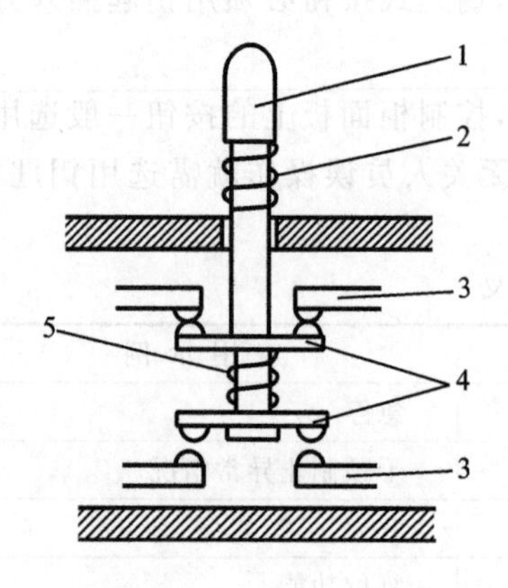

图1-18 直动式行程开关的结构示意图

1—顶杆;2—复位弹簧;3—静触头;
4—动触头;5—触头弹簧

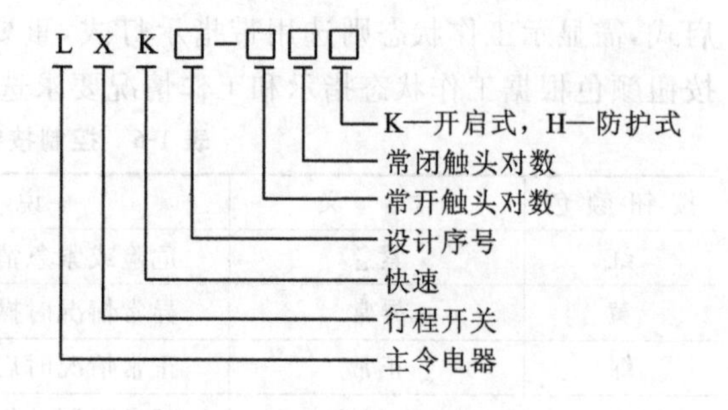

图1-19 LXK系列行程开关的型号含义

表 1-7 LXK3 系列行程开关的主要技术参数

型号	额定电压/V		额定控制功率/W		约定发热电流/A	触头对数		额定操作频率/(次/h)
	交流	直流	交流	直流		常开	常闭	
LXK3-11K	380	220	300	60	5	1	1	300
LXK3-11H	380	220	300	60	5	1	1	300

2) 选用原则

行程开关选用时应根据使用场合和控制对象确定行程开关的种类。例如，当机械运动速度不太快时，通常选用一般用途的行程开关；在机床行程通过路径上不宜装直动式行程开关而应选用凸轮轴转动式行程开关；行程开关额定电压与额定电流则根据控制电路的电压与电流选用。

三、接近开关

接近开关又称无触头行程开关，是理想的电子开关量传感器，其外形如图 1-20 所示。当检测体接近开关的感应区域，开关就能无接触、无压力、无火花的迅速发出电气指令，准确反映出运动机构的位置和行程，即使用于一般的行程控制，其定位精度、操作频率、使用寿命、安装调整的方便性和对恶劣环境的适用能力，也是一般机械式行程开关所不能相比的。由于以上的优点，接近开关被广泛地应用于机床、冶金、化工、轻纺和印刷等行业。在自动控制系统中可作为限位、计数、定位控制和自动保护等环节。接近开关具有使用寿命长、工作可靠、重复定位精度高、无机械磨损、无火花、无噪音、抗振能力强等特点，因此得到了广泛的应用。

接近开关的电气图形符号和文字符号如图 1-21 所示。

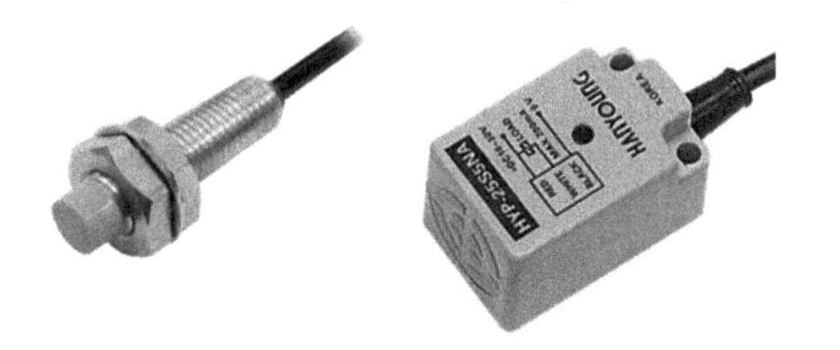

图 1-20 接近开关的外形

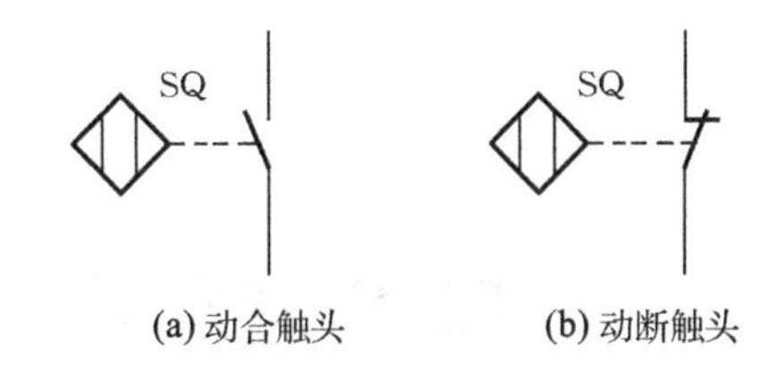

图 1-21 接近开关的电气图形符号和文字符号

1. 接近开关的原理及分类

1) 按工作原理分

接近开关按工作原理一般分为电感式、电容式、磁感式和光电式等形式。

(1) 电感式接近开关的感应头是一个具有铁氧体磁芯的电感线圈，只能用于检测金属体。振荡器在感应头表面产生一个交变磁场，当金属块接近感应头时，金属中产生的涡流吸收了振荡的能量，使振荡减弱以至停振，因而产生振荡和停振两种信号，经整形放大器转换成二进制的开关信号，从而起到“开”、“关”的控制作用。通常把接近开关刚好动作时感应头与检测物体之间的距离称为动作距离。

(2) 电容式接近开关的感应头是一个圆形平板电极，与振荡电路的地线形成一个分布电容，当有导体或其他介质接近感应头时，电容量增大而使振荡器停振，经整形放大器输出电信号。电容式接近开关既能检测金属，又能检测非金属及液体。

(3) 磁感式接近开关主要指霍尔接近开关,当磁性物件移近霍尔开关时,开关检测面上的霍尔元件因产生霍尔效应而使开关内部电路状态发生变化,由此识别附近有磁性物体存在,进而控制开关的通或断,这种接近开关的检测对象必须是磁性物体。

(4) 光电开关(光电传感器)是光电接近开关的简称,它是利用被检测物对光束的遮挡或反射,由同步回路选通电路,从而检测物体有无的。物体不限于金属,所有能反射光线的物体均可被检测。光电开关将输入电流在发射器上转换为光信号射出,接收器再根据接收到的光线的强弱或有无对目标物体进行探测。

2) 按供电方式分

接近开关按供电方式可分为直流型和交流型。

3) 按输出形式分

接近开关按输出形式又可分为直流两线制、直流三线制、直流四线制、交流两线制和交流三线制。

2. 接近开关的选用

对于不同材质的检测体和不同的检测距离,应选用不同类型的接近开关,以使其在系统中具有高的性价比,为此在选型中应遵循以下原则。

(1) 当检测体为金属材料时,应选用高频振荡型接近开关,该类型接近开关对铁镍、A3 钢类检测体检测最灵敏,对铝、黄铜和不锈钢类检测体,其检测灵敏度相对较低。

(2) 当检测体为非金属材料时,如木材、纸张、塑料、玻璃和水等,应选用电容型接近开关。

(3) 金属体和非金属要进行远距离检测和控制时,应选用光电型接近开关或超声波型接近开关。

(4) 对于检测体为金属时,若检测灵敏度要求不高时,可选用价格低廉的磁性接近开关或霍尔式接近开关。

1.4 低压保护电器

一、熔断器

熔断器是一种低压保护电器,在流过熔断器的电流值超过规定值一定时间后,以其本身产生的热量使熔体熔化而分断电路。其安秒特性曲线如图 1-22 所示,流过熔体的电流越大,熔断所需的时间越短。

熔断器的电气图形符号和文字符号如图 1-23 所示。

1. 熔断器的结构和工作原理

熔断器一般由绝缘底座、熔体、熔断管、填料及导电部件组成,在电路中起短路和过电流保护的作用。应用时将熔断器的熔体串接在电路中,负载电流流经熔体,当电路发生短路或过电流时,通过熔体的电流使其发热,从而自行熔断而切断电路。熔断器的型号含义如图 1-24 所

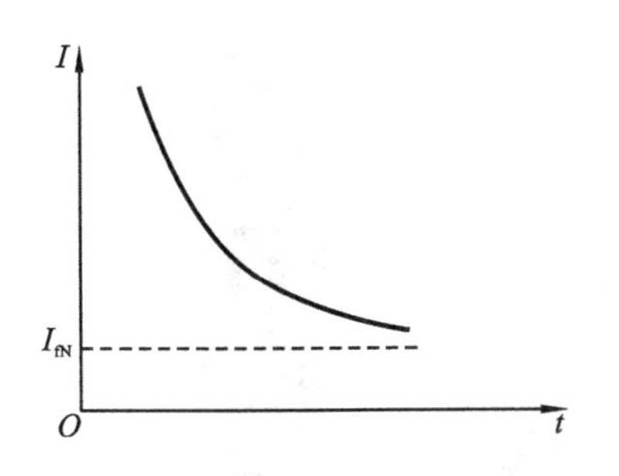

图 1-22 熔断器的保护特性(安秒)曲线

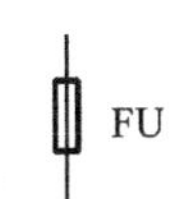

图 1-23 熔断器的电气图形符号和文字符号

示。

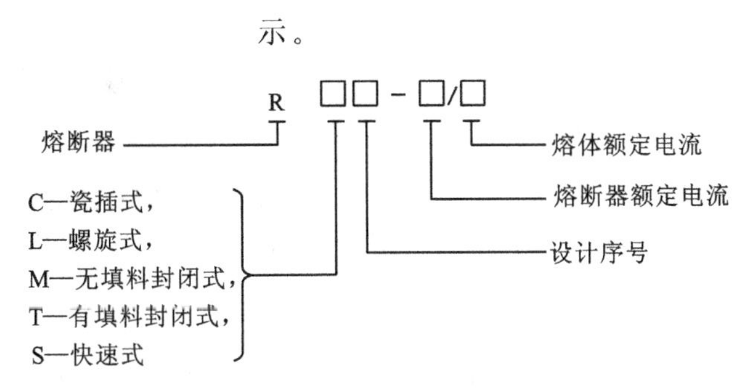

图 1-24 熔断器的型号含义

2. 熔断器的分类

1）瓷插式熔断器

瓷插式熔断器是指熔体靠导电插件插入底座的熔断器，其外形如图 1-25 所示。这种熔断器由瓷盖、瓷座、动触头、静触头及熔丝组成，其结构如图 1-26 所示。熔断器的电源线和负载线分别接在瓷座两端静触头的接线桩上，熔体接在瓷盖两端的动触头上，中间经过凸起的部分，如果熔体熔断，产生的电弧被凸起部分隔开，使其迅速熄灭；较大容量熔断器的灭弧室中还垫有熄灭电弧用的石棉织物。这种熔断器结构简单、使用方便、价格低廉，广泛用于照明电路和小功率电动机的保护电路，常用型号为 RC1A 系列。

图 1-25 瓷插式熔断器的外形

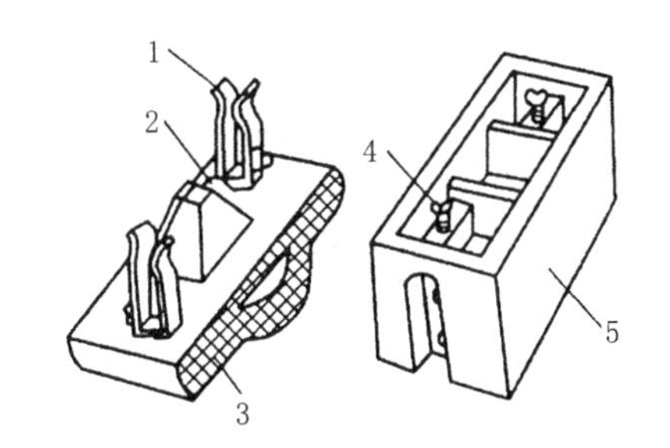

图 1-26 瓷插式熔断器的结构

1—动触头；2—熔体；3—瓷盖；4—静触头；5—瓷座

2）螺旋式熔断器

螺旋式熔断器是指带熔体的载熔件借助螺纹旋入底座的熔断器，其外形如图 1-27 所示。螺旋式熔断器熔体的上端盖有一个熔断指示器，一旦熔体熔断，指示器会马上弹出，可透过瓷帽上的玻璃孔观察到，其结构如图 1-28 所示。螺旋式熔断器分断电流较大，可用于电压等级 500 V及其以下、电流等级 200 A 以下的电路中，起短路保护或过载保护用。常用型号有 RL1、

图 1-27　螺旋式熔断器的外形

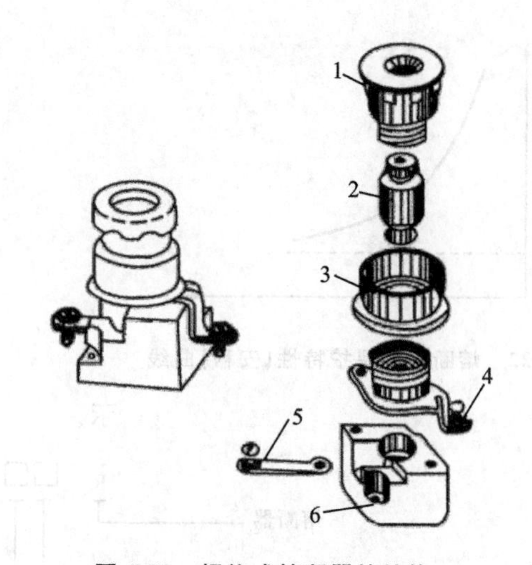

图 1-28　螺旋式熔断器的结构

1—瓷帽；2—熔断管；3—瓷套；4—上接线端；5—下接线端；6—底座

RL5、RL6 等系列。

3）封闭式熔断器

封闭式熔断器是指熔体封闭在熔管的熔断器，分为有填料封闭式熔断器和无填料封闭式熔断器两种。

有填料封闭式熔断器一般用瓷管制成，其外形如图 1-29 所示，内装石英砂及熔体，其分断力强，用于电压等级 500 V 以下、电流等级 1 kA 以下的电路中。常见的有填料封闭式熔断器有 RT0 系列。

无填料封闭式熔断器的外形如图 1-30 所示，它将熔体装入封闭式筒中，分断能力稍小，用于 500 V 以下、600 A 以下的电力网或配电设备中。常见的无填料封闭式熔断器有 RM10 系列。

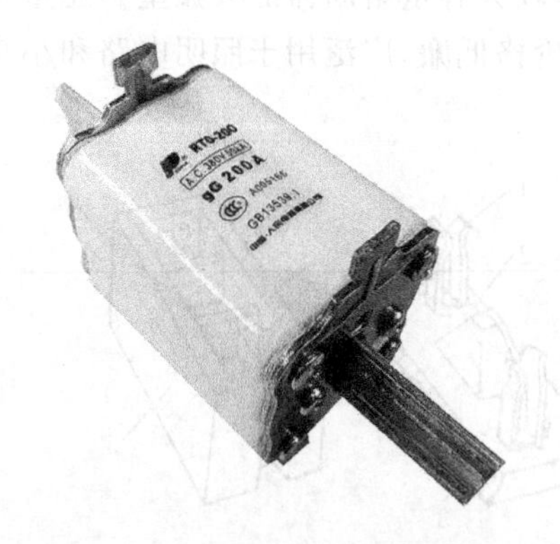

图 1-29　有填料封闭式熔断器的外形

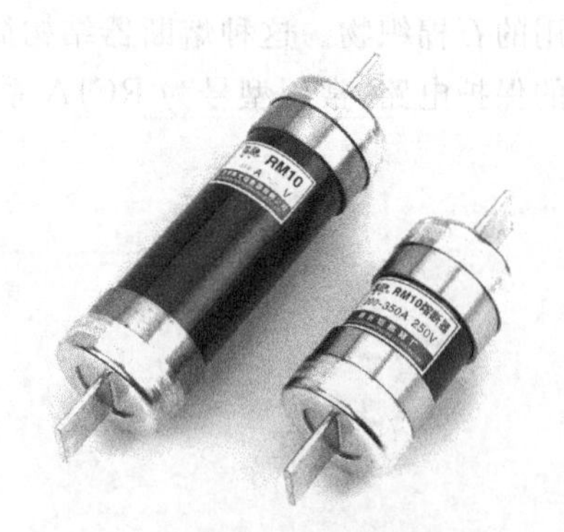

图 1-30　无填料封闭式熔断器的外形

4）快速熔断器

快速熔断器主要用于半导体整流元件或整流装置的短路保护，其实物如图 1-31 所示。由于半导体元件的过载能力很低，只能在极短时间内承受较大的过载电流，因此要求短路保护具有快速熔断的能力。快速熔断器的结构和有填料封闭式熔断器基本相同，但熔体材料和形状不同，它是以银片冲压制作的有 V 型深槽的变截面熔体，常见的有 RS0 系列产品。

图 1-31　快速熔断器的外形

图 1-32　自恢复熔断器的外形

5）自恢复熔断器

自恢复熔断器采用金属钠作熔体，在常温下具有高电导率，其实物如图 1-32 所示。当电路发生短路故障时，短路电流产生高温使钠迅速气化，气态钠呈现高阻态，从而限制了短路电流；在短路电流消失后，温度下降，金属钠恢复原来的良好导电性能。自恢复熔断器只能限制短路电流，不能真正分断电路。其优点是不必更换熔体，能重复使用。常见的自恢复熔断器有 RZ 系列产品。

3. 熔断器的主要技术参数

（1）额定电压：指熔断器长期工作所能承受的电压。

（2）额定电流：指保证熔断器能长期正常工作的电流。

（3）分断能力：在规定的性能条件以及电压下，熔断器能分断的预期电流值。

常见低压熔断器的主要技术参数见表 1-8。

表 1-8　常见低压熔断器的主要技术参数

类　别	型号	额定电压/V	额定电流/A	熔体额定电流等级/A	极限分断能力/kA	功率系数
瓷插式熔断器	RC1A	380	5	2、5	25	0.8
			10 15	2、4、6、10 6、10、15	0.5	
			30	20、25、30	1.5	0.7
			60 100 200	40、50、60 80、100 120、150、200	3	0.6
螺旋式熔断器	RL1	500	15 60	2、4、6、10、15 20、25、30、35、40、50、60	2 3.5	≥0.3
			100 200	60、80、100 100、125、150、200	20 50	
	RL2	500	25 60 100	2、4、6、10、15、20、25 25、35、50、60 80、100	1 2 3.5	

续表

类　别	型号	额定电压/V	额定电流/A	熔体额定电流等级/A	极限分断能力/kA	功率系数
无填料封闭式熔断器	RM10	380	15	6、10、15	1.2	0.8
			60	15、20、25、35、45、60	3.5	0.7
			100	60、80、100	10	0.35
			200	100、125、160、200		
			350	200、225、260、300、350		
			600	350、430、500、600	12	0.35
有填料封闭式熔断器	RT0	交流 380 直流 440	100	30、40、50、60、100	交流 50 直流 25	>0.3
			200	120、150、200、250		
			400	300、350、400、450		
			600	500、550、600		

4. 熔断器的额定电流和熔体额定电流的关系

熔断器的额定电流指的是安装熔断体的基座能够安全地连续运行的允许电流，而熔体的额定电流则是指熔断体在不熔断的前提下能够长期通过的最大电流。二者针对的对象不同，前者不小于后者。如 RL1-60 螺旋式熔断器的额定电流为 60 A，根据需要在其内可分别安放 20 A、25 A、32 A、36 A、40 A、50 A、60 A 等不同额定电流的熔体。

5. 熔断器的选用

应根据使用环境、负载性质和短路电流的大小选用合适的熔断器类型，以及额定电压、额定电流及熔体的额定电流，所选用熔断器的额定电压应不小于实际电路的工作电压，额定电流应不小于实际电路的工作电流，例如，照明用应选用 RT 或 RC1A 系列；易燃气体环境用应选用 RT0 系列有填料封闭管式；机床控制线路用应选用 RL 系列；半导体保护用应选用 RS 或 RLS 系列快速熔断器。

熔体额定电流的选择方法如下。

1) 对于变压器、照明线路或电阻炉等没有冲击性电流的负载

熔体的额定电流应不小于电路的工作电流，即

$$I_{fN} \geqslant I_e$$

式中：I_{fN}——熔体的额定电流；

I_e——电路的工作电流。

2) 保护一台异步电动机

考虑电动机启动电流的影响，则熔体的额定电流为

$$I_{fN} \geqslant (1.5 \sim 2.5) I_N$$

式中：I_{fN}——熔体的额定电流；

I_N——电动机额定电流，轻载启动时或启动时间比较短时可以取 1.5，当带重载启动时间比较长时可以取 2.5。

3) 保护多台异步电动机

若各台电动机不同时启动，则熔体的额定电流为

$$I_{fN} \geqslant (1.5 \sim 2.5) I_{Nmax} + \sum I_N$$

式中：I_{Nmax}——容量最大的一台电动机的额定电流，降压启动取1.5，全压启动取2.5；

$\sum I_N$——其余电动机额定电流的总和。

【例1-4】 某机床电动机的型号为Y112M-4，额定功率为4 kW，额定电压为380 V，额定电流为8.8 A，该电动机正常工作时不需要频繁启动。若用熔断器为该电动机提供短路保护，试确定熔断器的型号规格。

【解】 (1)选择熔断器的类型。用RL1系列螺旋式熔断器。

(2)选择熔体额定电流。

$$I_{fN} = (1.5 \sim 2.5) \times 8.8\ \text{A} \approx 13.2 \sim 22\ \text{A}$$

查表1-8，得熔体额定电流为20 A。

(3)选择熔断器的额定电流和电压。查表1-8，可选取RL1-60/20型熔断器，其额定电流为60 A，额定电压为500 V。

二、热继电器

在电力拖动控制系统中，当三相交流电动机出现长期带负荷欠电压下运行、长期过载运行以及长期单相运行等不正常情况时，会导致电动机绕组严重过热乃至烧坏。为了充分发挥电动机的过载能力，保证电动机的正常启动和运转，当电动机一旦出现长时间过载时又能自动切断电路，从而出现了能随过载程度而改变动作时间的电器，这就是热继电器，其外形如图1-33所示。显然，热继电器在电路中用于三相交流电动机的过载保护，但必须指出的是，由于热继电器中发热元件有热惯性，在电路中不能做瞬时过载保护，更不能做短路保护，因此它不同于过电流继电器和熔断器。

热继电器的型号含义如图1-34所示，例如，JR15-20/3D热继电器，设计代号是15，额定电流20 A，三相，带断相保护。热继电器的电气图形符号和文字符号如图1-35所示。

图1-33 热继电器的外形

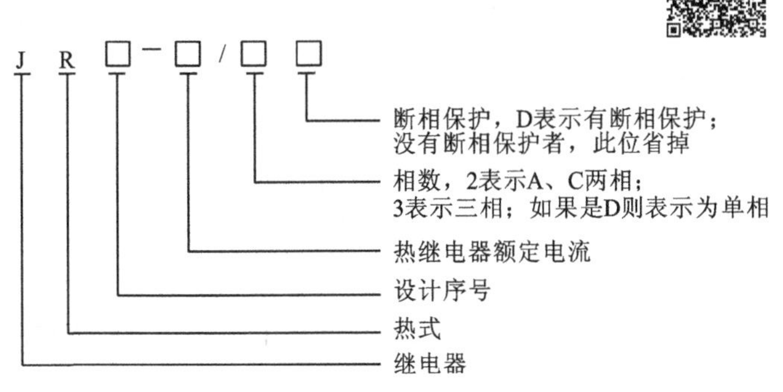

图1-34 热继电器的型号含义

1. 热继电器的结构和工作原理

按照动作方式分，热继电器可以分为双金属片式、热敏电阻式和易融合式，其中双金属片式热继电器在电力拖动控制系统中应用最为广泛，其主要由双金属片、加热元件、动作机构、触头系统、整定调整装置及手动复位装置等组成，如图 1-36 所示。双金属片式热继电器的外形结构图如图 1-37 所示。

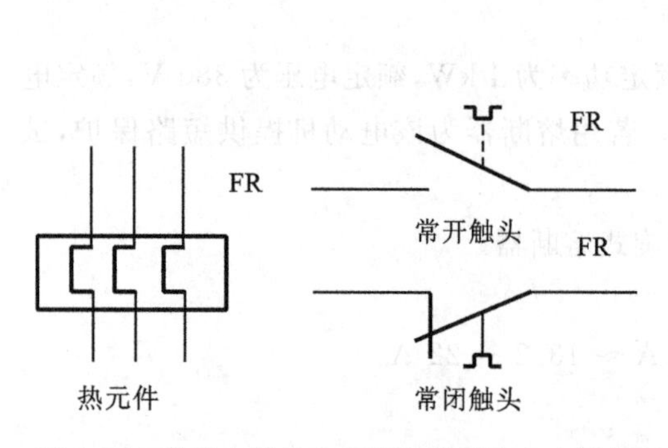

图 1-35　热继电器的电气图形符号和文字符号

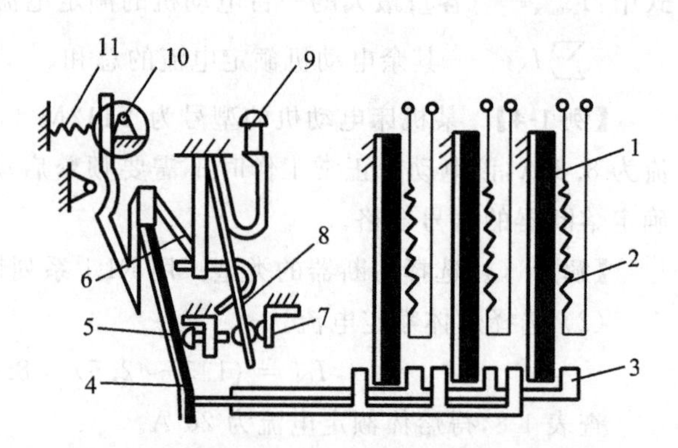

图 1-36　双金属片式热继电器的结构原理图

1—主双金属片；2—电阻丝；3—导板；
4—补偿双金属片；5—螺钉；6—推杆；7—静触头；
8—动触头；9—复位按钮；10—调节凸轮；11—弹簧

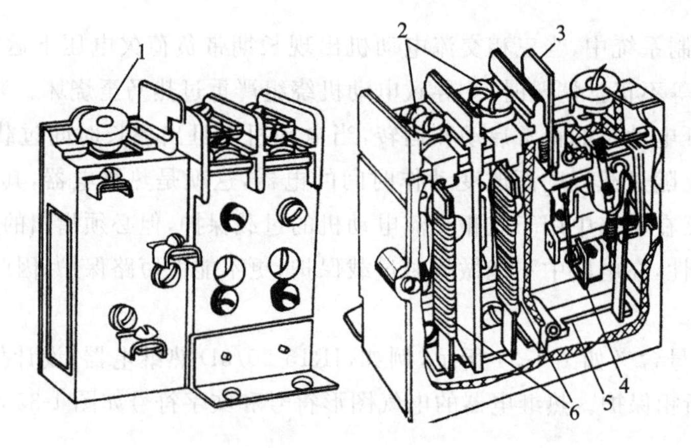

图 1-37　双金属片式热继电器的外形结构图

1—电流整定装置；2—主电路接线柱；3—复位按钮；4—常闭触头；5—动作机构；6—热元件

双金属片式热继电器的双金属片为温度检测元件，它由两种膨胀系数不同的金属片压焊而成，它被加热元件加热后，因两层金属片热膨胀系数不同而产生弯曲。加热元件串接在电动机定子绕组中，当电动机正常运行时，热元件产生的热量不会使双金属片弯曲太大进而带动触头系统动作；当电动机过载，流过热元件的电流加大，经过一定的时间后，热元件产生的热量使双金属片的弯曲程度超过一定值，通过导板推动热继电器的触头动作（常开触头闭合，常闭触头断开）。其常闭触头与电动机控制电路中的接触器线圈电路串联，切断接触器线圈电流，使电动机主电路失电。

补偿双金属片可以在规定范围内补偿环境温度对热继电器的影响，如果周围环境温度升高，双金属片向左弯曲程度加大，然而补偿双金属片也向左弯曲，使导板与补偿双金属片之间距离保持不变，故继电器特性不受环境温度升高的影响，反之亦然。

电流整定调整装置（调节凸轮）是一个偏心轮，它与支撑件构成一个杠杆，转动偏心轮即可调整补偿双金属片与导板的接触距离，从而达到调节整定动作电流值的目的。

2. 热继电器的主要技术参数

（1）热继电器额定电流：热继电器中可以安装的热元件的最大整定电流值。

（2）热元件额定电流：热元件的最大整定电流值。

（3）热继电器整定电流：热元件能够长期通过而不致引起热继电器动作的最大电流值。通常热继电器的整定电流是按电动机的额定电流整定的。

（4）热继电器整定电流调节范围：手动调节整定电流旋钮，通过偏心轮机构，调整双金属片与导板的距离，能够调节电流整定值的范围。

3. 热继电器选用注意事项

热继电器的主要技术数据是整定电流，整定电流是指长期通过发热元件而不致使热继电器动作的最大电流。当发热元件中通过的电流超过整定电流值的 20%时，热继电器应在 20 分钟内动作。热继电器的整定电流大小可通过整定电流旋钮来改变。选用和整定热继电器时一定要使整定电流值与电动机的额定电流一致。

对于△形连接的电动机，选用的热继电器应为三相的且同时应具备断相保护功能。

由于热继电器是受热而动作的，热惯性较大，因而即使通过发热元件的电流短时间内超过整定电流几倍，热继电器也不会立即动作，只有这样，在电动机启动时热继电器才不会因启动电流大而动作，否则电动机将无法启动；反之，如果电流超过整定电流不多，但时间一长也会动作。由此可见，热继电器与熔断器的作用是不同的，热继电器只能作过载保护而不能作短路保护，而熔断器则只能作短路保护而不能作过载保护。在一个较完善的控制电路中，特别是容量较大的电动机中，这两种保护都应具备。

4. 热继电器整定电流值的调整

热继电器投入使用前必须对它的热元件的整定电流进行调整（调整后的值不大于热元件的额定电流），以保证电动机能得到有效的保护。

（1）一般情况下，电动机的启动电流为额定电流的 6 倍左右，且启动时间不超过 6 s 时，整定电流可调整为电动机的额定电流。

（2）当电动机启动时间较长，所带负载具有冲击性且不允许停机时，整定电流调整为电动机额定电流的 1.1～1.15 倍。

（3）当电动机的过载能力较弱时（电动机一般低于额定负载运行），整定电流调整为电动机额定电流的 60%～80%。

（4）对于反复短时工作的电动机，整定电流的调整必须通过现场试验。方法是先把其整定电流调整到比电动机的额定电流略小，电动机运行时如果发现热继电器经常动作，就逐渐调大其整定值，直到满足运行要求为止。

【例 1-5】 某机床主轴电动机的型号为 Y132S-4，额定功率为 5.5 kW，额定电压 380 V，额定电流 11.6 A，定子绕组采用△形接法，启动电流为额定电流的 6.5 倍，要对该电动机进行过载保护，试确定热继电器的型号和规格。

【解】 由于电动机的接线采用△形接法，所以选用的热继电器应该有断相保护功能；根据电动机的额定电流选择的热继电器的型号为 JR16B-20/3D，其额定电流为 20 A，额定电压为 380 V，三相带断相保护。

1.5 接触器

接触器是指可用来频繁地接通和分断交、直流主回路和大容量控制电路的电器，其主要控制对象是电动机，能实现远距离控制，其外形如图 1-38 所示。由于它结构紧凑，价格低廉、工作可靠、维护方便，因而它在电力拖动和自动控制系统中得到了广泛的应用。

接触器的型号含义如图 1-39 所示，电气图形符号和文字符号如图 1-40 所示。

图 1-38　接触器的外形

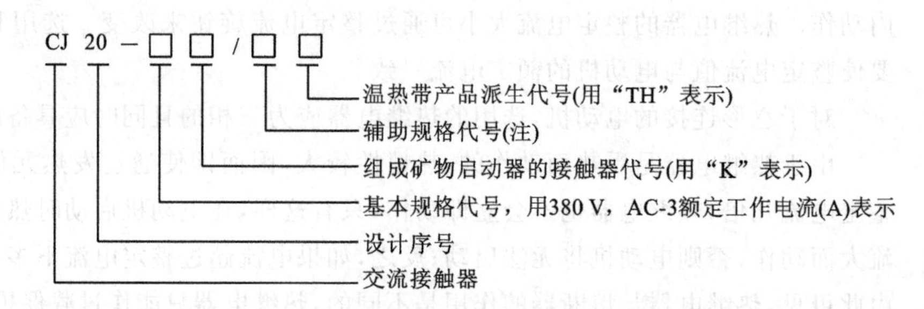

图 1-39　接触器的型号含义

注：以数字代表额定工作电压；“03”代表 380 V，一般可不写出；“06”代表 660 V，如其产品结构无异于 380 V 的产品结构时，也可不写出；“11”代表 1 140 V。

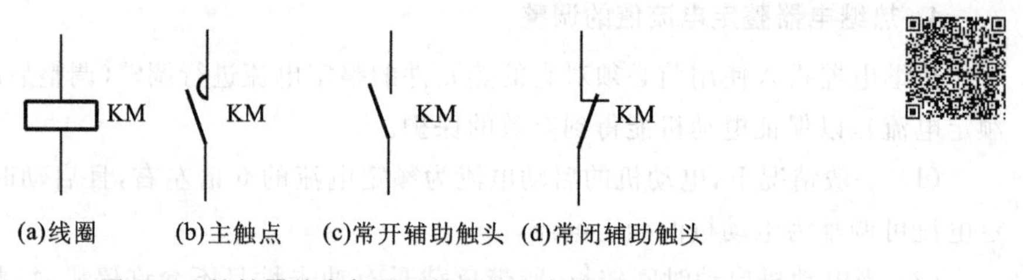

图 1-40　接触器的电气图形符号和文字符号

一、接触器的结构和工作原理

接触器的结构示意图如图 1-41 所示，主要由电磁机构、触头系统和灭弧装置组成。触头系统分为主触头和辅助触头两种，其中辅助触头又分为常开触头（动合触头）和常闭触头（动断触头）两种；电磁机构由衔铁、静铁芯、电磁线圈和反力弹簧组成；常用的灭弧装置有灭弧罩、灭弧栅等。

当电磁线圈通电后，线圈电流产生磁场，使静铁芯产生电磁吸力吸引衔铁，并带动触头动作，使常闭触头断开，主触头和常开触头闭合，两者是联动的。当线圈断电时，电磁力消失，衔铁在反力弹簧的作用下释放，使触头复原，即主触头和常开触头断开，常闭触头闭合。

1. 常用的电磁机构

如图 1-42 所示，常用的电磁机构有衔铁沿棱角转动的拍合式、衔铁沿轴转动的拍合式和衔铁做直线运动的双 E 形直动式三种。

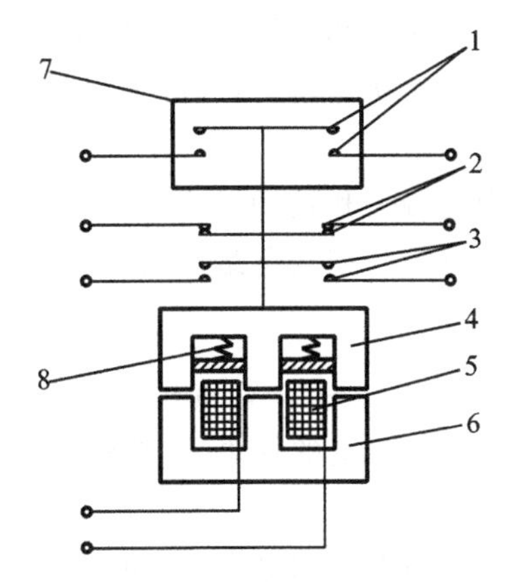

图 1-41 接触器的结构示意图

1—主触头；2—常闭辅助触头；3—常开辅助触头；4—衔铁；
5—线圈；6—静铁芯；7—灭弧罩；8—反力弹簧

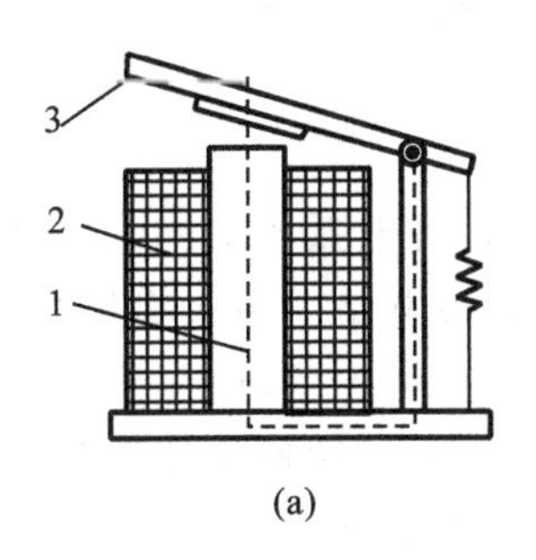

(a)

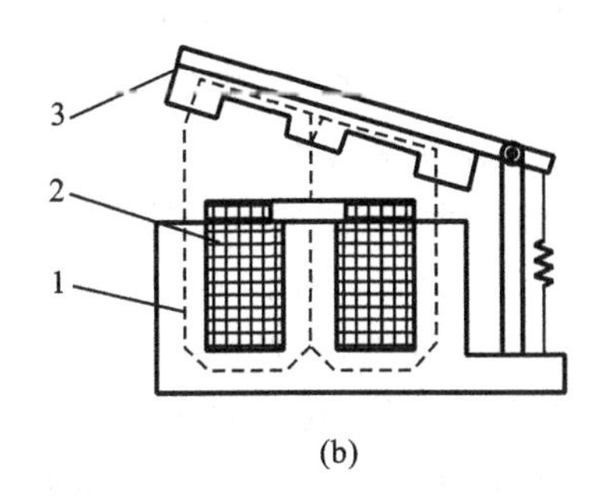

(b)

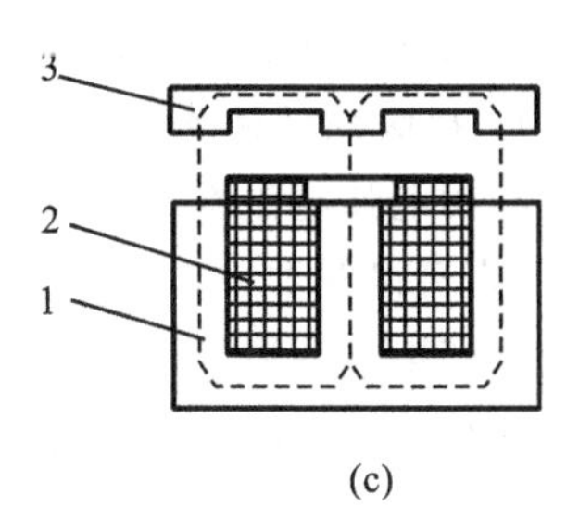

(c)

图 1-42 接触器的电磁机构的形式

1—铁芯；2—线圈；3—衔铁

1）衔铁绕棱角转动的拍合式

这种电磁机构如图 1-42(a)所示，衔铁绕铁轭的棱角而转动，磨损较小，铁芯用软铁，适用于直流接触器、继电器。

2）衔铁绕轴转动的拍合式

这种电磁机构如图 1-42(b)所示，衔铁绕轴转动，铁芯用硅钢片叠成，适用于交流接触器。

3）衔铁做直线运动的双 E 形直动式

这种电磁机构如图 1-42(c)所示，衔铁在线圈内做直线运动，多用于交流接触器中。

2. 触头系统

接触器通过触头的开合控制电路的通、断，其常用的触头类型可分为点接触式、面接触式和指形接触式三种，如图 1-43 所示。

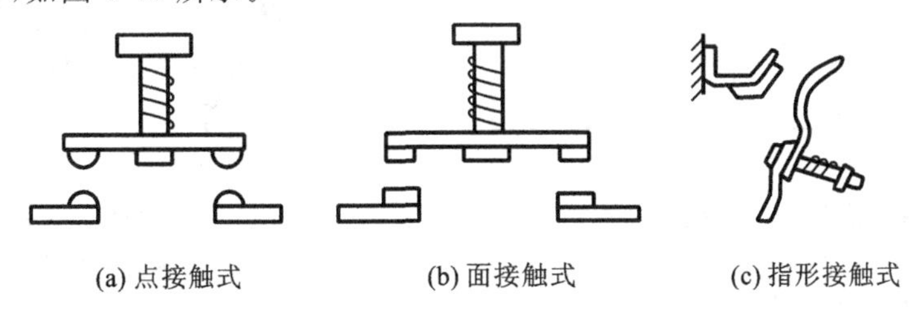

(a) 点接触式　　(b) 面接触式　　(c) 指形接触式

图 1-43 接触器的触头类型

触头按其原始状态，可分为常开触头和常闭触头。原始状态时(即线圈未通电)断开，线圈通电后闭合的触头称为常开触头；原始状态闭合，线圈通电后断开的触头称为常闭触头。线圈断电后，所有触头均复原。

触头按其控制的电路，可分为主触头和辅助触头。主触头用于接通或断开主电路，允许通过较大的电流；辅助触头用于接通或断开控制电路，只能通过较小的电流。

3. 电弧

触头由闭合到断开时，当电压超过10～20 V和电流超过80～100 mA时，在拉开的两个触头之间将出现强烈的火花，实质是气体放电的现象，通常称为电弧。根据电流性质的不同，电弧分交流电弧和直流电弧。

电弧会烧灼触头，降低电器的使用寿命和电器工作的可靠性，使触头的分断时间延长，严重的会产生事故。

4. 灭弧装置

灭弧措施有降低电弧温度和电场强度。常用的灭弧方法有：拉长电弧、冷却电弧和电弧分段。常用的灭弧装置有：磁吹式灭弧装置、灭弧栅、灭弧罩。

1) *磁吹式灭弧装置(广泛应用于直流接触器中)*

利用电弧电流本身灭弧，电弧电流越大，吹弧能力也越强。由于直流电弧比交流电弧更难熄灭，直流接触器常采用磁吹式灭弧装置灭弧，如图1-44所示。在触头电路中串入吹弧线圈，该线圈产生的磁通经过导磁夹片引向触头周围，在弧柱下方两个磁通是相加的，而在弧柱上方是彼此相减的，在下强上弱的磁场作用下电弧被拉长并吹入灭弧罩中，电弧被拉长并受到冷却而很快被熄灭，磁吹式灭弧装置广泛应用于直流灭弧装置中，如直流接触器中。

2) *灭弧栅(常用作交流灭弧装置)*

灭弧栅示意图如图1-45所示，一般是由多片镀铜薄钢片(称为栅片)和石棉绝缘板组成，它们通常在电器触头上方的灭弧室内，彼此之间互相绝缘。当触头分断电路时，在触头之间产生电弧，电弧电流产生磁场，由于钢片磁阻比空气磁阻小得多，因此，电弧上方的磁通非常稀疏，而下方的磁通却非常密集，这种上疏下密的磁场将电弧拉入灭弧罩中，当电弧进入灭弧栅后，被分割成数段串联的短弧。这样每两片灭弧栅片可以看成一对电极，而每对电极间都有150～250 V的绝缘强度，使整个灭弧栅的绝缘强度大大加强，而每个栅片间的电压不足以达到电弧

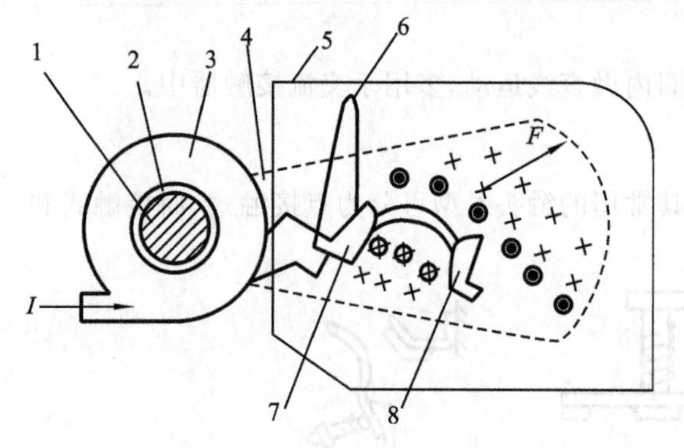

图1-44 磁吹式灭弧装置

1—铁芯；2—绝缘管；3—吹弧线圈；4—导磁夹片；5—灭弧罩；6—引弧角；7—静触头；8—动触头

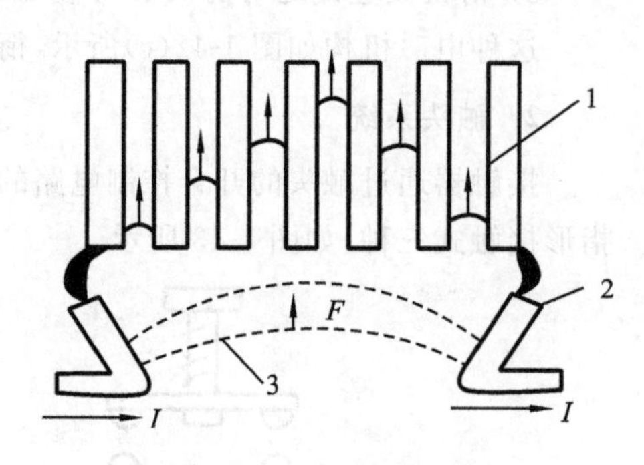

图1-45 灭弧栅示意图

1—灭弧栅片；2—触头；3—电弧

燃烧电压，同时栅片吸收电弧热量，使电弧迅速冷却而很快熄灭。

3）灭弧罩（用于交流和直流灭弧）

灭弧罩是让电弧与固体介质相接触，降低电弧温度，从而加速电弧熄灭的比较常用的装置。其结构形式是多种多样的，但其基本构成单元为“缝”，灭弧罩壁与壁之间构成的间隙称为“缝”。根据缝的数量，可分为单缝和多缝；根据缝的宽度与电弧直径之比，可分为窄缝与宽缝，缝的宽度小于电弧直径的称为窄缝，反之，大于电弧直径的称为宽缝；根据缝的轴线与电弧轴线间的相对位置关系，可分为纵缝与横缝，缝的轴线和电弧轴线相平行的称为纵缝，两者相垂直的则称为横缝。

二、接触器的分类与特点

接触器的种类和分类方法较多，在此只介绍按照其主触头控制电流种类的分类。接触器按主触头通过的电流种类可分为交流接触器和直流接触器。

1. 交流接触器的特点

（1）线圈通交流电，主触头接通、切断交流主电路。

（2）交变磁通穿过铁芯，产全涡流和磁滞损耗，使铁芯发热。

（3）铁芯用硅钢片冲压而成以减少铁损。

（4）线圈做成短而粗的圆筒状绕在骨架上，以便于散热。

（5）铁芯端面上安装铜制的短路环，以防止交变磁通使衔铁产生强烈振动和噪声。

（6）灭弧装置通常采用灭弧罩和灭弧栅。

2. 直流接触器的特点

（1）线圈通直流电，主触头接通、切断直流主电路。

（2）不产全涡流和磁滞损耗，铁芯不发热。

（3）铁芯用整块钢制成。

（4）线圈制成长而薄的圆筒状。

（5）250 A 以上直流接触器采用串联双绕组线圈。

（6）灭弧装置通常采用灭弧能力较强的磁吹灭弧装置。

三、交流接触器中短路环的工作原理与作用

交流接触器的铁芯由硅钢片叠压而成，这样可以减少交变磁通在铁芯中的涡流和磁滞损耗，在有交变电流通过电磁线圈时，线圈对衔铁的吸引力也是交变的，当交流电流通过零值时，线圈磁通变为零，对衔铁的吸引力也为零，衔铁在复位弹簧作用下将产生释放趋势，这使动静铁芯之间的吸引力随着交流电的变化而变化，从而产生变化和噪声，加速动静铁芯接触产生的磨损，引起吸合不良，严重时还会使触头烧蚀。

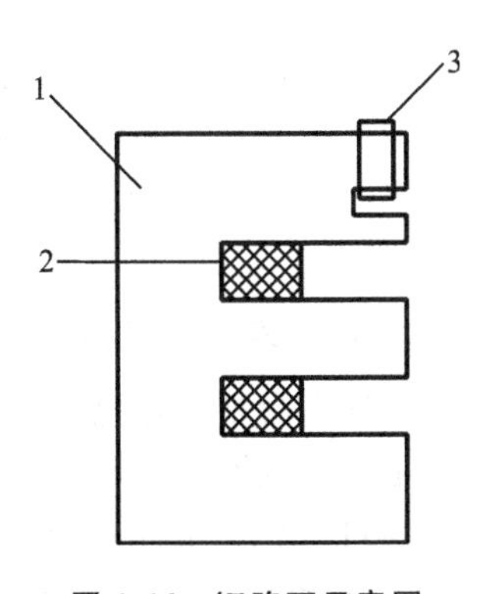

图 1-46　短路环示意图

1—铁芯；2—线圈；3—短路环

为了消除此弊端，在铁芯柱端面的一部分嵌入一只铜环，名为短路环，如图 1-46 所示。该短路环相当于变压器的副边绕组，当线圈通入交流电时，不仅线圈产生磁通，短路环中的感应电流也产生磁通，此时短路环相当于纯电感电路，从纯电感电路的相位可

知,线圈电流磁通与短路环感应电流磁通不同时为零,即电源输入的交变电流通过零值时短路环感应电流不为零,此时它的磁通对衔铁将起着吸附作用,从而克服了衔铁被释放的趋势,使衔铁在通电过程总是处于吸合状态,明显减少了振动噪声,所以短路环又名消振环。

四、接触器的主要技术参数

接触器的主要技术参数有极数、电流种类、额定电压、额定电流、额定通断能力、线圈额定电压、额定操作频率、机械寿命、电气寿命、使用类别等。

1. 极数和电流种类

接触器的极数是指主触头的个数,有 2 极、3 极和 4 极接触器。接触器的电流种类是指接通或分断主回路的电流种类,有交流和直流两种。

2. 额定电压

接触器的额定电压是指主触头的额定工作电压,应不小于负载的额定电压。交流接触器常用的额定电压有 127 V、220 V、380 V、500 V、660 V;直流接触器常用的额定电压有 110 V、220 V、440 V、660 V。

3. 额定电流

接触器的额定电流是指主触头的额定电流。交流接触器常用的额定电流有 5 A、10 A、20 A、40 A、60 A、100 A、150 A、250 A、400 A、600 A;直流接触器常用的额定电流有 40 A、80 A、100 A、150 A、250 A、400 A、600 A。

4. 线圈的额定电压

线圈的额定电压是指接触器正常工作时线圈上所加的电压值。一般该电压数值以及线圈的匝数、线径等参数标识于线包上,而不是标识于接触器外壳的铭牌上,这一点在使用时应该注意。交流接触器常用线圈的额定电压有 36 V、110 V、127 V、220 V、380 V;直流接触器常用线圈的额定电压有 24 V、48 V、110 V、220 V、440 V。

5. 额定通断能力

额定通断能力是指接触器主触头在规定条件下,可靠接通和分断的最大预期电流值。在此电流下,触头闭合时不会造成触头熔焊,触头断开时不会长时间燃弧。一般通断能力是额定电流的 5~10 倍。

6. 额定操作频率

接触器在吸合瞬间,线圈需消耗比其额定电流大 5~7 倍的电流,如果操作频率过高,则会使线圈严重发热,直接影响接触器的正常使用。为此,人们规定了接触器的额定操作频率,一般为每小时允许的最高操作次数。交流接触器的一般为 600 次/h,直流接触器的一般为 1 200 次/h。

7. 电气寿命和机械寿命

电气寿命是指在规定的正常工作条件下,接触器不需要修理或更换的有载操作次数。机械寿命是指接触器不需要修理或更换的机构所承受的无载操作次数。目前,接触器的机械寿命在 1 000 万次以上,电气寿命在 100 万次以上。

8. 使用类别及典型用途

接触器用于不同的负载时,对主触头的接通和分断能力要求不同,按不同的使用条件来选择相应的使用类别的接触器便能满足设计要求。在电力拖动系统中，接触器的使用类别和典型用途如表1-9所示，主触头达到的接通和分断能力为：AC1和DC1允许接通和分断额定电流；AC2和DC3允许接通和分断4倍额定电流；AC3允许接通6倍额定电流和分断额定电流；AC4允许接通和分断6倍额定电流。

表1-9 接触器的使用类别及典型用途

电流种类	使用类别	典型用途
交流	AC1	无感或微感负载、电阻炉
	AC2	绕线式电动机的启动和分断
	AC3	笼形电动机的启动和制动
	AC4	笼形电动机的启动、反接制动、反向和点动
直流	DC1	无感或微感负载、电阻炉
	DC3	并励电动机的启动、反接制动、反向和点动
	DC5	串励电动机的启动、反接制动、反向和点动

表1-10为部分CJ20系列交流接触器主要技术参数。

表1-10 部分CJ20系列交流接触器主要技术参数

型号	极数	额定工作电压 U_N/V	额定工作电流 I_N/A	额定操作频率(AC3)/(次/h)	寿命/万次		380 V,AC3类工作制下控制电动机功率 P/kW	辅助触头组合
					机械	电气		
CJ20-10	3	220	10	1200	1000	100	2.2	1开3闭
		380	10	1200			4	2开2闭
		660	5.8	600			7	3开1闭
CJ20-16		220	16	1200			4.5	2开2闭
		380	16	1200			7.5	
		660	13	600			11	
CJ20-25		220	25	1200			5.5	
		380	25	1200			11	
		660	16	600			13	
CJ20-40		220	40	1200			11	
		380	40	1200			22	
		660	25	600			22	

5. 接触器的选用原则

接触器作为通断负载电源的设备，其选用应按满足被控制设备的要求进行，除额定工作电压与被控设备的额定工作电压相同外，被控设备的负载功率、使用类别、控制方式、操作频率、工作寿命、安装方式、安装尺寸以及经济性是选择的依据。

(1) 交流接触器的电压等级要与负载的相同，选用的接触器类型要与负载相适应。

(2) 负载的计算电流要符合接触器的容量等级，即计算电流不大于接触器的额定工作电流。接触器的接通电流大于负载的启动电流，分断电流大于负载运行时分断需要电流，负载的计算电流要考虑实际工作环境和工况,对于启动时间长的负载,半小时峰值电流能超过约定发热电流。

(3) 按短时的动、热稳定校验。线路的三相短路电流应不超过接触器允许的动、热稳定电流,当使用接触器断开短路电流时,还应校验接触器的分断能力。

(4) 接触器吸引线圈的额定电压、电流及辅助触头的数量、电流容量应满足控制回路接线要求。要考虑接在接触器控制回路的线路长度,一般推荐的操作电压值要能够在85%~110%的额定电压值下工作。如果线路过长,由于电压降太大,接触器线圈对合闸指令有可能不起作用;由于线路电容太大,可能对跳闸指令不起作用。

(5) 根据操作次数校验接触器所允许的操作频率。如果操作频率超过规定值,额定电流应该加大一倍。

(6) 短路保护元件参数应该和接触器参数配合选用。选用时可参见样本手册,样本手册一般给出的是接触器和熔断器的配合表。接触器和断路器的配合要根据断路器的过载系数和短路保护电流系数来决定。接触器的约定发热电流应小于断路器的过载电流,接触器的接通、断开电流应小于断路器的短路保护电流,这样断路器才能保护接触器。实际中接触器在一个电压等级下约定发热电流和额定工作电流比值在1~1.38之间,而断路器的反时限过载系数参数比较多,不同类型断路器不一样,所以两者间配合很难有一个标准,不能形成配合表,需要实际核算。

(7) 接触器和其他元器件的安装距离要符合相关国标、规范,要考虑维修和走线距离。

【例1-6】 CA6140车床的主电动机额定功率为7.5 kW,控制电路电压为36 V,试选择其控制用接触器。

【解】 该电动机的额定电流约为15 A,因为电动机不频繁启动,而且无反转和反接制动,所以接触器的使用类别为AC3,选用的接触器额定电流应不小于15 A,又因为使用的是三相交流电,所以选用交流接触器,故可以选择CJ20-16交流接触器,其额定电压选择380 V,其线圈的额定电压与控制电路的都为36 V,辅助触头为2开2闭。

1.6 时间继电器

时间继电器是指当加入(或去掉)输入的动作信号后,其输出电路需经过规定的准确时间才产生跳跃式变化(或触头动作)的一种继电器。时间继电器广泛用于电动机控制及其他自动控制系统中。

时间继电器的种类很多,按照工作原理的不同,可以分为电磁式、空气阻尼式、晶体管式和电动式。按照延时方式的不同,可以分为通电延时型和断电延时型。通电延时型时间继电器在其感测部分接收信号后开始延时,一旦延时时间到,立即通过执行部分输出信号以操纵控制电路,当输入信号消失时,继电器立即恢复到动作前的状态(复位)。断电延时型时间继电器与通电延时型时间继电器不同,在其感测部分接收输入信号后,执行部分立即动作,但当输入信号消失后,时间继电器必须经过一定的延时才能恢复到动作前的状态(复位)。

时间继电器电气图形符号和文字符号如图1-47所示。作为应用实例，本节只介绍空气阻尼式时间继电器。

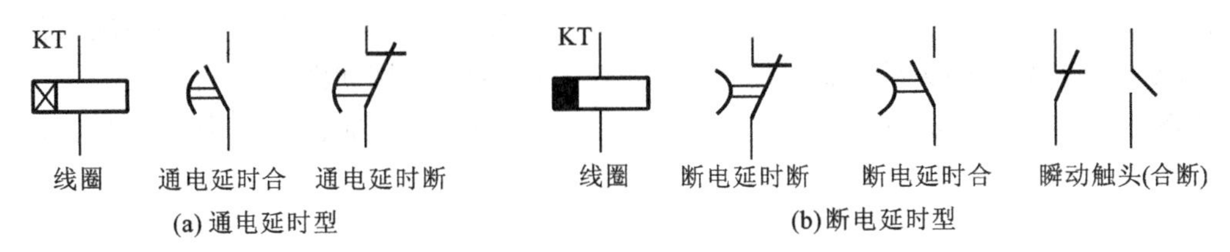

图1-47 时间继电器电气图形符号和文字符号

一、空气阻尼式时间继电器的结构和工作原理

空气阻尼式时间继电器也称为气囊式时间继电器，它是根据空气压缩产生的阻力来进行延时的，其结构简单、价格便宜、延时范围大(0.4～180 s)，但延时精确度低、体积大，没有调节指示，一般只用于要求不高的场合，其外形如图1-48所示。它由电磁系统、延时机构和触头三部分组成。按照延时方式的不同，可以分为通电延时型和断电延时型。

空气阻尼式通电延时型时间继电器的常见型号为JS7-A系列，其结构原理图如图1-49所示。其工作原理是：当线圈通电后，衔铁被铁芯吸合，活塞杆在塔形弹簧的作用下，带动活塞和橡皮膜向上移动，但由于橡皮膜下方气室的空气稀薄，形成负压，使活塞杆只能慢慢向上移动，其移动的速度视进气孔的大小而定，可通过调节螺钉进行调整。经过一定的延时时间后，活塞杆才能移到最上端，这时通过杠杆将延时开关压动，使其常闭触头断开，常开触头闭合，起到通电延时的作用。当线圈断电时，电磁吸力消失，衔铁在复位弹簧的作用下释放，并通过活塞杆将活塞推向下端，这时橡皮膜下方气室内的空气通过橡皮膜、弱弹簧和活塞的肩部所形成的单向

图1-48 空气阻尼式时间继电器的外形

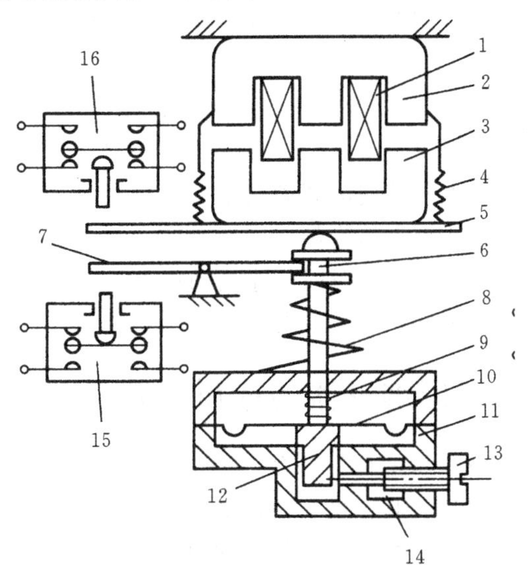

图1-49 JS7-A系列通电延时型时间继电器的结构原理图

1—线圈；2—铁芯；3—衔铁；4—复位弹簧；5—推板；
6—活塞杆；7—杠杆；8—塔形弹簧 9—弱弹簧；10—橡皮膜；
11—气室壁；12—活塞；13—调节螺钉；14—进气孔；
15—延时开关；16—瞬动开关

阀,迅速从橡皮膜上方的气室缝隙中排除,杠杆和延时开关随之迅速复位。当线圈通电或断电时,瞬动开关在推板的作用下都能瞬时动作,即为时间继电器的瞬动触头。该过程可以简单描述为:接收到输入信号(线圈通电)延迟一定的时间后,延时触头系统状态发生变化;输入信号消失(线圈断电)后,延时触头系统状态瞬时复原,这一过程的示意图如图1-50所示。

若将通电延时型时间继电器的电磁机构翻转180°安装,即为断电延时型时间继电器,在此不做介绍。

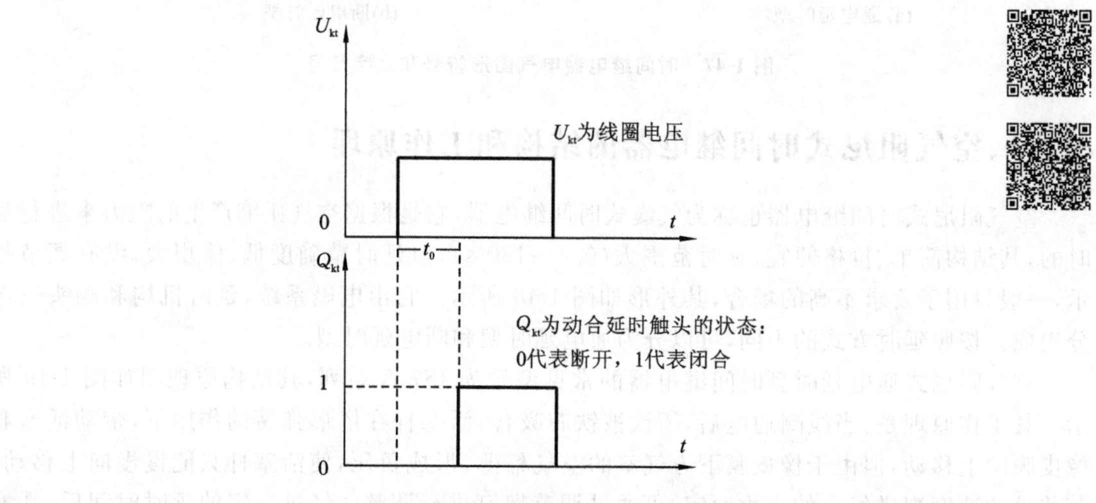

图1-50 通电延时型时间继电器工作原理示意图

二、JS7-A系列时间继电器的主要技术参数

JS7-A系列时间继电器的主要技术参数如下。

(1) 额定工作电压380 V,额定发热电流3 A,额定控制容量100 VA。

(2) 每种型号的继电器还可分为:按延时范围,有0.4～60 s和0.4～180 s两种;按线圈的额定电压,有(50 Hz)24 V、36 V、110 V、127 V、220 V、380 V等多种。

(3) 继电器使用的环境温度为－25 ℃～＋40 ℃。

(4) 当线圈电压为额定值的85%～100%时,继电器能可靠工作。

(5) 继电器延时时间的连续动作重复误差不大于15%。

(6) 额定操作频率不大于600次/h和通电持续率为40%。

三、时间继电器的选用原则

时间继电器的种类繁多,选择时应综合考虑适用性、功能特点、额定工作电压、额定工作电流、使用环境等因素,做到选择恰当、使用合理。还要注意时间继电器线圈(或电源)的电流种类和电压等级应与控制电路的相同;按控制要求选择延时方式和触头类型;触头数量和容量若不够时,可用中间继电器进行扩展。

习 题 1

一、填空题

1. 低压电器是指工作在交流________V、直流________V电压以下电路中的电器。

2. 低压电器按照用途,分为________和________两大类。

3. 低压电器按工作原理,分为________和________两大类。

4. 时间继电器,按延时方式分为________和________两大类。

5. 磁吹式灭弧装置是借助________与________相互作用而产生的________实现灭弧的装置。

6. 选择接触器时应从其工作条件出发,控制交流负载应选用________;控制直流负载则选用________。

7. 选用接触器时其主触头的额定工作电压应________负载电路的电压,主触头的额定工作电流应________负载电路的电流,吸引线圈的额定电压应与控制回路________。

8. 试举出两种不频繁地手动接通和分断电路的开关电器:________、________。

9. 试列举出两种主令电器:________、________。

10. 当电路正常工作时,熔断器熔体允许长期通过1.2倍的额定电流而不熔断;当电路发生________或________时,熔体应立即熔断以切断电路。

11. 熔断器熔体允许长期通过1.2倍的额定电流,当通过的________越大,熔体熔断的________越短。

12. 凡是继电器感测元件得到________信号后,其触头要一段时间才动作的电器称为________继电器。

13. 当接触器线圈得电时,使接触器________辅助触头闭合、________辅助触头断开。

14. 热继电器是利用电流的________原理来工作的保护电器。它在电路中主要用作三相异步电动机的________。

15. 按国标规定,"停止"按钮必须是________色,"启动"按钮必须是________色。

16. 熔断器是用于________和________的保护的电器。

二、判断题

1. 选用熔断器时,熔体的额定电流值可以大于熔断器的额定电流值。 ( )

2. 因为"空气开关"已经具有多种保护功能,所以在控制电路中可以只采用空气开关来对电路或电气设备进行保护。 ( )

3. 当电动机为△形接法时,必须用具有三相热元件结构和断相保护机构的电器作过载和断相保护。 ( )

4. 限位开关(行程开关)就是依靠运动中的机械机构的机械碰撞或推压后而改变其内部触头状态的控制电器。 ( )

5. 中间继电器就是处于两个或两个以上的控制电器元件连接线路中间的继电器。( )

6. 热继电器的工作原理就是在检测到控制电路中温度的变化后其触头系统动作的。 ( )

7. 在同一个电气控制系统中,为保证准确控制,所选用的电器元件的额定电压必须相同。 ( )

8. 按钮的作用就是按动按钮后用来接通电动机的电路的。 (　　)

9. 接触器与中间继电器结构完全一样。 (　　)

10. 三相笼形异步电动机的电气控制线路,如果使用热继电器作过载保护,就不必再装设熔断器作短路保护。 (　　)

11. 主令电器除了手动式产品外,还有由电动机驱动的产品。 (　　)

12. 一台额定电压为220 V的交流接触器在交流220 V和直流220 V的电源上均可使用。 (　　)

三、简答题

1. 什么是电弧?电弧产生的原因有哪些?

2. 简要说明在低压控制电器中常用的灭弧方法。

3. 简述在选择刀开关时应遵循的原则。刀开关的安装有什么要求?

4. 具有下列型号的是什么电器?

HK□-□/□、CJ20-63、CZ18-40/22、FR16-20/3D

5. 什么是组合开关,组合开关的用途主要有哪些?选择原则有哪些?

6. 熔断器的作用是什么?常用的熔断器有哪几种?

7. 简述热继电器的选用原则。

8. 简述国标对按钮颜色的规定。

9. 在电气控制线路中,交流接触器的主触头控制什么电路?交流接触器辅助触头控制什电路?

10. 空气阻尼式时间继电器按其控制原理可分为哪两种类型?每种类型的时间继电器其触头有哪几类?画出它们的电气图形符号。

11. 电动机的启动电流很大,在电动机启动时,能否按照电动机额定电流来整定热继电器?为什么?

12. 电气控制中,熔断器和热继电器的保护作用有什么不同?为什么?

四、作图题

画出下列低压电器的电气图形符号,并标出文字符号。

三极刀开关、低压断路器、交流接触器、控制按钮、行程开关、通电延时型时间继电器、热继电器。

第 2 章
继电器接触器控制电路

本章学习重点

(1) 重点掌握电气原理图的识图与分析方法，并能够绘制简单的电气原理图。

(2) 重点掌握继电器接触器控制电路的基本规律，理解自锁和互锁的含义及其应用。

(3) 重点掌握三相异步电动机常见的基本控制线路：点动、连续运行、正反转、多地控制、顺序控制、位置控制、降压控制。

(4) 重点掌握电气控制系统中常用的保护环节。

(5) 了解继电器接触器控制线路的常用设计方法及设计原则。

机电传动装置由电动机、传动机构和控制电动机的电气设备等三个主要环节所组成。为了提高生产效率，使电动机能按照生产机械所需的预定顺序进行工作，通常可以采用一些诸如继电器、接触器及按钮等控制电器来实现生产过程的自动控制，这些主要由继电器、接触器和按钮等电器所组成的控制系统一般称为继电器接触器控制系统。

继电器接触器控制系统具有结构简单、易于掌握、维护和调整简便、价格低廉等优点，在工农业生产生活中得到了广泛的应用。任何一种继电器接触器控制系统的控制线路，都是由一些最基本的控制单元所组成的，并且在进行控制线路的原理分析和故障判断时，一般都是从这些基本的控制单元入手。

本章在第 1 章的基础上，重点介绍三相异步电动机的一些典型控制电路，为学习继电器接触器控制电路打下坚实的基础。

2.1 电气控制线路图

电气控制线路图是指用导线将电动机、电器和仪表等电器元件按一定的要求和方式联系起来,并能实现某种功能的电气线路。电气控制线路图应根据简单易懂的原则,采用统一规定的图形符号、文字符号和标准画法来进行绘制。常用的电气控制线路图有电气原理图、电器元件布置图和安装接线图。

一、电气原理图

1. 电气原理图的用途及内容

电气原理图是指根据生产机械的运动形式对电气控制系统的要求,采用国家统一规定的电气图形符号和文字符号,按照电气设备和电器的工作顺序,详细表示电路、设备或成套装置的全部组成和连接关系,而不考虑其实际位置的一种简图。电气原理图为了解电路的作用、编制接线文件、测试、查找故障、安装和维修提供了必要的信息。如图 2-1 所示为 C620-1 型车床电气原理图。

电气原理图应包含代表电路中元器件的图形符号、元器件或功能件之间的连接关系、参考代号、端子代号、电路寻迹(信号代号、位置索引标记)和了解功能键必需的补充信息。通常电气原理图分为主电路和控制电路,一般主电路在左侧,控制电路在右侧,可以画在同一图纸或不同图纸上。

电气原理图结构简单、层次分明、关系明确,适用于分析研究电路的工作原理,并且作为其他电气图的依据,在设计部门和生产现场获得了广泛的应用。

2. 电气原理图的绘制原则

1) 电气原理图的绘制标准

电气原理图中各电器元件不画实际的外形图,而采用国家规定的统一标准图形符号,文字符号也要符合国家标准规定。

2) 电气原理图的组成

电气原理图一般分主电路和辅助电路两部分:主电路就是从电源到电动机大电流通过的路径;辅助电路包括控制电路、照明电路、信号电路及保护电路等,由继电器和接触器的线圈、继电器的触头、接触器的辅助触头、按钮、照明灯、信号灯、控制变压器等电器元件组成。控制系统内的全部电动机、电器和其他器械的带电部件,都应在原理图中表示出来。

3) 电气原理图的布局及标注

电器元件应按功能布置,并尽可能按水平顺序排列,其布局顺序应该是从上到下,从左到右。电路垂直布置时,类似项目宜横向对齐;水平布置时,类似项目应纵向对齐。

电气原理图的下方用方框加上 1、2、3 等数字给图区编号,上方应注明对应区域中元件或电路的功能,具体可参考图 2-1。

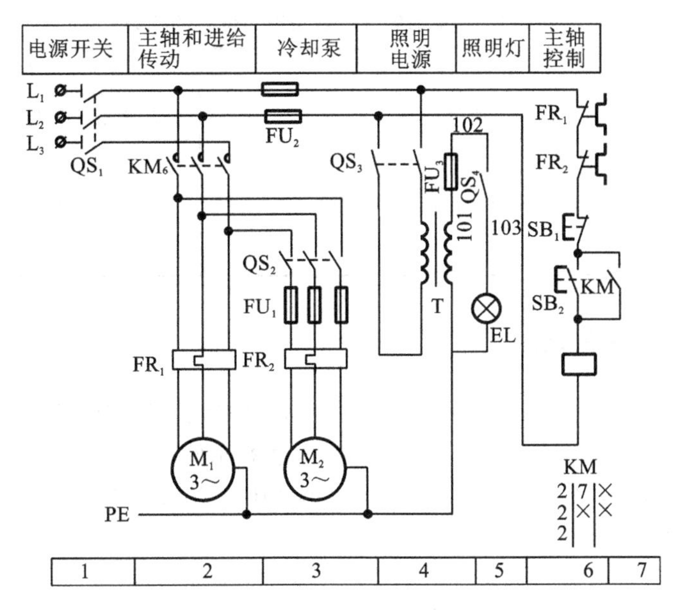

图 2-1　C620-1 型车床电气原理图

4）电气原理图中元器件的画法

电气原理图中，各个电器元件和部件在控制线路中的位置，应根据便于阅读的原则安排。同一元器件的各个部件可以不画在一起。例如，接触器、继电器的线圈和触头可以不画在一起。

电气原理图中元器件和设备的可动部分，都按没有通电和没有外力作用时的开闭状态画出。例如，继电器、接触器的触头按吸引线圈不通电状态画；主令控制器、万能转换开关按手柄处于零位时的状态画；按钮、行程开关的触头按不受外力作用时的状态画等。

5）电气原理图中连接点、交叉点的绘制

电气原理图中，有直接联系的交叉导线连接点，要用黑圆点表示；无直接联系的交叉导线连接点不画黑圆点。

6）接触器、继电器触头位置索引

在电气原理图的下方注有继电器、接触器触头在图中位置的索引代号，索引代号用面域号表示。例如，接触器触头位置索引的左栏为主触头所处图区号、中栏为常开触头所处图区号、右栏为常闭触头所在的图区号，如表 2-1 所示；继电器触头位置索引的左栏为常开触头所处图区号、右栏为常闭触头所在的图区号，如表 2-2 所示。

表 2-1　接触器触头在电路原理图中位置的标记

栏　目	左　栏	中　栏	右　栏
触头类型	主触头所处的图区号	辅助常开触头所处的图区号	辅助常闭触头所处的图区号
KM 2 | 7 | × 2 | × | × 2 | |	表示三对主触头均在图区 2	表示一对辅助常开触头在图区 7，另一对辅助常开触头未用	表示两对辅助常闭触头未用

表 2-2　继电器触头在电路图中位置的标记

栏　　目	左　　栏	右　　栏
触头类型	常开触头所处的图区号	常闭触头所处的图区号
KA 2│ 2│ 2│	表示三对常开触头均在图区 2	表示常闭触头未用

二、电器元件布置图

电器元件布置图主要是用来标明电气系统中所有电器元件的实际位置，为生产机械电气控制设备的制造、安装提供必要的资料。一般情况下，电器元件布置图是与电器安装接线图组合在一起使用的，既起到电器安装接线图的作用，又能清晰表示出所使用的电器的实际安装位置。如图 2-2 所示为 C620-1 型车床电器元件布置图。

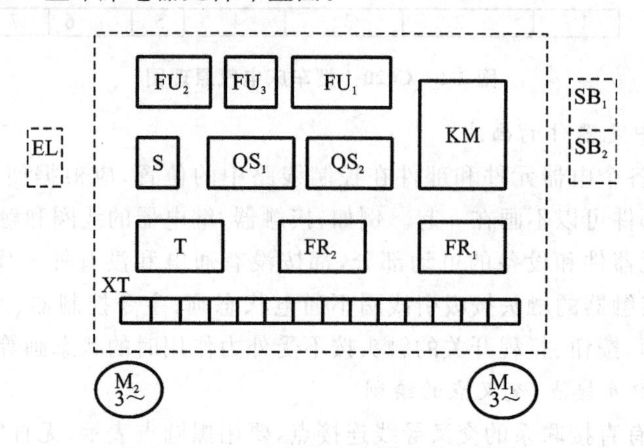

图 2-2　C620-1 型车床电器元件布置图

电器元件布置图的绘制规则如下。

(1) 体积大和较重的电器元件应安装在电器板的下面，而发热元件应安装在电器板的上面。

(2) 强电弱电分开并注意屏蔽，防止外界干扰。

(3) 电器元件的布置应考虑整齐、美观、对称。外形尺寸与结构类似的电器安放在一起，以利加工、安装和配线。

(4) 需要经常维护、检修、调整的电器元件安装位置不宜过高或过低。

(5) 电器元件布置不宜过密，若采用板前走线槽配线方式，应适当加大各排电器间距，以利布线和维护。

三、电气安装接线图

电器安装接线图是用规定的图形符号，按各电器元件相对位置绘制的实际接线图，所表示的是各电器元件的相对位置和它们之间的电路连接状况。在绘制时，不但要画出控制柜内部各电器元件之间的连接方式，还要画出外部相关电器的连接方式。如图 2-3 所示为 C620-1 型车床电气安装接线图。

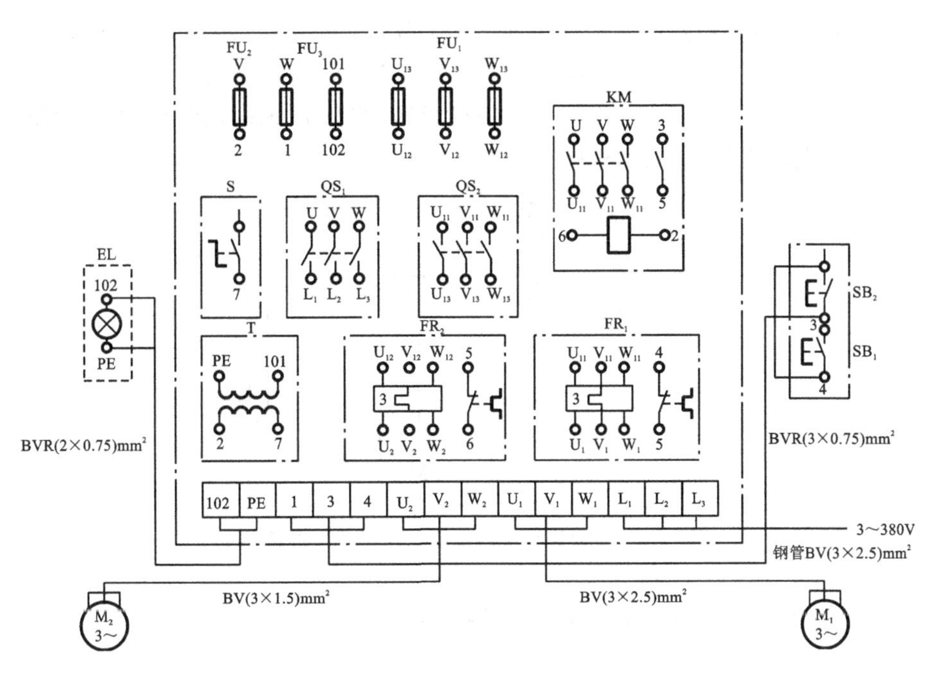

图 2-3　C620-1 型车床电气安装接线图

电器安装接线图中的回路标号是电器设备之间、电器元件之间、导线与导线之间的连接标记，其文字符号和数字符号应与原理图中的标号一致。

电器安装接线图的绘制规则如下。

(1) 各电器元件用规定的图形符号绘制，同一电器元件的各部件必须画在一起。各电器元件在图中的位置应与实际的安装位置一致。

(2) 不在同一控制柜或配电屏上的电器元件的电气连接必须通过端子排进行连接。各电器元件的文字符号及端子排的编号应与原理图一致，并按原理图的连线进行连接。

(3) 走向相同的多根导线可用单线表示。

2.2 继电器接触器控制系统的基本控制电路

本节通过介绍三相异步电动机常见的基本控制线路来学习和掌握继电器接触器控制系统的基本控制规律，三相异步电动机常见的基本控制线路有：点动控制线路、自锁控制线路、互锁控制线路、正反转控制线路、位置控制线路、顺序控制线路、多地控制线路、降压启动控制线路，以下将分别予以介绍。

一、三相异步电动机的点动控制线路

生产中有的机械需要人工点动控制电动机，“一按（点）就动，一松（放）就停”的电路称为点动控制电路，点动控制电路常用于调整机床、对刀操作等。

三相异步电动机点动控制电气原理图如图2-4所示，实现点动控制功能，只需将点动控制按钮SB串接在交流接触器的线圈电路中。当电源开关QS闭合时，按下SB按钮交流接触器KM线圈通电，KM主触头闭合，三相异步电动机运转；当松开SB按钮时KM线圈断电释放，KM主触头断开，电动机失电，电动机停止运转。

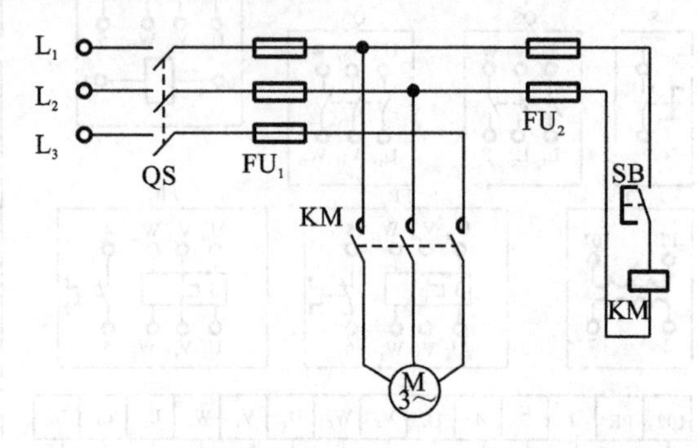

图2-4　三相异步电动机点动控制电气原理图

二、三相异步电动机的单向连续控制线路

三相异步电动机单向连续运行的电气原理图如图2-5所示，该电路是典型的利用接触器的自锁实现连续运转的电气控制线路。当合上电源开关QS时，按下启动按钮SB_1，控制电路中接触器的线圈KM得电，接触器的衔铁吸合带动接触器的主触头KM闭合，电动机得电运转，与此同时，由于接触器的常开辅助触头KM在衔铁吸合带动下处于闭合状态，于是即便SB_1按钮松开，线圈依然保持通电状态，电动机运转状态保持不变，这种利用继电器或接触器自身的辅助触头使线圈保持通电的现象称为自锁。电动机需要停止运行时，只需按下按钮SB_2，线圈回路断电，衔铁复位，主电路及自锁电路均断开，电动机失电停止运行，这个电路也称为“启保停”电路。

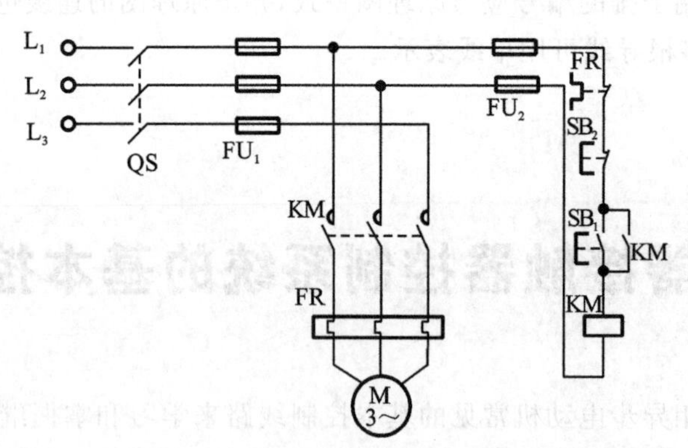

图2-5　三相异步电动机连续运行电气原理图

三、三相异步电动机的正反转控制

在生产实践中，很多情况下需要电动机正转反转运行，如夹具的夹紧与松开、升降机的提升与下降等。要改变电动机的转向，只需要改变三相电动机的相序，也就是说将三相电动机的绕组任意两相换相即可。

图 2-6 所示为带互锁的三相异步电动机的正反转控制线路，图中 KM_1 是控制电动机正转的交流接触器，KM_2 是控制电动机反转的交流接触器。当按下 SB_1 控制按钮时，SB_1 的常开触头接通，KM_1 的电磁线圈得电吸合并带动衔铁运动，在衔铁的作用下 KM_1 的主触头闭合，电动机得电正向运行，同时 KM_1 的常开触头闭合形成自锁，KM_1 的常闭触头断开使 KM_2 的线圈不能上电；当按下 SB_3 控制按钮使电动机停机后，再按下 SB_2 控制按钮，SB_2 的常开触头接通，KM_2 的电磁线圈得电吸合并带动衔铁运动，在衔铁的作用下 KM_2 的主触头闭合，电动机得电反向运行，同时 KM_2 的常开触头闭合形成自锁，KM_2 的常闭触头断开使 KM_1 的线圈不能上电。

如果图 2-6 所示的电路中不使用 KM_1 和 KM_2 的常闭触头，那么当 SB_1 和 SB_2 同时按下时，将会造成 L_1 和 L_3 相线间的短路事故，因此任何时刻只允许一个接触器工作，为了适应这一个要求，可以在对方的电磁线圈电路中串联各自的常闭辅助触头，两者相成相互制约的关系，这种关系称为互锁。利用接触器或继电器等电器的常闭触头构成的互锁称为电气互锁。

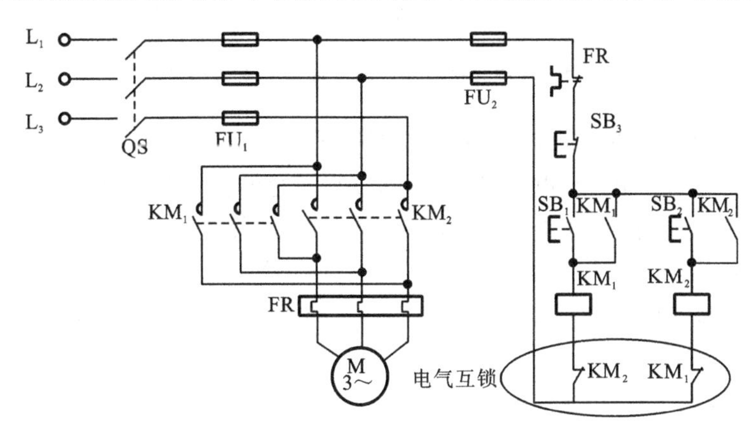

图 2-6　三相异步电动机正反转控制电气原理图

四、三相异步电动机的多地控制

在实际生产中使用大型设备时，为了操作方便，常要求能在两个及两个以上的地点对其进行操作。例如，重型龙门刨床，有时在固定的操作台上控制，有时需要站在机床四周用悬挂按钮控制；有些场合，为了便于集中管理，由中央控制台进行控制，但每台设备调整检修时，又需要就地进行机旁控制等。多地控制的实现方法是停止按钮串联，启动按钮并联，并把他们分别安装在不同的操作地点，以便控制。

图 2-7 所示为三地控制同一台电动机的多地控制电路，SB_1、SB_2、SB_3 是启动按钮，SB_4、SB_5、SB_6 是停止按钮，分别安装在甲、乙、丙三地，这样在甲、乙、丙三地就可以实现对同一台电动机的启动与停机控制。

五、三相异步电动机的顺序控制

在生产实践中，常要求各种机械运动部件之间或生产机械之间能够按照设定的时间先后次序或者启动的先后顺序工作。例如，车床主轴转动时，要求油泵先输送润滑油，主轴停止运转后油泵方可停止润滑。顺序控制线路主要有：顺序启动、同时停止；顺序启动、顺序停止；顺序启动、逆序停止等几种控制线路。以下将分别予以介绍。

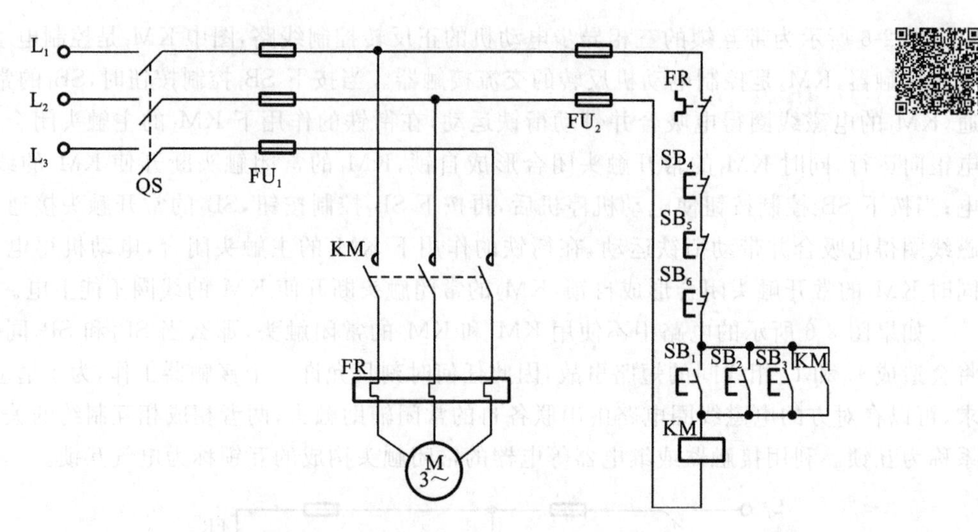

图 2-7 三相异步电动机的三地控制电气原理图

1. 两台三相异步电动机的顺序启动、同时停止控制

图 2-8 所示为两台三相异步电动机的顺序启动、同时停止控制的电气原理图,其中接触器 KM_1、KM_2的主触头分别控制电动机 M_1和 M_2,SB_1为总的停止按钮,SB_2控制电动机 M_1启动,SB_4控制电动机 M_2启动,SB_3控制电动机 M_2停止,由于 KM_2的线圈接在 KM_1的自锁触头后面,因此,只有 KM_1得电,即 M_1启动之后,M_2才可以启动;当按下停止按钮 SB_1时,KM_1、KM_2均断电,M_1、M_2同时停止运行。

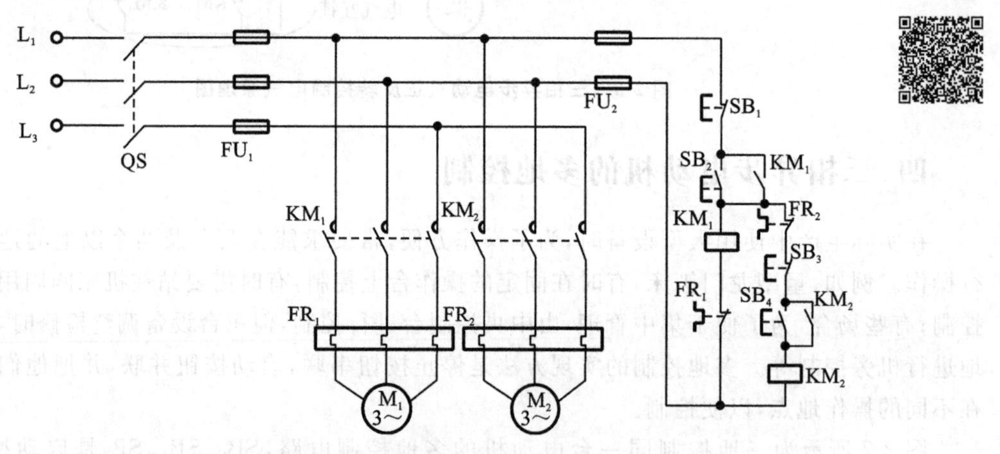

图 2-8 三相异步电动机的顺序启动同时停止电气原理图

2. 两台三相异步电动机的顺序启动、顺序停止控制

图 2-9 所示为两台三相异步电动机的顺序启动、顺序停止控制线路,其控制要求是:M_1启动后,M_2才能启动,而 M_1停止后,M_2才能停止。其工作原理是:接触器 KM_1、KM_2的主触头分别控制电动机 M_1和 M_2;KM_1的一个辅助常开触头 KM_1与 M_2的启动按钮 SB_4串联,另一个辅助常开触头 KM_1与 M_2的停止按钮 SB_3并联,这样在 M_1没有启动之前,由于上述串联的作用 M_2是无法启动的,同样,在 M_1没有停止之前,由于上述并联的作用 M_2是无法停止的,即启动时:M_1先启动,M_2后启动;停止时:先停 M_1,后停 M_2。

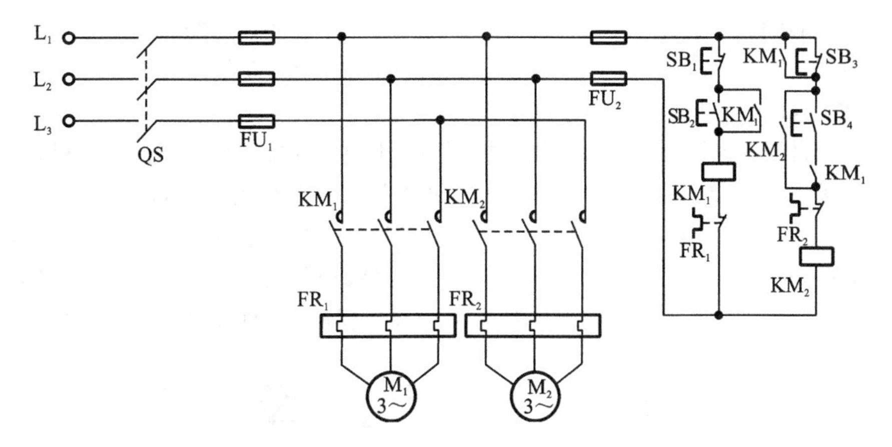

图 2-9　两台三相异步电动机的顺序启动、顺序停止控制电气原理图

3. 两台三相异步电动机的顺序启动、逆序停止控制

图 2-10 所示为两台三相异步电动机的顺序启动、逆序停止控制线路，其控制要求是：M_1 启动后，M_2 才能启动，而 M_2 停止后，M_1 才能停止。其工作原理是：接触器 KM_1、KM_2 的主触头分别控制电动机 M_1 和 M_2；KM_1 的一个常开触头串联在 KM_2 线圈的供电线路上，KM_2 的一个常开触头并联在 KM_1 的停止按钮 SB_1 上；启动时，必须 KM_1 先得电，KM_2 才能得电；停止时，必须 KM_2 先断电，KM_1 才能断电；电动机的启动顺序为先 M_1 后 M_2，停止时先 M_2 后 M_1。

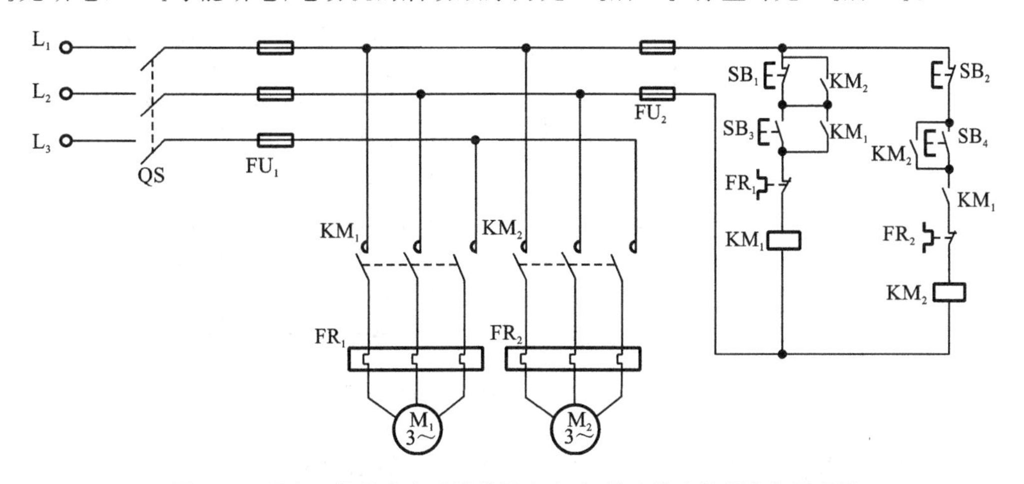

图 2-10　两台三相异步电动机的顺序启动、逆序停止控制电气原理图

六、三相异步电动机的自动往复运动位置控制

在实际生产中，常常需要运动部件能够在正反两个方向自动往复运动。例如，机床上为满足加工工艺要求，要求工作台能作自动往复运动，主轴能正转与反转；建筑工地上卷扬机的吊钩要提升和下降等；在铣床上进行切削加工时，除了要求主轴能正反转外，还常常需要工作台作自动往复运动，这就要求驱动工作台的电动机能够自动正反转运行，而三相异步电动机的自动往复运动控制则能满足这一要求。

图 2-11 所示为自动往复控制示意图，图 2-12 所示为三相异步电动机的自动往复运动控制线路，其工作原理是：当按下正向启动按钮 SB_2 时，接触器 KM_1 得电并自锁，电动机正转使工作

台前进(右移);当运行到行程开关SQ_2位置时,撞块压下SQ_2,SQ_2动断触头使KM_1断电,SQ_2的动合触头使KM_2得电动作并自保,电动机反转使工作台后退(左移);当撞块又压下行程开关SQ_1时,KM_2断电,KM_1得电,电动机又重复正转。

图2-11所示行程开关SQ_3、SQ_4是用作极限位置保护的:当KM_1得电,电动机正转,运动部件压下行程开关SQ_2时,应该使KM_1失电,而接通KM_2,使电动机反转,但若SQ_2失灵,运动部件继续前行会引起严重事故,若在行程极限位置设置SQ_4(SQ_3装在另一极端位置),则当运动部件压下SQ_4后,KM_1失电而使电动机停止,这种限位保护的行程开关在行程控制电路中必须设置;这种利用运动部件的行程来实现控制的称为按行程原则的自动控制或行程控制。

图2-11 自动往复控制示意图

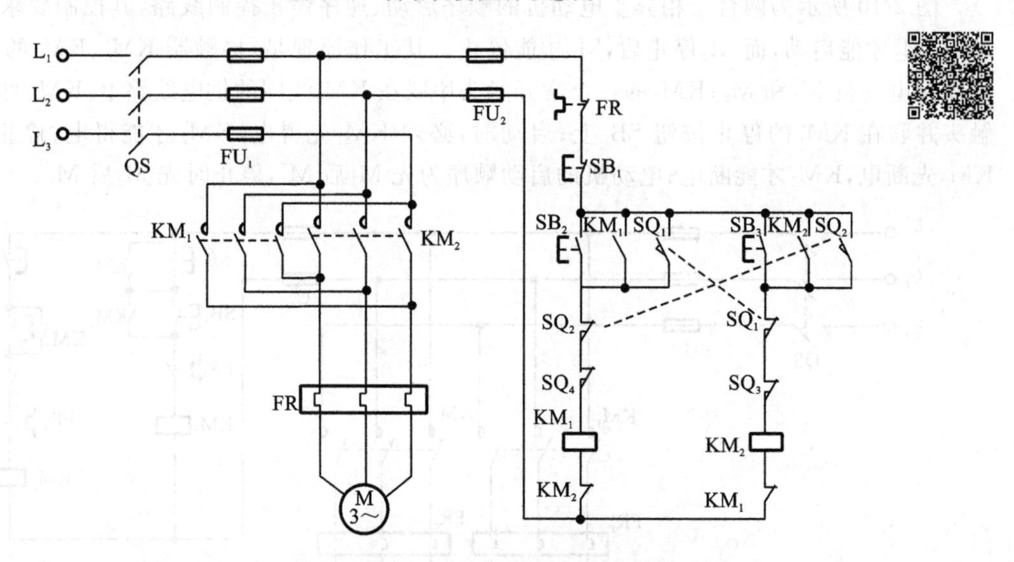

图2-12 三相异步电动机的自动往复运动控制电气原理图

七、三相异步电动机的Y-△降压启动控制电路

三相异步电动机在启动时,启动电流是额定电流的4～7倍,对于大容量的电动机,直接启动时过大的启动电流不仅会使电动机的绕组过热,使绝缘体老化,减少使用寿命,甚至会烧坏绕组,而且会造成电网电压明显下降,直接影响在同一电网工作的其他负载设备的正常工作。电动机的降压启动是在电源电压不变的情况下,降低启动时加在电动机定子绕组上的电压,限制启动电流,当电动机转速基本稳定后,再使工作电压恢复到额定值。所以,降压启动的目的是减小电动机的启动电流,从而减小供电网络的负荷。

三相笼形异步电动机常用的降压启动方法有:定子绕组串电阻(或电抗器)降压启动;Y-△降压启动;自耦变压器降压启动和延边三角形降压启动等,在此只介绍Y-△降压启动。

目前我国生产的三相异步电动机,功率在4 kW以下的绕组一般采用Y形连接,4 kW以上的都采用△形连接,在实际的应用时可以考虑降压启动。

图 2-13 所示为 Y 形连接和△形连接的原理图和接线图，额定运行为△形连接且容量较大的电动机，在启动时将定子绕组作 Y 形连接，当转速升到一定值时，再改为△形连接，这样可以达到降压启动的目的。这种启动方式称为三相异步电动机的 Y-△降压启动。同一台电动机以 Y 形连接启动时，启动电压只有△形连接的 $1/\sqrt{3}$，启动电流只有△形连接的 1/3，因此 Y-△启动能有效地减少启动电流。但是要注意：Y-△降压启动方式只适用于正常运行时定子绕组为△形连接的电动机并且它的启动转矩只有额定转矩的 1/3，因此只适用于轻载或空载下启动。

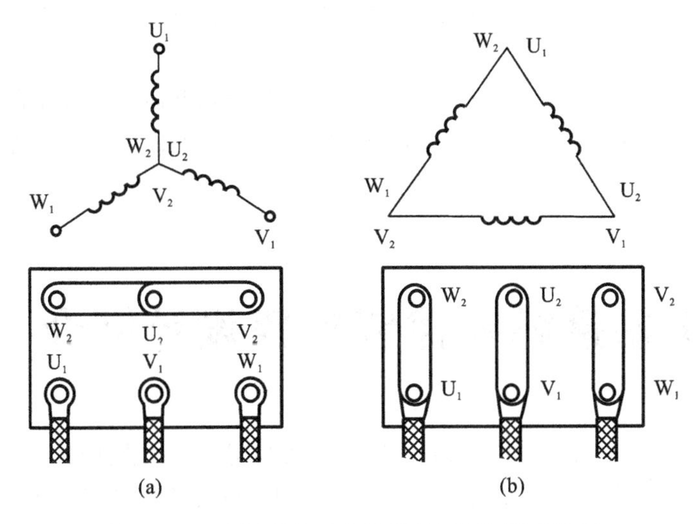

图 2-13 Y 形连接和△形连接的原理图及接线图

图 2-14 所示为三相异步电动机的 Y-△降压启动控制电路，该控制电路利用通电延时型时间继电器完成 Y-△电路的转换，从而实现电动机的降压启动。其工作原理描述如下。

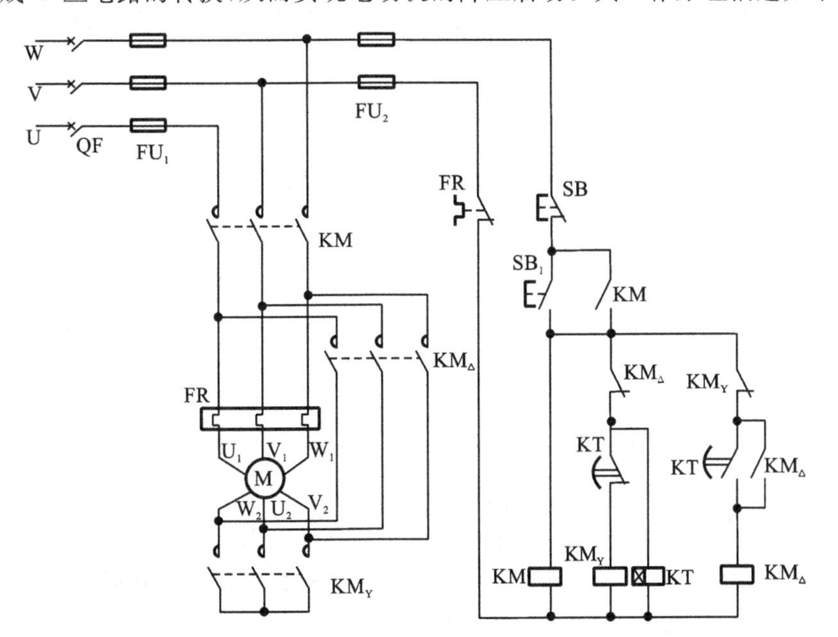

图 2-14 三相异步电动机的 Y-△降压启动控制电路电气原理图

按下启动按钮 SB_1，接触器 KM 的线圈得电，KM 的主触头闭合，KM 辅助常开触头闭合形成自锁，与此同时接触器 KM_Y和时间继电器 KT 的线圈得电，KM_Y的主触头闭合，将电动机的三相绕组接成Y形,电动机进入Y形启动状态,KM_Y的辅助常闭触头串接在$KM_\triangle$线圈的电路中形成互锁,这样在时间继电器KT延时时间未到之前电动机只能Y形运转;待时间继电器KT延时时间到、电动机转速达到一定程度时,时间继电器的延时常闭触头KT断开,接触器KM_Y线圈失电使得主触头断开、辅助常闭触头KM_Y闭合,同时时间继电器的延时常开触头KT闭合,接触器$KM_\triangle$线圈得电,其主触头闭合,辅助常开触头$KM_\triangle$闭合形成自锁,电动机进入△形运行状态。

当按下停止按钮SB或电动机出现异常过电流使热继电器FR动作时,电动机均会停止运行。

本电路操作简单,安全可靠,Y-△降压启动过程由接触器和时间继电器自动来完成,无需人工干预,且降压启动时间可调。因为有时间继电器控制,所以保证了启动时间的准确性。

2.3 继电器接触器控制线路设计简介

继电器接触器控制线路的设计方法有一般设计法和逻辑设计法两种。

一般设计法又称经验设计法,是根据生产工艺要求,利用各种典型的线路环节组合设计而成,这种设计方法比较简单,但要求设计人员必须熟悉大量的控制线路,具有丰富的设计经验,在设计过程中往往需要经过反复修改,即使这样设计出来的线路也可能不是最简、最佳方案。

逻辑设计法是根据生产工艺的要求,利用逻辑代数来分析、设计线路,用这种方法设计的线路比较合理,特别适合完成较复杂的生产工艺所要求的控制线路,但是逻辑设计法难度较大,不易掌握。

本节只简单介绍一般设计法设计控制线路时的设计思路和应注意的几个原则。

一、一般设计法设计控制线路时的设计思路

一般设计法设计控制线路时的设计思路如下。

(1) 应最大限度地了解生产机械和工艺对电气控制线路的要求。

设计之前,电气设计人员要调查清楚生产要求、工艺要求、每一程序的工作情况和运动变化规律、所需要的保护措施,并对同类或接近产品进行调查、分析、综合以作为具体设计电气控制线路的依据。

(2) 根据工艺要求和工作程序,逐一画出运动部件或执行元件的控制电路。

合理运用各控制原则,将成熟的常用环节组合应用于控制电路中,对需要保持元件状态的电路,要加自锁环节;对于电磁阀和电磁铁等无记忆功能的元件,应利用中间继电器进行记忆。

(3) 根据控制要求将手动与自动选择、点动控制、各种保护环节等分别接入线路。

(4) 线路完善、简化线路、去除多余线路和触头。

(5) 选择电器件,确定动作整定值。

(6) 设计接线图,编写设计文件。

二、一般设计法设计控制线路时的设计原则

用一般设计法设计控制线路时应满足技术、经济指标要求，操作、维修方便的基本要求；通过优选器件，提高可靠性，延长寿命，提高产品的竞争力。其设计原则简述如下。

1. 在满足生产要求的前提下，应力求简单、经济

(1) 尽量选用标准、常用或经过实际考验过的线路和环节。

(2) 减少连接导线的数量和长度。

(3) 尽量缩减电器的数量，采用标准件，并尽可能选用相同型号。

(4) 应减少不必要的触头以简化线路，这样也可以提高可靠性。在简化过程中，主要着眼于同类性质的合力，同时应注意触头的额定电流是否允许。

(5) 控制线路在工作时，除必要的电器必须通电外，其余的尽量不通电以节约能源。

2. 保证控制线路工作的可靠和安全

为了保证控制线路工作可靠，应尽量选用机械寿命和电器寿命长、结构坚实、动作可靠、抗干扰性能好的电器。同时应注意以下几点。

(1) 设计电路时，应正确连接电器的线圈。在设计控制电路时，电器线圈的一端应统一接在电源的同一端，使所有电器的触头在电源的另一端，这样当电器的触头发生短路故障时，不致引起电源短路，同时安装接线也方便。

(2) 在交流控制电路中不能串联接入两个电器的线圈。当两个交流线圈串联使用时，其中某一个至多只能得到一半的电源电压，由于电压与线圈阻抗成正比，两个电器动作总是有先有后，不可能同时吸合。假如交流接触器 KM_1 先吸合，由于 KM_1 的磁路闭合，线圈的电感显著增加，因而在该线圈上的电压降也相应增大，从而使另一个接触器 KM_2 的线圈电压达不到动作电压。因此两个电器需要同时动作时其线圈应该并联连接。

(3) 在控制线路中应避免出现寄生电路。在控制线路的动作过程中，那种意外接通的电路称为寄生电路(或称为假回路)。

(4) 在线路中尽量避免许多电器依次动作才能接通另一个电器的控制电路。

(5) 设计的线路应能适应所在电网的情况。根据电网容量的大小、电压、频率的波动范围以及允许的冲击电流数值等，决定电动机的启动方式是直接启动还是减压启动。

(6) 在线路中采用小容量继电器的触头来控制大容量接触器的线圈时，要计算继电器触头断开和接通容量是否足够，如果不够，必须加小容量接触器或中间继电器，否则工作不可靠。

(7) 在控制线路中充分考虑各种连锁(互锁和自锁)关系以及各种必要的保护环节，以避免因误操作而发生事故。

习 题 2

一、选择题

1. 在电动机的继电器接触器控制电路中，热继电器的功能是实现(　　)。

A. 短路保护　　　　B. 零压保护　　　　C. 过载保护

2. 在三相异步电动机的正反转控制电路中，正转接触器与反转接触器间的互锁环节功能是(　　)。

A. 防止电动机同时正转和反转　　B. 防止误操作时电源短路

C. 实现电动机过载保护

3. 在电动机的继电器接触器控制电路中，自锁环节的功能是(　　)。

A. 具有零压保护　　B. 保证启动后持续运行　　C. 兼有点动功能

4. 为使某工作台在固定的区间作往复运动，并能防止其冲出滑道，应当采用(　　)。

A. 时间控制　　B. 速度控制和终端保护　　C. 行程控制和终端保护

5. 在电动机的继电器接触器控制电路中，热继电器的正确连接方法应当是(　　)。

A. 热继电器的发热元件串联接在主电路内，而把它的动合触头与接触器的线圈串联接在控制电路内

B. 热继电器的发热元件串联接在主电路内，而把它的动断触头与接触器的线圈串联接在控制电路内

C. 热继电器的发热元件并联接在主电路内，而把它的动断触头与接触器的线圈并联接在控制电路内

6. 在三相异步电动机的正反转控制电路中，正转接触器 KM_1 和反转接触器 KM_2 之间的互锁作用是由(　　)连接方法实现的。

A. KM_1 的线圈与 KM_2 的动断辅助触头串联，KM_2 的线圈与 KM_1 的动断辅助触头串联

B. KM_1 的线圈与 KM_2 的动合触头串联，KM_2 的线圈与 KM_1 动合触头串联

C. KM_1 的线圈与 KM_2 的动断触头并联，KM_2 的线圈与 KM_1 动断触头并联

7. 图 2-15 所示的控制电路中，具有(　　)保护功能。

A. 过载和零压　　B. 限位　　C. 短路和过载

8. 图 2-16 所示的控制电路中，具有(　　)保护功能。

A. 短路和过载　　B. 过载和零压　　C. 短路和零压

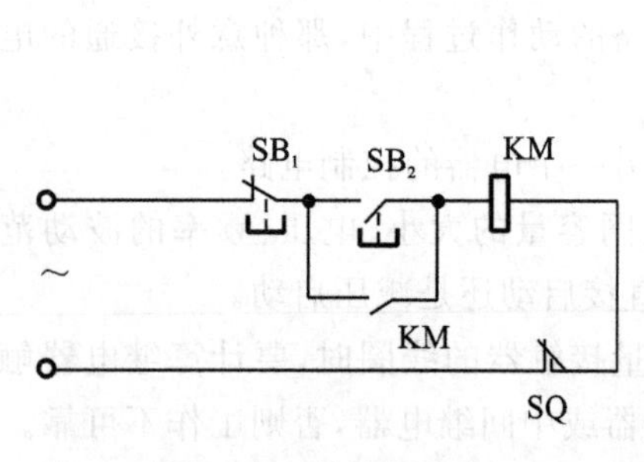

图 2-15　某控制电路

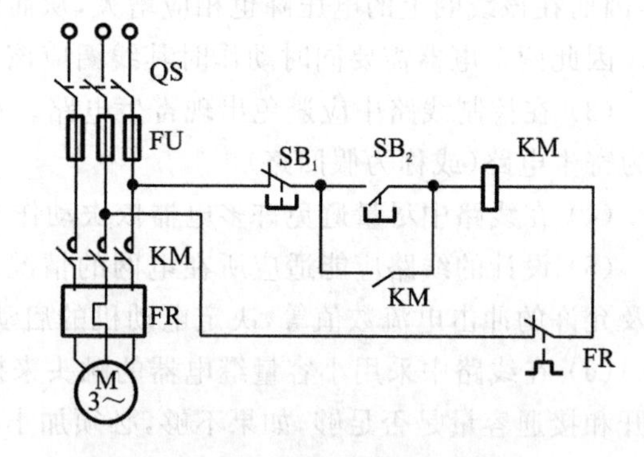

图 2-16　某控制电路

9. 在图 2-17 所示的控制电路中，SB 是按钮，KM 是接触器，KT 是时间继电器。在按动 SB_2 后的控制作用是(　　)。

A. KM 和 KT 通电动作，经过一定时间后 KT 切断 KM

B. KT 通电动作，经过一定时间后 KT 接通 KM

C. KM 和 KT 线圈同时通电动作，接着 KT 切断 KM，KT 延时时间到后随即复位

10. 在图 2-18 所示控制电路中，SB 是按钮，KM 是接触器，KM_1 控制辅电动机 M_1，KM_2 控制主电动机 M_2，且两个电动机均已启动运行，停车操作顺序必须是(　　)。

A. 先按 SB_3 停 M_1，再按 SB_4 停 M_2　　B. 先按 SB_4 停 M_2，再按 SB_3 停 M_1

C. 操作顺序无限定

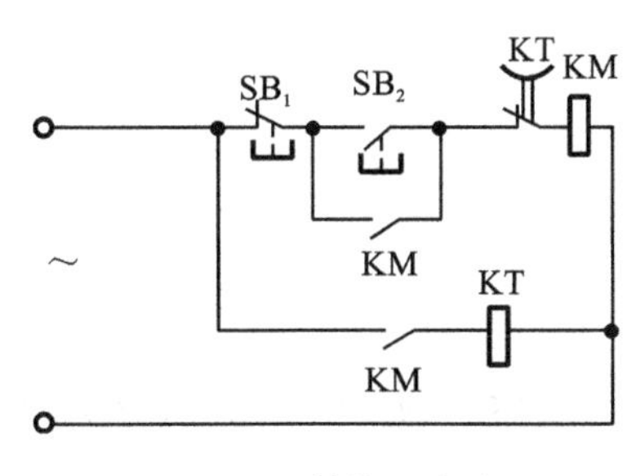

图 2-17 某控制电路

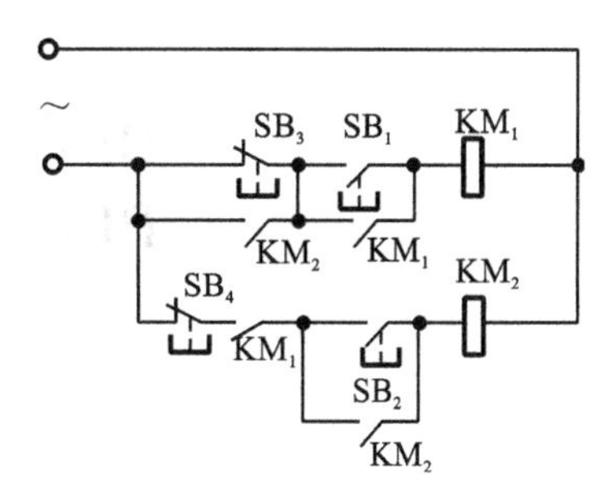

图 2-18 某控制电路

二、分析题

1. 既然在电动机的主电路中装有熔断器，为什么还要装热继电器？它们的作用有什么不同？如果装有热继电器不装熔断器，可以吗？为什么？

2. 什么是“自锁”？如果自锁触头因熔焊而不能断开又会怎么样？

3. 什么是“互锁”？在控制电路中互锁起什么作用？

4. 设计一个控制三台三相异步电动机的控制电路，要求 M_1 启动 20 s 后，M_2 自行启动，运行 5 s 后，M_1 停转，同时 M_3 启动，再运行 5 s 后，三台电动机全部停转。

5. 在图 2-19 所示的电动机正反转控制主电路中，试分析该电路并回答以下问题。

(1) 如果接触器线圈电压为 380 V，那么应该从图中的 A、B、C、D 四个位置中的哪一个引出控制电路电源线？如果从其他三个位置引出电源线，会造成什么结果？

(2) 若接触器线圈额定电压为 220 V，应如何接线？

(3) 要求用两个 220 V 的灯泡指示正反转的运行，如何接线？请就(2)、(3)问提出的问题画出该电动机正反转的控制电路及指示电路。

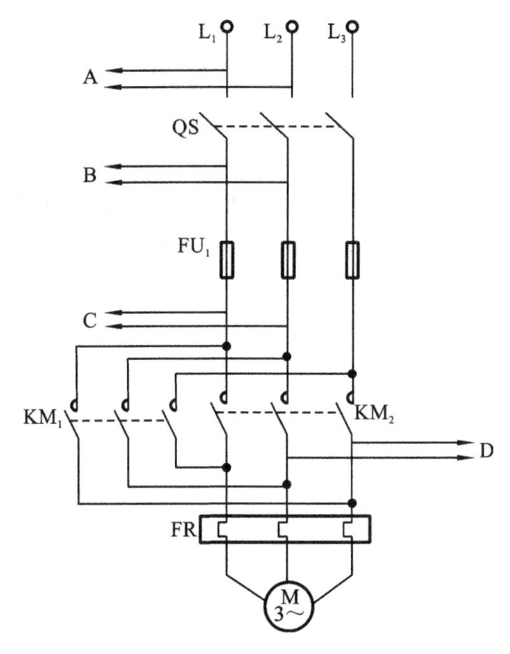

图 2-19 某控制电路

第3章
PLC基础

本章学习重点

(1) 重点掌握PLC的基本组成、工作原理、分类、特点和用途。

(2) 了解PLC常用的编程语言,重点掌握梯形图语言的使用方法。

(3) 了解目前主流的PLC产品及其特点。

(4) 重点掌握S7-200系列PLC的特点及其硬件构成。

(5) 重点掌握S7-200系列PLC的数据类型。

(6) 理解S7-200系列PLC的编程元件的概念。

(7) 重点掌握S7-200系列PLC的编程元件的寻址及扩展模块的寻址。

PLC(programmable logic controller)即可编程控制器。国际电工委员会(IEC)于1985年对其的定义为:PLC是一种数字运算的电子系统,专为在工业环境条件下的应用而设计;它采用可编程存储器,在内部存储并执行逻辑运算、顺序控制、定时、计数和算术运算等操作的指令,并通过数字式、模拟式的I/O接口,控制各种类型的机械或生产过程;PLC及其有关设备都应按易于使工业控制系统形成一个整体、易于扩充其功能的原则设计。

PLC作为一种工业控制设备在国内外已广泛应用于钢铁、石油、化工、电力、建材、机械制造、汽车、轻纺、交通运输、环保及文化娱乐等各个行业,其产品种类繁多,不同厂家的产品有其各自的特点,但是作为工业应用的标准设备,各个厂家的产品又有一定的共性,本章将分别予以介绍。

3.1 PLC概述

一、PLC的发展历史

20世纪60年代以前,汽车生产流水线的自动控制系统基本上都是由继电器控制装置构成的。当时,汽车的每一次改型都会直接导致继电器控制装置的重新设计和安装。随着生产的发展,汽车型号的更新周期越来越短,这样继电器控制装置就需要经常重新设计和安装,十分费时、费工、费料,甚至阻碍了更新周期的缩短。为了改变这一现状,美国通用汽车公司(GM)在1969年公开招标,要求用新的控制装置取代继电器控制装置,并提出了著名的10项招标指标:①编程方便,现场可修改程序;②维修方便,采用模块化结构;③可靠性高于继电器控制装置;④体积小于继电器控制装置;⑤数据可直接输入管理计算机;⑥成本可与继电器控制装置竞争;⑦输入电压可以是交流115 V;⑧输出电流为交流115 V、2 A以上电流,并能直接驱动电磁阀接触器等;⑨在扩展时原系统只需要进行很小的变更;⑩用户程序存储器容量至少能扩展到4 KB。这十条中的大多数直到今天仍然是设计PLC的基本原则(除了第⑦条中,输入电压可以是交流115 V目前已被DC24 V替代以外)。

1969年,美国数字设备公司(DEC)根据以上要求,研制出了世界上第一台PLC,并在GM公司的汽车生产线上首次应用成功,实现了生产的自动控制,从此开辟了PLC的新纪元。这种新型的工业控制装置以其简单易懂、操作方便、可靠性高、通用灵活、体积小、使用寿命长等一系列优点,很快在美国其他工业领域推广应用。到了1971年,PLC已经成功地应用于食品、饮料、冶金、造纸等工业领域。这一新型的工业控制装置的出现,也受到了世界上其他国家的高度重视:1971年,日本从美国引进了这项新技术,很快研制出了日本的第一台PLC;1973年,西欧国家也研制出了它们的第一台PLC;我国从1974年开始进行引进和研制,1977年国产PLC正式投入工业应用。刚刚问世时的PLC可以说是继电器控制装置的替代产品,由于当时的元器件及计算机发展水平有限,所以早期的PLC主要由分立元件和中小规模集成电路组成,它的存储器采用磁芯存储器,具有基本的逻辑控制及定时、计数功能,主要用于单一工序的自动控制。

20世纪70年代初,微处理器一经出现,便在PLC中得到了应用,它使PLC增加了运算、数据传输及处理等功能,成为真正的具有计算机特征的工业控制装置,编程语言采用的是与继电器电路图类似的梯形图语言。20世纪70年代中末期,随着计算机技术的全面引入,PLC的功能发生了巨大的变化,不仅运算速度快、体积小、工业抗干扰能力强,而且具有了模拟量运算、PID功能,从而PLC进入了实用化发展阶段。20世纪80年代以后,超大规模集成电路技术的迅速发展,使得各种类型的PLC所采用的微处理器的性能普遍提高,各制造厂商还纷纷研制开发了专用逻辑处理芯片,使PLC在模拟量控制、数字运算、人机接口和网络等方面的性能都得到大幅度提高,这一阶段的PLC逐渐进入过程控制领域,在某些方面取代了过程控制领域中处于统治地位的DCS系统,奠定了其在工业控制中不可动摇的地位。20世纪末期,PLC中诞生了各种各样的特殊功能单元,产生了各种人机界面单元、通信单元,使应用PLC的工业控制设备的配套更加容易,同时,不论是硬件还是系统软件都在向标准化方向发展。

二、PLC的主要特点

PLC实质上是一种工业控制专用计算机,根据实施控制的基本流程来看,它采用了典型的计算机结构,主要由CPU、RAM、ROM和专门设计的I/O接口电路等组成。现在PLC已经完全超越了最初的逻辑控制、顺序控制的范围,具备A/D转换、D/A转换、高速计数、速度控制、位置控制、轴定位控制、温度控制、PID控制、远程通信、高级语言编程等功能,尤其配合发展中的柔性制造单元(FMC)和柔性制造系统(FMS),更显示出其实现逻辑控制的优点,凡是采用继电器、接触器逻辑控制的系统都可改造为PLC控制系统。电气设备控制动作越复杂多样,性能要求越高,采用PLC控制技术的控制效果就越好,其主要特点如下。

1. 可靠性高、抗干扰能力强

高可靠性是电气控制设备的关键。由于PLC采用了现代大规模集成电路技术,并采用严格的生产工艺制造,内部电路采用了先进的抗干扰技术,故具有很高的可靠性。例如,三菱公司生产的F系列PLC的平均无故障工作时间高达30万小时。一些使用冗余CPU的PLC的平均无故障工作时间则更长。从PLC的外电路来看,使用PLC构成的控制系统,与同等规模的继电接触器系统相比,其电气接线及开关接点已减少到数百分之一甚至数千分之一,故障也就大大降低。此外,PLC还带有硬件故障自检功能,出现故障时可及时发出警报信息。在应用软件中,使用者还可以编入外围器件的故障的自诊断程序,使系统中除PLC以外的电路及设备也能获得故障的自诊断保护,这样整个系统就具有极高的可靠性。

2. 配套齐全、功能完善、适用性强

PLC发展到今天,已经形成了大、中、小各种规模的系列化产品,可以用于各种规模的工业控制场合,除了逻辑处理功能以外,现代PLC大多具有完善的数据运算能力,可用于各种数字控制领域。近年来,随着PLC的功能单元大量涌现,PLC渗透到了位置控制、温度控制、CNC等各种工业控制领域中,加上PLC通信能力的增强及人机界面技术的发展,使得采用PLC组成各种控制系统变得非常容易。

3. 易学易用,深受工程技术人员欢迎

PLC作为通用工业控制计算机,是面向工矿企业的工控设备,它有以下优点:接口容易;编程语言易于被工程技术人员接受;梯形图语言的图形符号和表达方式与继电器电路图相当接近,只用PLC的少量开关量逻辑控制指令就可以方便地实现继电器电路的功能。这些特点为不熟悉电子电路、不懂计算机原理和汇编语言的人使用PLC从事工业控制打开了方便之门。

4. 系统的设计、建造工作量小,维护方便、容易改造

PLC用存储逻辑代替接线逻辑,大大减少了控制设备外部的接线,使控制系统设计及建造的周期大为缩短,同时也使维护变得简单容易。更重要的是它使同一设备通过改变程序来改变生产过程成为可能,这很适合多品种、小批量的生产场合。

5. 体积小、重量轻、能耗低

以超小型PLC为例,最新推出的产品底部尺寸小于100 mm,重量小于150 g,功耗仅数瓦。再者由于PLC体积小,很容易装入机械内部,因而它是实现机电一体化的理想控制设备。

三、PLC的应用范围

目前PLC在国内外已广泛应用于钢铁、石油、化工、电力、建材、机械制造、汽车、轻纺、交通运输、环保及文化娱乐等各个行业。随着PLC性价比的不断提高，其应用领域及范围将不断扩大，其应用领域可大致归纳为如下几个方面。

1. 开关量的逻辑控制

开关量的逻辑控制是PLC最基本、最广泛的应用领域，它取代了传统的继电器电路，实现逻辑控制、顺序控制，既可用于单台设备的控制，也可用于多机群控及自动化流水线。例如，注塑机、印刷机、订书机械、组合机床、磨床、包装生产线、电镀流水线等。

2. 模拟量控制

在工业生产过程中，有许多连续变化的量，如温度、压力、流量、液位和速度等都是模拟量。为了使PLC能处理模拟量，必须实现模拟量(analog)和数字量(digital)之间的A/D转换及D/A转换。PLC生产厂家都有配套的A/D转换模块和D/A转换模块，使PLC用于模拟量控制成为可能。

3. 运动控制

PLC可以用于圆周运动或直线运动的控制。从控制机构的配置来说，早期PLC直接用开关量I/O模块连接位置传感器和执行机构，现在则一般使用专用的运动控制模块，例如，可驱动步进电动机或伺服电动机的单轴或多轴位置控制模块。世界上各主要PLC厂家的产品几乎都有运动控制功能，广泛应用于各种机械、机床、机器人、电梯等场合。

4. 过程控制

过程控制是指对温度、压力、流量等模拟量的闭环控制。作为工业控制计算机，PLC能编制各种各样的控制算法程序，完成闭环控制。PID调节是一般闭环控制系统中用得较多的调节方法，它通过运行专用的PID子程序来进行调节。大中型PLC都有PID模块，目前许多小型PLC也具有此功能模块。过程控制在冶金、化工、热处理、锅炉等领域有非常广泛的应用。

5. 数据处理

现代PLC具有数学运算(含矩阵运算、函数运算、逻辑运算)、数据传输、数据转换、排序、查表、位操作等功能，可以完成数据的采样、分析及处理。这些数据可以与存储在存储器中的参考值进行比较，完成一定的控制操作；也可以利用通信功能传输到其他的智能装置中；或者将它们打印制表。数据处理一般用于大型控制系统，如无人控制的柔性制造系统；也可用于过程控制系统，如造纸、冶金、食品工业中的一些大型控制系统。

6. 通信及联网

PLC通信包括PLC间的通信及PLC与其他智能设备间的通信。随着计算机控制的发展，工厂自动化网络发展得很快，各PLC厂商都十分重视PLC的通信功能，纷纷推出各自的网络系统，使其通信非常方便。

四、PLC的分类

PLC产品种类繁多，其规格和性能也各不相同。对于PLC的分类，通常根据其结构形式的不同、功能的差异和I/O点数的多少等进行大致分类。

1. 按结构形式分类

根据PLC的结构形式,可将PLC分为整体式和模块式两类。

1) 整体式PLC

整体式PLC是将电源、CPU、I/O接口等部件都集中装在一个机箱内,它具有结构紧凑、体积小、价格低的特点,小型PLC一般采用整体式结构。整体式PLC由不同I/O点数的基本单元(又称主机)和扩展单元组成,基本单元内有CPU、I/O接口、与I/O扩展单元相连的扩展口,以及与编程器或EPROM写入器相连的接口等,扩展单元内只有I/O和电源等而没有CPU。基本单元和扩展单元之间一般用扁平电缆连接,整体式PLC一般还可配备特殊功能单元,如模拟量单元、位置控制单元等,使其功能得以扩展。

2) 模块式PLC

模块式PLC是将PLC各组成部分分别做成若干个单独的模块,如CPU模块、I/O模块、电源模块(有的含在CPU模块中),以及各种功能模块。模块式PLC由框架或基板和各种模块组成,模块装在框架或基板的插座上。这种模块式PLC的特点是,配置灵活,可根据需要选配不同规模的系统,而且装配方便,便于扩展和维修。大、中型PLC一般采用模块式结构。

还有一些PLC将整体式和模块式的特点结合起来,构成叠装式PLC。叠装式PLC的CPU、电源、I/O接口等也是各自独立的模块,但它们之间是通过电缆进行连接的,并且各模块可以一层层地叠装,这样不但可以灵活配置系统,还可使其体积变小。

2. 按功能分类

根据PLC所具有的功能,可将PLC分为低档、中档、高档三类。

1) 低档PLC

低档PLC具有逻辑运算、定时、计数、移位及自诊断、监控等基本功能,还可以具有少量的模拟量I/O接口、算术运算、数据传输和比较、通信等功能,主要用于逻辑控制、顺序控制或少量模拟量控制的单机控制系统。

2) 中档PLC

中档PLC除具有低档PLC的功能外,还具有较强的模拟量I/O接口、算术运算、数据传输和比较、数制转换、远程I/O接口、子程序、通信联网等功能,有些还可以增设中断控制、PID控制等功能,适用于复杂的控制系统。

3) 高档PLC

高档PLC除具有中档机的功能外,还增加了带符号算术运算、矩阵运算、位逻辑运算、平方根运算及其他特殊功能函数的运算、制表及表格传输等功能。高档PLC具有更强的通信联网功能,可用于大规模过程控制或构成分布式网络控制系统,从而实现工厂自动化。

3. 按I/O点数分类

根据PLC的I/O点数,可将PLC分为小型、中型和大型三类。

1) 小型PLC

小型PLC的I/O点数小于256点,具有单CPU,8位或16位处理器,用户存储器容量在4 KB以下。例如,美国通用电气(GE)公司的GE-I、美国得州仪器公司的TI100、德国西门子公司的S7-200、中外合资无锡华光电子工业有限公司的SR-20/21等产品。

2）中型 PLC

中型 PLC 的 I/O 点数一般在 256～2048 点之间，具有双 CPU，用户存储器容量为 2～8 KB。例如，德国西门子公司的 S7-300、中外合资无锡华光电子工业有限公司的 SR-400、日本立石公司的 C-500 等产品。

3）大型 PLC

大型 PLC 的 I/O 点数大于 2048 点，具有多 CPU、16 位、32 位处理器，用户存储器容量为 8～16 KB。例如，德国西门子公司的 S7-400、美国通用电气公司的 GE-Ⅳ、日本三菱公司的 K3 等产品。

五、PLC 的性能指标

PLC 的种类很多，可以根据控制系统的具体要求来选择不同技术性能指标的 PLC。表 3-1 列出了西门子 S7-200 系列 PLC 的主要技术性能指标，可以作为参考。PLC 的技术性能指标主要有以下几个方面。

表 3-1　西门子 S7-200 系列 PLC 的主要技术性能指标

型　　号	CPU221	CPU222	CPU224	CPU224XP	CPU226
用户数据存储器类型	EEPROM	EEPROM	EEPROM	EEPROM	EEPROM
程序空间(永久保存)	2 048 字	2 048 字	4 096 字	6 144 字	8 192 字
用户数据存储器容量	1 024 字	1 024 字	2 560 字	5 120 字	5 120 字
数据后备典型值/H	50	50	100	100	100
主机 I/O 点数	6/4	8/6	14/10	14/10	24/16
可扩展模块	无	2	7	7	7
24 V 电源最大电流/电流限制/mA	180/600	180/600	280/600	400/约 1 500	400/约 1 500
模拟量 I/O 映像区	无	16/16	28/7 或 14	32/32	32/32
内置高速计数器数量	4 个(30 kHz)	4 个(30 kHz)	6 个(30 kHz)	4 个(30 kHz) 2 个(100 kHz)	6 个(30 kHz)
定时器/计数器数量	256	256	256	256	256
高速脉冲输出	2 个(20 kHz)	2 个(20 kHz)	2 个(20 kHz)	2 个(100 kHz)	2 个(20 kHz)
布尔指令执行时间	0.22 μs	0.22 μs	0.22 μs	0.22 μs	0.22 μs
模拟量调节电位器数量	1 个	1 个	2 个	2 个	2 个
实时时钟	有(时钟卡)	有(时钟卡)	有(内置)	有(内置)	有(内置)
RS-485 通信口数量	1 个	1 个	1 个	2 个	2 个

1. I/O 点数

PLC 的 I/O 点数是指外部输入、输出端子数量的总和，它是描述 PLC 大小的一个重要的参数。

2. 存储容量

PLC的存储器由系统程序存储器、用户程序存储器和数据存储器三部分组成。PLC的存储容量通常指用户程序存储器和数据存储器容量之和，它表征系统提供给用户的可用资源，是PLC系统的一项重要技术性能指标。

3. 扫描速度

PLC采用循环扫描方式工作，完成一次扫描所需的时间称为扫描周期。影响扫描速度的主要因素包括用户程序的长度和PLC产品的类型等。PLC中CPU的类型、机器字长等因素直接影响PLC的运算精度和运行速度。

4. 指令系统

指令系统是指PLC所有指令设备的总和。PLC的编程指令越多，软件功能就越强，但掌握应用起来也相对较复杂，因此应根据实际控制要求选择有合适指令功能的PLC。

5. 通信功能

PLC的通信分为PLC之间的通信和PLC与其他智能设备之间的通信。PLC通信主要涉及通信模块、通信接口、通信协议和通信指令等内容。PLC的组网和通信能力也已成为衡量PLC产品水平的重要指标之一。

厂家的产品手册上还提供了PLC的负载能力、外形尺寸、重量、保护等级及适用的安装和使用环境(如温度、湿度等性能指标参数)，供用户参考。

六、PLC控制系统与继电器接触器控制系统的比较

PLC控制系统目前已广泛应用于工业生产自动化控制中，与传统的继电器接触器控制系统相比，PLC控制系统具有明显的优势，主要包括以下几个方面。

1. 控制逻辑

继电器控制逻辑采用硬接线逻辑，利用继电器触头的串联或并联及延时继电器的滞后动作等组合成控制逻辑，其接线多而复杂、体积大、功耗大、故障率高，一旦系统构成后，想再改变或增加功能都很困难。另外，继电器触头数量有限，每只仅有4～8对触头，因此灵活性和扩展性都很差。而PLC采用存储器逻辑，其控制逻辑以程序方式存储在内存中，想改变控制逻辑只需要改变程序即可，故称为“软接线”系统，即接线少、体积小，因此灵活性和扩展性都很好。PLC由大、中规模集成电路组成，因而功耗较小。

2. 工作方式

电源接通时，继电器控制电路中的各继电器应同时都处于受控状态，即该吸合的都应吸合，不该吸合的都应受到某种条件限制而不能吸合，它的工作方式属于并联工作方式。而PLC的控制逻辑中，各内部器件都处于周期性循环扫描中，它的工作方式属于串联工作方式。

3. 可靠性和可维护性

继电器控制逻辑使用了大量的机械触头，连线较多。触头断开或闭合时会受到电弧的损坏，并且容易机械磨损且寿命短，因此其可靠性和维护性差。而PLC采用微电子技术，大量的开关动作由无触头的半导体电路来完成，体积小、寿命长、可靠性高。同时，PLC配有自检和监督功能，能检查出自身的故障并随时显示给操作人员，还能动态地监视控制程序的执行情况，为

现场调试和维护提供了方便。

4. 控制速度

继电器控制系统依靠触头的机械动作实现控制，工作频率低，触头的开闭一般在几十毫秒数量级，另外机械触头还会出现抖动问题。而PLC通过程序指令控制半导体电路来实现控制，属于无触头控制，速度极快，一条用户指令的执行时间一般在微秒数量级，并且不会出现抖动。

5. 定时控制

继电器控制系统利用时间继电器进行时间控制。一般来说，时间继电器存在定时精确度不高，定时范围窄，并且易受到环境湿度和温度变化的影响，以及时间调整困难等问题。PLC使用半导体集成电路做定时器，时基脉冲由晶体振荡产生，精度相当高，并且定时时间不受环境的影响，定时范围一般从0.001 s到若干天或更长，用户可根据需要在程序中设置定时值，然后用软件来控制定时时间。

从以上几个方面的比较可知，PLC在性能上优于继电器控制系统，特别是具有可靠性高、设计施工周期短、调试修改方便的特点，而且体积小、功耗低、使用维护方便。正是基于以上优点，PLC控制系统正在逐步地取代继电器控制系统。

七、PLC的发展趋势

PLC一经问世便在工业自动控制领域得到广泛的应用，显示出强大的生命力，其作用和发展方向也受到了广泛的关注。

21世纪以来，随着工业的快速发展，PLC也将会有更大的发展。从技术层面来看，PLC的设计和制造将在融合计算机领域发展出的新技术、新成果的基础上，使新产品的速度更快、存储容量更大、可靠性更高。

从规模层面来看，PLC会进一步向体积更小、功能更强、专用化更强和性价比更高的微小型和高可靠性、兼容性好、高容错性和多功能的大型化方向发展。

从网络技术层面来看，PLC将和工业控制计算机联网组成大规模的控制系统，目前DCS（计算机集散控制）系统中已有大量的PLC应用，随着网络的发展，作为自动化控制网络和国际通用网络的重要组成部分的PLC将在工业控制等众多领域发挥更大的作用。

从通信标准化层面来看，PLC将从单机控制自动化向系统生产自动化过渡，这就要求PLC与上级计算机、PLC与PLC之间、PLC与I/O之间能及时、准确地互通信息，以便能步调一致地进行控制和管理。

从机电一体化层面来看，机电一体化技术是一项新型的技术，其发展前景广阔，它是机械、电子、信息技术三者的融合体，其产品通常由机械本体、微电子装置、传感器、执行机构等部分组成，为了满足机电一体化的需要，PLC正从增大存储容量和加快运算速度等方面入手，增强自身功能，同时还在进一步缩小体积，加强坚固性和密封性，提高可靠性和易维护性。

现代PLC将向体积更小、功能更强、价格更低、速度更快的微小型方向发展，同时也会朝着大型网络化、兼容性好、功能全及可靠性高的方向发展。根据美国专家的调查，2000年PLC占控制市场的份额已经超过了50%，在网络信息技术高速发展的时代，PLC控制技术也将逐步得到优化，也必将拥有更为广阔的发展前景。

3.2 PLC的结构和工作原理

PLC由于其自身的特点，在工业生产的各个领域得到了越来越广泛的应用。而作为PLC的用户，要正确地应用PLC来完成各种不同的控制任务，首先应了解其组成结构和工作原理。

一、PLC的基本结构

PLC实施控制，其实质就是按一定的算法进行I/O变换，并将这个变换予以物理实现。I/O变换、物理实现可以说是PLC实施控制的两个基本点，同时物理实现也是PLC与普通微型计算机相区别之处，它需要考虑实际控制的需要，应能排除干扰信号，用于工业现场时输出应放大到工业控制的水平，能为实际控制系统方便使用。PLC采用了典型的计算机结构，主要由中央处理单元(CPU)、存储器(RAM/ROM)、I/O接口电路、编程器、通信接口及电源组成。PLC的基本硬件结构如图3-1所示。

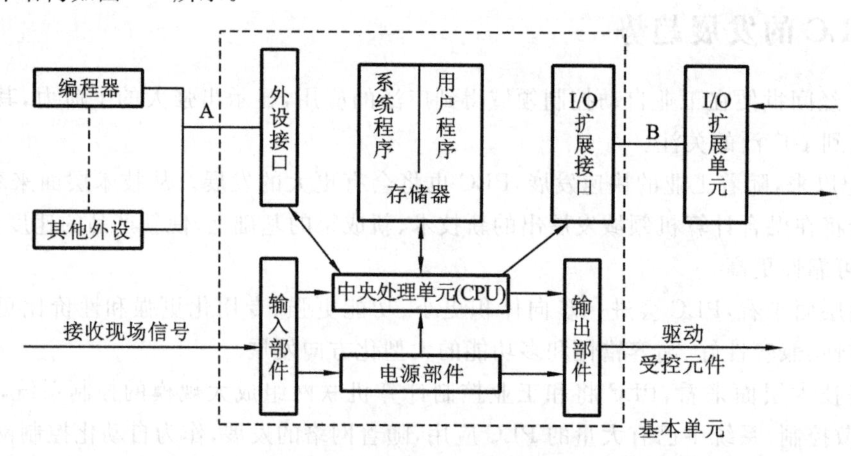

图3-1 PLC的硬件结构

1. 中央处理单元

中央处理单元(CPU)是PLC的控制核心，它按照PLC系统程序赋予的功能接收并存储用户程序和数据，能检查电源、存储器、I/O及定时器的状态，并能诊断用户程序中的语法错误。当PLC投入运行时，首先以扫描的方式采集现场各输入装置的状态和数据，并分别存入输入映像寄存区，然后从用户程序存储器中逐条读取用户程序，经过命令解释后按指令的规定执行逻辑或算术运算并将结果送入输出映像寄存区或数据寄存器内，等所有的用户程序执行完毕之后，将输出映像寄存区的各输出状态或输出寄存器内的数据传输到相应的输出装置，如此循环直到停止运行。为了进一步提高PLC的可靠性，近年来对大型PLC还采用双CPU构成冗余系统，或者采用三CPU式的表决式系统，这样即使某个CPU出现故障，整个系统仍能正常运行。

2. 存储器

1) PLC常用存储器类型

PLC的存储器分为系统程序存储器和用户程序存储器两类。存放系统软件(包括监控程序、模块化应用功能子程序、命令解释程序、故障诊断程序及各种管理程序)的存储器称为系统程序存储器;存放用户程序(包括用户程序和数据)的存储器称为用户程序存储器。PLC 常用的存储器类型有以下三种。

(1) RAM(random access memory):这是一种读/写存储器(随机存储器),其存取速度最快,由锂电池供电。

(2) EPROM(erasable programmable read only memory):这是一种可擦除的只读存储器。在断电情况下,存储器内的所有内容保持不变(在紫外线连续照射下可擦除存储器内容)。

(3) EEPROM(electrical erasable programmable read only memory):这是一种电可擦除的只读存储器,使用编程器就能很容易地对其所存储的内容进行修改。

2) PLC 存储器的存储结构

虽然各种 PLC 的 CPU 的最大寻址空间各不相同,但是根据 PLC 的工作原理,其存储空间一般包括以下三个区域。

(1) 系统程序存储区。

在系统程序存储区中存放着相当于计算机操作系统的系统程序,包括监控程序、管理程序、命令解释程序、功能子程序、系统诊断子程序等。由制造厂商将其固化在 EPROM 中,用户不能直接存取,它和硬件一起决定了该 PLC 的性能。

(2) 系统 RAM 存储区。

系统 RAM 存储区包括 I/O 映像寄存区以及各类软元件,如逻辑线圈、数据寄存器、定时器、计数器、变址寄存器、累加器等存储区。

① I/O 映像寄存区:由于 PLC 投入运行后,只是在输入采样阶段才依次读入各输入状态和数据,在输出刷新阶段才将输出的状态和数据送至相应的外设。因此它需要一定数量的存储单元(RAM)以存放 I/O 的状态和数据,这些单元称为 I/O 映像寄存区。一个开关量 I/O 占用存储单元中的一个位,一个模拟量 I/O 占用存储单元中的一个字。因此整个 I/O 映像寄存区可看成两个部分组成:开关量 I/O 映像寄存区和模拟量 I/O 映像寄存区。

② 系统软元件存储区:除了 I/O 映像寄存区以外,系统 RAM 存储区还包括 PLC 内部各类软元件(逻辑线圈、定时器、计数器、数据寄存器和累加器等)的存储区。该存储区又分为失电保持的存储区域和失电不保持的存储区域,前者在 PLC 断电时,由内部的锂电池供电,数据不会丢失;后者当 PLC 断电时,数据被清零。

(3) 用户程序存储区。

用户程序存储区用于存放用户编制的用户程序,不同类型的 PLC 其存储容量各不相同。

3. I/O 接口电路

I/O 接口是 PLC 与现场控制或检测元件与执行元件连接的接口电路。PLC 的输入接口有直流输入、交流输入、交直流输入等类型;输出接口有晶体管输出、晶闸管输出和继电器输出等类型。

现场控制或检测元件输入给 PLC 各种控制信号,如限位开关、操作按钮、选择开关及其他一些传感器输出的开关量或模拟量等,通过输入接口电路将这些信号转换成 CPU 能够接收和处理的信号。输出接口电路将 CPU 送出的弱电控制信号转换成现场需要的强电信号输出以驱动电磁阀、接触器等被控设备的执行元件。

1) 输入接口

输入接口用于接收和采集两种类型的输入信号:一类是由按钮、转换开关、行程开关、继电器触头等提供的开关量输入信号;另一类是由电位器、测速发动机和各种变换器提供的连续变化的模拟量输入信号。以图3-2所示的直流输入接口电路为例,R_1是限流与分压电阻,R_2与C构成滤波电路,滤波后的输入信号经光耦合器T与内部电路耦合。当输入端的按钮S接通时,光耦合器T导通,直流输入信号被转换成PLC能处理的5 V标准信号电平(简称TTL),同时LED输入指示灯亮,表示信号接通,图3-2所示的滤波电路用于消除输入触头的抖动。交流输入与交直流输入接口电路与直流输入接口电路类似。PLC输入电路通常有三种类型:直流12~24 V输入、交流100~120 V输入与交流200~240 V输入、交直流12~24 V输入。

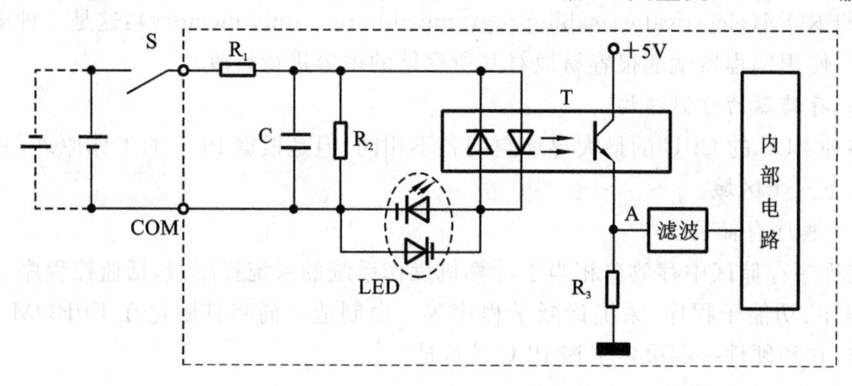

图3-2　PLC直流输入接口电路

光电耦合电路可以有效地防止现场的强电干扰进入PLC。由于输入电信号与PLC内部电路之间采用光电信号耦合,所以两者在电气上完全隔离,使输入接口具有抗干扰能力。现场的输入信号通过光电耦合后转换为5 V的TTL送入输入数据寄存器,再经数据总线传送给CPU。

2) 输出接口电路

输出接口电路的作用是把PLC内部的标准信号转换成执行机构所需的开关量信号以驱动负载,根据驱动负载元件的不同可将输出接口电路分为三种:继电器输出、晶体管输出、晶闸管输出。表3-2给出了这三种形式电路的区别。

表3-2　PLC三种输出接口性能对照表

类　型	晶体管输出型	继电器输出型	晶闸管(可控硅)输出型
额定负载	只能带直流负载;负载电压一般DC 5~30 V,允许负载电流为0.2~0.5 A	交、直流负载均可;DC 24 V(4~30 V);AC24~230 V(20~250 V);负载电流可达2 A/点	只能驱动交流负载;负载电压一般为AC 85~242 V;单点输出电流为0.2~0.5 A,当多点共用公共端时,每点的输出电流应减小(如单点驱动能力为0.3 A的双向晶闸管输出,在4点共用公共端时,最大允许输出为0.8 A/4点)
输出电路形式	NPN和PNP型集电极开路输出	一般不宜直接驱动大电流负载,可以通过一个小负载来驱动大负载,如PLC的输出可以接一个电流比较小的中间继电器,再由中间继电器触头驱动大负载,如接触器线圈等	晶闸管可以直接接小功率负载,可以承受220 V电压

续表

类　型	晶体管输出型	继电器输出型	晶闸管(可控硅)输出型
使用寿命	无机械触头,使用寿命长	有机械触头,使用寿命短	无机械触头,比继电器输出电路形式寿命要长
输出响应时间	<0.2 ms	10 ms左右	约1 ms
使用场合	开关速度快,寿命长,采用光电隔离,耐压比较小,驱动负载一般要加中间继电器,一般用在精确控制和开关频率高的场合	机械隔离、耐压高、开关速度慢,能够直接驱动负载,适用于开关速度要求不高的场合	被控对象是交流负载,控制对象的动作频率比较高,而且需要控制对象的频率较快

(1) 继电器输出形式。

继电器输出形式电路的原理图如图3-3所示,其工作原理是,当内部电路的状态为1时,继电器K的线圈通电,产生电磁吸力,触头闭合,则负载得电,同时点亮LED,表示该路输出点有输出;当内部电路的状态为0时,继电器K的线圈无电流,触头断开,则负载断电,同时LED熄灭,表示该路输出点无输出。这种输出形式既可以驱动交流负载,又可以驱动直流负载。它的优点是,适用电压范围比较宽,导通压降小,承受瞬时过电压和过电流的能力强;缺点是动作速度较慢,动作次数(寿命)有一定的限制。建议在输出量变化不频繁时优先选用。

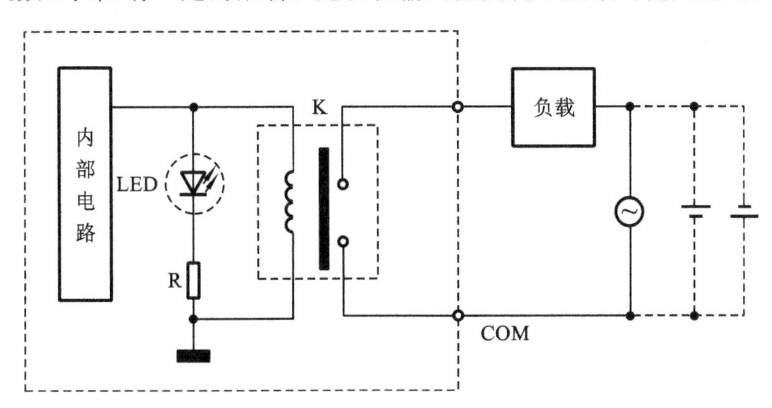

图3-3　继电器输出形式电路

(2) 晶体管输出形式。

晶体管输出形式的电路原理图如图3-4所示,其工作原理是,当内部电路的状态为1时,光电耦合器T_1导通,使大功率晶体管VT饱和导通,则负载得电,同时点亮LED,表示该路输出点有输出;当内部电路的状态为0时,光电耦合器T_1断开,大功率晶体管VT截止,则负载失电,LED熄灭,表示该路输出点无输出。当负载为电感性负载时,VT关断会产生较高的反电势,VD的作用是为其提供放电回路,避免VT承受过电压。这种输出形式只可驱动直流负载,其优点是,可靠性强,执行速度快,寿命长;缺点是,过载能力差,适合于直流供电、输出量变化快的场合。

(3) 晶闸管输出形式。

晶闸管输出形式的电路原理图如图3-5所示,其工作原理是,当内部电路的状态为1时,发

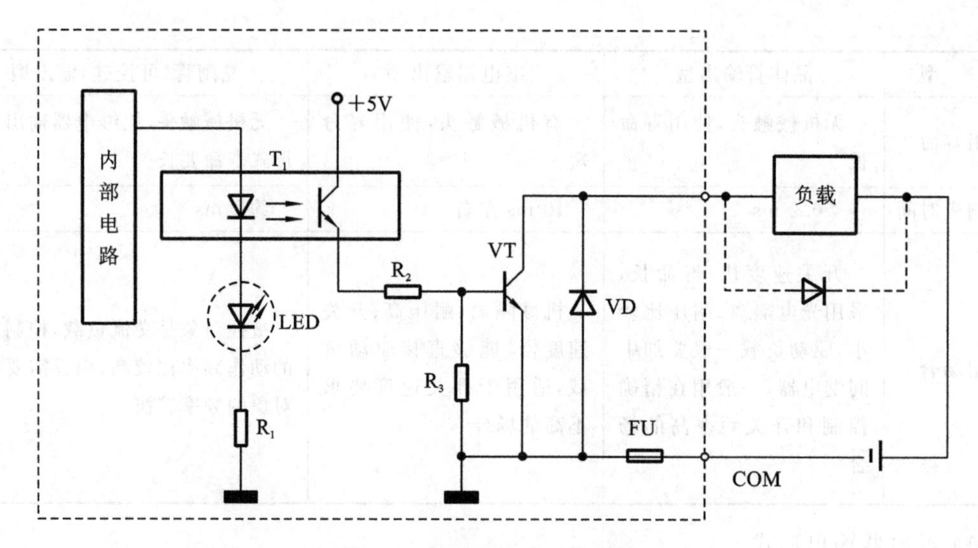

图 3-4　晶体管输出形式电路

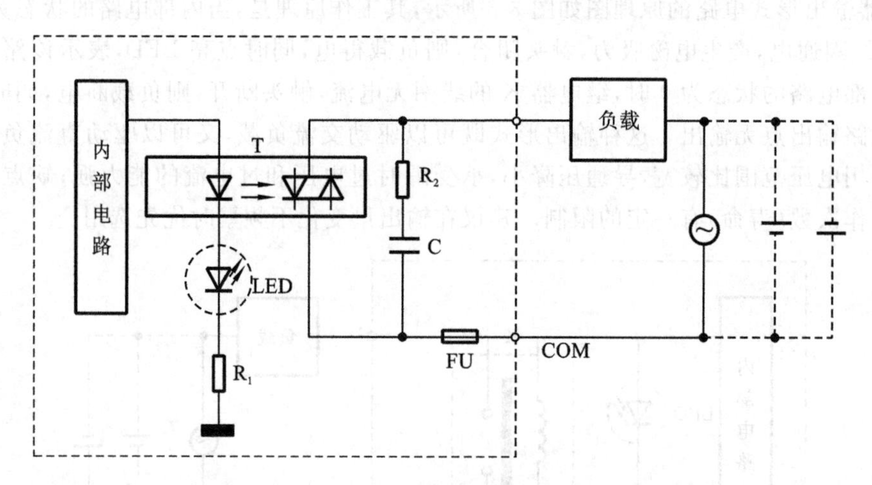

图 3-5　晶闸管输出形式电路

光二极管导通发光，相当于晶闸管施加了触发信号，晶闸管 T 导通，负载得电，同时输出指示灯 LED 点亮，表示该输出点接通；当对应 T 的内部继电器的状态为 0 时，晶闸管关断，此时 LED 不亮，负载失电。这种输出形式适合驱动交流负载。晶闸管输出适合在交流供电、输出量变化快的场合选用。

4. 电源

PLC 的电源在整个系统中起着十分重要的作用，如果没有一个良好的、可靠的电源，系统是无法正常工作的，因此 PLC 的制造商对电源的设计和制造也十分重视。一般交流电压波动在±10%(±15%)范围内，可以不采取其他措施而将 PLC 直接连接到交流电网上去。例如，FX1S 的额定电压为 AC 100～240 V，而电压允许范围在 AC 85～264 V 之间，允许瞬时停电在 10 ms 以下能继续工作。一般小型 PLC 的电源输出分为两部分：一部分用于供 PLC 内部电路工作；一部分用于向外提供给现场传感器等作为工作电源。PLC 对电源的基本要求如下。

(1) 能有效地控制、消除电网电源带来的各种干扰。

(2) 电源发生故障时不会导致其他部分产生故障。

(3) 允许较宽的电压范围。

(4) 电源本身的功耗低,发热量小。

(5) 内部电源与外部电源完全隔离。

(6) 有较强的自保护功能。

5. 编程器

编程器的作用是将用户编写的程序下载至PLC的用户程序存储器,并利用编程器检查、修改和调试用户程序,监视用户程序的执行过程,显示PLC状态、内部器件及系统的参数等。编程器分为简易编程器和图形编程器两种。简易编程器体积小、携带方便,但只能用语句形式进行联机编程,适合小型PLC的编程及现场调试。图形编程器既可用语句形式编程,又可用梯形图编程,同时还能进行脱机编程。目前PLC制造厂家大都开发了计算机辅助PLC编程支持软件,在个人计算机安装了PLC编程支持软件后,就可使用图形编程器进行用户程序的编辑、修改,并通过个人计算机和PLC之间的通信接口实现用户程序的双向传输、监控PLC的运行状态等。

6. 通信接口

为了实现"人-机"或"机-机"之间的对话,PLC配有多种通信接口。PLC通过这些通信接口可以与监视器、打印机及其他的PLC或计算机相连接。当PLC与打印机相连接时,可以将过程信息、系统参数等输出打印;当PLC与监视器相连接时,可以将过程图像显示出来;当PLC与其他PLC连接时,可以组成多机系统或组成网络,实现更大规模的控制;当PLC与计算机相连接时,可以组成多级控制系统,实现控制与管理相结合的综合性控制。通过以上这些通信技术,使PLC更容易构成工厂自动化系统。

二、PLC的工作原理

由于PLC以CPU为核心,故其具有微型计算机的许多特点,但它的工作方式却与微型计算机有很大不同。微型计算机一般采用等待命令的工作方式,如常见的键盘扫描方式或I/O扫描方式,若有按键按下或有I/O变化,则转入相应的子程序,若无,则继续扫描等待。

PLC则是采用循环扫描的工作方式,对于每个程序CPU都从第一条指令开始执行,按指令步序号做周期性的程序循环扫描,如果无跳转指令,则从第一条指令开始逐条执行用户程序,直至遇到结束符后又返回第一条指令,如此周而复始不断循环,每一个循环称为一个扫描周期。扫描周期的长短主要取决于以下几个因素:一是CPU执行指令的速度;二是执行每条指令占用的时间;三是程序中指令条数的多少。如图3-6所示,PLC的一个扫描周期主要分为三个阶段,即输入刷新阶段、程序执行阶段、输出刷新阶段,下面将分别予以说明。

1. 输入刷新阶段

在输入刷新阶段,CPU扫描全部的输入端口,读取其状态并写入输入映像寄存器。完成输入端刷新工作后,将关闭输入端口,转入程序执行阶段。在程序执行期间即使输入端状态发生变化,输入映像寄存器的内容也不会改变,而这些变化必须等到下一工作周期的输入刷新阶段才能被读入。

2. 程序执行阶段

在程序执行阶段,根据用户输入的控制程序,从第一条开始逐步执行,并将相应的逻辑运算

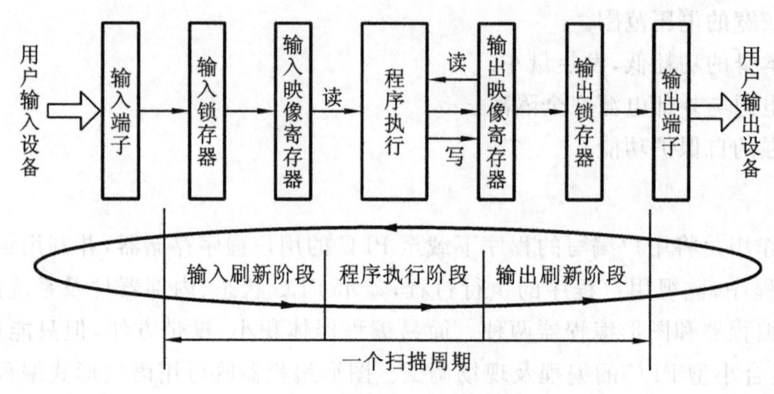

图 3-6 PLC 的扫描周期

结果存入对应的内部辅助寄存器和输出映像寄存器。在最后一条控制程序执行完毕后，即转入输出刷新阶段。

3. 输出刷新阶段

在所有指令执行完毕后，将输出映像寄存器中的内容依次传输至输出锁存电路并通过一定的输出方式输出，从而驱动外部相应的执行元件工作，这才形成 PLC 的实际输出。

由此可见，输入刷新、程序执行和输出刷新三个阶段构成 PLC 一个工作周期并依此循环往复，因此称为循环扫描工作方式。由于输入刷新阶段是紧接输出刷新阶段后马上进行的，所以亦将这两个阶段统称为 I/O 刷新阶段。实际上，除了执行程序和 I/O 刷新外，PLC 还要进行各种错误检测（自诊断功能）并与编程工具通信，这些操作统称为“监视服务”，一般在程序执行之后进行。

通过以上说明可以看出，PLC 扫描周期的长短主要取决于程序的长短。扫描周期越长，响应速度越慢。由于每个扫描周期只进行一次 I/O 刷新，即每一个扫描周期 PLC 只对输入、输出状态寄存器更新一次，所以系统存在输入、输出滞后现象，这在一定程度上降低了系统的响应速度。但是由于其对 I/O 的变化每个周期只刷新一次，并且只对有变化的进行刷新，这对一般的开关量控制系统来说是完全允许的，不但不会造成影响，还可提高抗干扰能力。这是因为输入采样阶段仅在输入刷新阶段进行，PLC 在一个工作周期的大部分时间是与外设隔离的，而工业现场的干扰常常是脉冲、短时间的，这样误动作将大大减小。但是在快速响应系统中就会造成响应滞后现象，针对此种情况 PLC 一般会采取高速模块来解决这一问题。PLC 采用的周期扫描工作方式是区别于其他设备的最大特点之一，在学习和使用 PLC 时应当注意这一点。

3.3 PLC 编程语言简介

一、PLC 编程语言的特点

PLC 的编程语言与一般计算机语言相比，具有明显的特点，它既不同于高级语言，也不同于一般的汇编语言，它既要满足易于编写，又要满足易于调试的要求。目前还没有一种对各厂家产品都能兼容的编程语言，如三菱公司的产品有其自己的编程语言，欧姆龙公司的产品也有其自己的语言。但不管什么型号的PLC其编程语言都具有以下特点。

1. 图形形式的指令结构

程序由图形的方式表达，指令由不同的图形符号组成，易于理解和记忆。系统的软件开发者已把工业控制中所需的独立运算功能编制成象征性图形，用户根据自己的需要将这些图形进行组合，并填入适当的参数。在逻辑运算部分，几乎所有的厂家都采用类似于继电器控制电路的梯形图，很容易接受。例如，西门子公司还采用控制系统流程图来表示，它沿用二进制逻辑元件图形符号来表达控制关系，很直观易懂。较复杂的算术运算、定时计数等，一般也参照梯形图或逻辑元件图给予表示。

2. 明确的变量常数

图形符相当于操作码，规定了运算功能，操作数由用户填入，如K400、T120等。PLC中的变量和常量及其取值范围有明确规定，由产品型号决定，可查阅产品的相关手册。

3. 简化的程序结构

PLC的程序结构通常很简单，典型的为分块式结构，不同的程序块完成不同的功能，使程序的调试者对整个程序的控制功能和控制顺序有清晰的概念。

4. 简化应用软件的生成过程

使用汇编语言和高级语言编写程序，要完成编辑、编译和连接三个过程，而使用PLC的编程语言，只需要完成编辑过程，其余的过程由系统软件自动完成，整个编辑过程都在人机对话的模式下进行，不要求用户有高深的软件设计能力。

5. 强化调试手段

无论是汇编程序，还是高级语言程序的调试，都是令编程人员头疼的事，而PLC为编程人员进行程序调试提供了完备的条件。利用PLC和编程器上的按键、显示和内部编辑、调试、监控等方式，并在软件的支持下，使诊断和调试操作都很简单。

综上可见，PLC的编程语言是面向用户的，不要求使用者具备高深的知识，不需要长时间的专门训练。

二、PLC常用的编程语言

PLC的用户程序是设计人员根据控制系统的工艺要求，通过PLC编程语言来编制设计的。根据国际电工委员会制定的工业控制编程语言标准(IEC1131-3)，PLC的编程语言包括以下五种：梯形图语言(LAD)、指令表语言(STL)、功能模块图语言(FBD)、顺序功能流程图语言(SFC)及结构化文本语言(ST)。其中，梯形图和功能模块图为图形语言，指令表和结构化文本为文字语言，顺序功能流程图是一种结构块控制流程图。PLC最常用的编程语言是梯形图语言和指令表语言，下面将重点进行介绍。

1. 梯形图语言

梯形图语言(LAD，ladder diagram)是PLC程序设计中最常用的一种编程语言，它是一种从继电器接触器控制电路演变而来的图形语言，由于电气设计人员对继电器控制较为熟悉，因此梯形图编程语言得到了广泛使用。

梯形图是一种借助类似于继电器的动合和动断触头、线圈及串、并联等术语和符号，根据控制要求连接而成的表示PLC输入和输出之间逻辑关系的图形。

梯形图中常用┤ ├、┤/├图形符号分别表示PLC编程元件的动合和动断触头；用( )表示它们的线圈。梯形图中编程元件的种类用图形符号及标注的字母或数字加以区别。触头和线圈等组成的独立电路称为网络，用编程软件生成的梯形图程序中有网络编号，允许以网络为单位给梯形图加注释。图3-7所示的是典型的交流异步电动机直接启动控制电路图，图3-8所示的是采用PLC控制的梯形图程序。

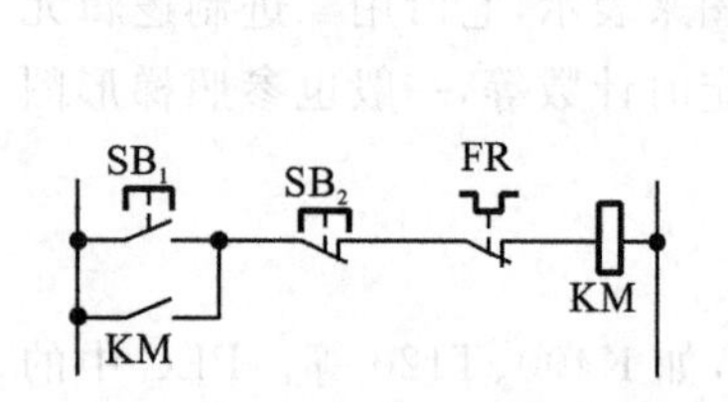

图3-7　交流异步电动机直接启动控制电路图

I0.0　I0.1　I0.2　Q0.0

Q0.0

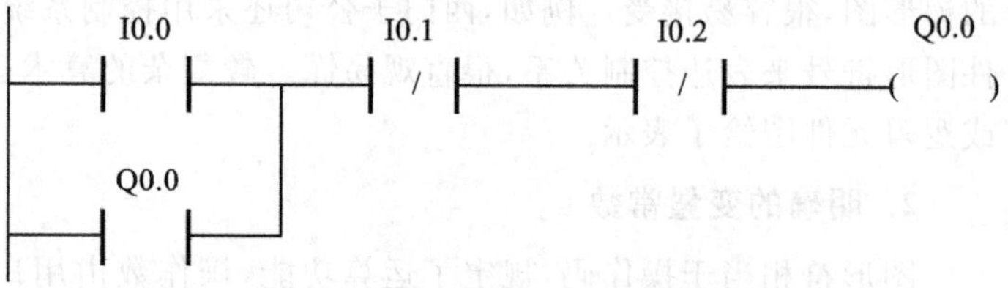

图3-8　交流异步电动机直接启动控制PLC梯形图

PLC梯形图中的某些编程元件沿用了继电器这一名称，如输入继电器、输出继电器、内部辅助继电器等，但是它们不是真实的物理继电器，而是一些存储单元（软继电器），每一个软继电器与PLC存储器中映像寄存器的一个存储单元相对应。该存储单元如果为“1”状态，则表示梯形图中对应的软继电器的线圈“通电”，其常开触头接通，常闭触头断开，称这种状态是该软继电器的“1”或“ON”状态。如果该存储单元为“0”状态，对应软继电器的线圈和触头的状态与上述的相反，称该软继电器为“0”或“OFF”状态，使用中也常将这些“软继电器”称为编程元件。

梯形图的一个关键的概念是“能流”（power flow），当然这仅仅是概念上的“能流”，图3-9中把左边的母线假想为电源相线，而把右边的母线（虚线表示）假想为电源中性线，如果有“能流”从左至右流向线圈，则线圈被激励，如果没有“能流”，则线圈未被激励。

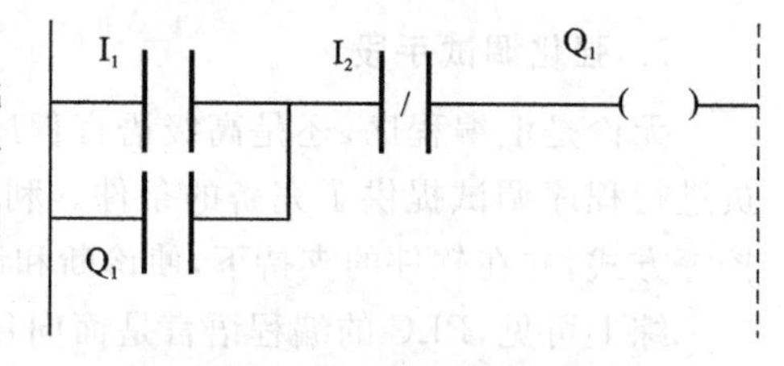

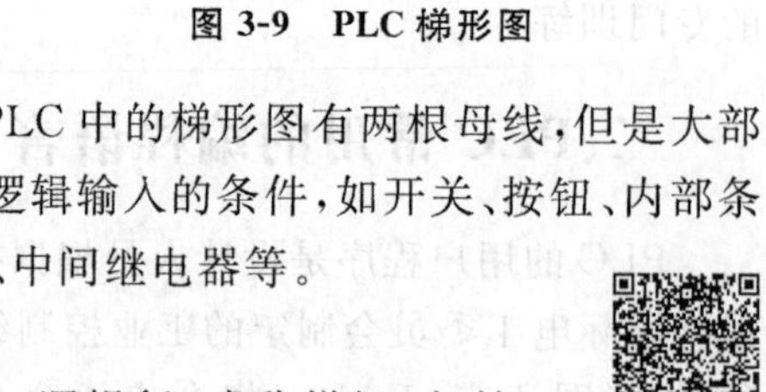

图3-9　PLC梯形图

需要指出的是，“能流”的概念，仅仅是为了和继电器控制系统进行比较进而对梯形图有一个深入地了解而引入的，实际中“能流”在梯形图中是不存在的。有的PLC中的梯形图有两根母线，但是大部分PLC现在只保留左边的母线。在梯形图中，触头代表逻辑输入的条件，如开关、按钮、内部条件等；线圈通常代表逻辑输出结果，如灯、电动机、接触器、中间继电器等。

梯形图的设计应注意以下三点。

(1) 梯形图应按从左到右、自上而下的顺序排列，每一逻辑行（或称梯级）起始于左母线，然后是触头的串、并连接，最后是线圈。

(2) 梯形图中每个梯级流过的不是物理电流，而是“概念电流”，从左流向右，其两端没有电源。这个“概念电流”只是用来形象地描述用户程序执行中应满足线圈接通的条件。

(3) 输入寄存器用于接收外部输入信号，而不能由PLC内部的其他继电器的触头来驱动，因此梯形图中只出现输入寄存器的触头，而不出现其线圈；输出寄存器则输出程序执行的结果给外围输出设备，当梯形图中的输出寄存器线圈得电时，就有信号输出，但不是直接驱动输出设备，而要通过输出接口的继电器、晶体管或晶闸管才能实现。输出寄存器的触头也可供内部编程使用。

2. 指令表语言

指令表编程语言(IL,instruction list)又称为语句表语言(STL,statement list)或布尔助记符,是一种类似于汇编语言的低级语言,属于传统的编程语言,用布尔助记符表示的指令来描述程序,是在借鉴、吸收世界范围的PLC厂商的指令表语言的基础上形成的一种标准语言,可以用来描述功能、功能块和程序的行为,还可以在顺序功能流程图中描述动作和转变的行为。指令表编程语言具有以下特点。

(1) 用布尔助记符表示操作功能,容易记忆,便于掌握。

(2) 适合于有经验的程序员。

(3) 有时能够让你解决利用梯形图等其他语言不容易解决的问题。

(4) 在编程器的键盘上直接采用助记符表示,便于操作。

(5) 与梯形图语言一一对应,可以相互转化。

(6) 复杂控制系统用其编程时描述不够清晰。

指令表编程语言是一种通用的编程语言,所有的PLC都支持,并且其他的编程语言都可以转换为指令表形式。尽管各PLC的指令表均有助记的特点,但它们并不完全一致,比如LD表示装入,是LOAD的缩写等。表3-3列出了几款比较常用的PLC部分助记符,以便比较。图3-10所示的为梯形图和指令表之间的转换关系。

表 3-3 几种较常用 PLC 部分助记符比较

助记符	欧姆龙	三菱	松下	西门子
装入指令	LD	LD	ST	LD
	LD NOT	LDI	ST/	LDN
逻辑指令	OR	OR	OR	O
	OR NOT	ORI	OR/	ON
	AND LD	AND	AN	A
	AND NOT	ANI	AN/	AN
算术指令	ADD/SUB	ADD/SUB	+/−	+I/−I
输出指令	OUT	OUT	OUT	=
置位/复位	SET/RSET	SET/RST	SET/RST	S/R

3. 功能块图语言

功能块图语言(FBD,function block diagram)是与数字逻辑电路类似的一种PLC编程语言。采用功能块图的形式来表示模块所具有的功能,不同的功能模块具有不同的功能。图3-11所示的是对应于图3-8所示的交流异步电动机直接启动的功能块图语言的表达方式。

功能块图程序设计语言的特点如下:①以功能块为单位,分析理解控制方案简单容易;②功能块用图形的形式表达功能,直观性强,具有数字逻辑电路基础的设计人员能很容易掌握其编程;③对于规模大、控制逻辑关系复杂的控制系统,由于功能块图能够清楚表达功能关系,从而使编程调试时间大大减少。

4. 顺序功能流程图语言

顺序功能流程图语言(SFC,sequential function chart)是为了满足顺序逻辑控制而设计的

```
Network 1 BASIC BITS
I0.0    I0.2    Q0.0                LD    I0.0   //装入常开触点
I0.1                                O     I0.1   //或常开触点
                                    A     I0.2   //与常开触点
                                    =     Q0.0   //输出触点

Network 2
I0.0    I0.2    Q0.1                LDN   I0.0   //装入常闭触点
I0.1                                ON    I0.1   //或常闭触点
                                    AN    I0.2   //与常闭触点
                                    =     Q0.1   //

Network 3
I0.0    I0.2    NOT    Q0.3         LD    I0.0   //
I0.1                                O     I0.1   //
                                    A     I0.2   //
                                    NOT   //取非，即输出反相
                                    =     Q0.3   //
```

图 3-10　梯形图和指令表之间的转换关系

编程语言。编程时将顺序流程动作的过程分成步和转换条件，根据转移条件对控制系统的功能流程顺序进行分配，一步一步地按照顺序动作。每一步代表一个控制功能任务，用方框表示。在方框内含有用于完成相应控制功能任务的梯形图逻辑。这种编程语言使程序结构清晰，易于阅读及维护，大大减轻了编程的工作量，缩短编程和调试时间。常用于规模较大、程序关系较复杂的系统。图 3-12 所示的是一个简单的功能流程图语言的示意图。

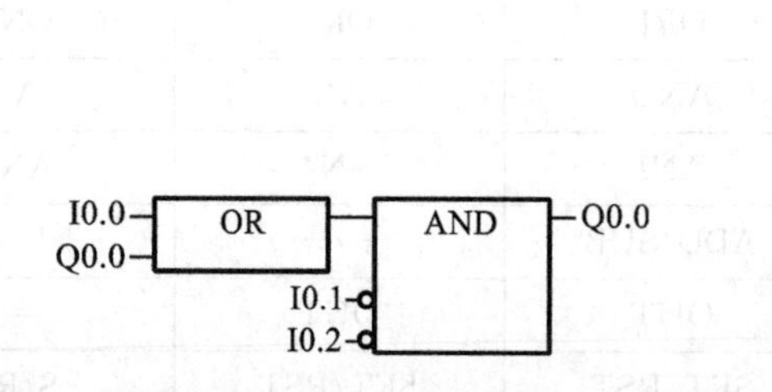

图 3-11　交流异步电动机直接启动控制的功能块图

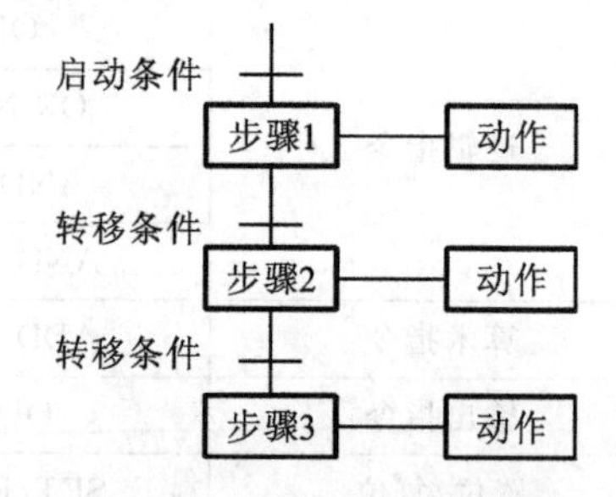

图 3-12　顺序功能流程图

顺序功能流程图语言的特点如下：①以功能为主线，按照功能流程的顺序分配，条理清楚，便于用户程序理解；②避免了梯形图或其他语言不能顺序动作的缺陷，同时也避免了用梯形图语言对顺序动作编程时，机械互锁造成用户程序结构复杂、难以理解的缺陷；③用户程序扫描时间大大缩短。

5. 结构化文本语言

结构化文本语言（ST，structured text）是用结构化的描述文本来描述程序的一种编程语言，它是类似于高级语言的一种编程语言。在大中型的 PLC 系统中，常采用结构化文本语言来描述控制系统中各个变量的关系。

结构化文本语言采用计算机的描述方式来描述系统中变量之间的各种运算关系，从而完成所需的功能或操作。大多数 PLC 制造商采用的结构化文本语言与 BASIC 语言、PASCAL 语言或C语言等高级语言相类似，但为了应用方便，在语句的表达方法及语句的种类等方面都进行了简化。

结构化文本语言的特点如下：①采用高级语言进行编程，可以完成较复杂的控制运算；②需要有一定的计算机高级语言的知识和编程技巧，对工程设计人员要求较高，直观性和操作性较差。

不同型号的PLC编程软件对以上五种编程语言的支持种类是不同的，早期的PLC仅仅支持梯形图语言和指令表语言。目前PLC的编程软件对梯形图语言、指令表语言、功能模块图语言都支持，比如西门子S7-200系列PLC的编程软件SIMATIC STEP7 Micro/WIN。在PLC控制系统设计中，设计人员除了要对PLC的硬件性能有所了解外，还要了解PLC所支持的编程语言的种类。

3.4 S7-200系列PLC

一、主流PLC产品介绍

目前形形色色的PLC产品在千种以上，PLC的主要产地为美国、欧洲(又以德国和法国为主)和日本，本节将简单地介绍一些常见的主流PLC产品，为用户设计PLC控制系统提供参考。

在美国，主要的PLC生产商有A-B(Allen-Bradley)、莫迪康(MODICON)、GE FANUC、得州仪器(Texas Instrument，TI)、西屋(Westing House)、霍尼威尔(Honeywell)等。其中，A-B、MODICON、GE FANUC在中国市场占有较大份额。

在欧洲，主要的PLC生产商有德国西门子(SIEMENS)、金钟-默勒(Kiockner-Moeller)、Gmbh、BBC；法国TE(Telemecanique)、Alsthom等。在中国市场上比较知名的，可能只有SIEMENS和TE。

在日本，主要的PLC生产商有三菱(MITSUBISHI)、欧姆龙(OMRON)、富士(Fuji)、东芝(TOSHIBA)、光洋(KOYO)、松下(Panasonic)、日立(HITACHI)、夏普(SHARP)、和泉(IDEC)等，其中欧姆龙(立石)、三菱、富士、东芝、光洋和松下排名比较靠前。

由于PLC产品太多，下面仅就在中国市场上比较知名的生产商及其产品作简单介绍。

(1) 美国A-B公司。主推PLC-5系列大型PLC，其CPU模块主要有PLC-5/10、5/11、5/12、5/15、5/20、5/25、5/30、5/40、5/60、5/250等。小型PLC CPU模块主要是SLC-500。

(2) 德国西门子公司。主要优势在大型机S5-115U、S5-135U、S5-155U，其中机型S-100U也是很好的产品。历史上西门子的产品素以优良的品质和高昂的价格著称，为了改变其形象，占领新的市场份额，近年来该公司相继推出了小型机S7-200和S7-300，已经给该公司带来了新的发展契机。

(3) 美国的GE FANUC公司。其优势产品是90系列PLC，其型号有90-70、90-30、90-20和分布式I/O系统Genius I/O等。

(4) 日本欧姆龙公司。其产品主要有三个系列:属于Micro机种的SP系列有SP10、SP16、SP20;低档机P系列:C20P、C28P、C40P、C60P和C20板式机等;比P系列处理速度提高一个数量级的,与上位机有通信联网能力的H系列机,如C20H、C28H、C40H、C60H、C200H、C1000H、C2000H等。到了20世纪90年代初期,欧姆龙公司又推出了全新的模块式CMQ1机。

(5) 日本三菱公司。其主要产品有F系列和A系列两个系列。F系列是整体式结构的小型机,较新的产品有F1、F2、FXO、FXON、FX2、FX2C等,其中主推FX2。A系列是模块组合式中大型PLC,又分3个小系列,主要包括A1N、A2N(S1)A3N、A1S(S1)、A2S(S1)、A2AS(S1)、A(S1)、A3A等。

二、西门子PLC简介

德国西门子公司是世界上主要的PLC生产商之一,其生产的SIMATIC系列PLC在欧洲处于领先地位,相关的大、中、小型PLC产品种类繁多。在我国,西门子的SIMATIC系列PLC产品已被广泛地应用于各行各业的自动检测、监测及控制领域,它是国内最畅销的产品之一,在国内占有很高的市场份额。

西门子SIMATIC系列PLC,诞生于1958年,经历了S3、S5、S7系列,已成为应用非常广泛的PLC。1975年西门子公司将SIMATIC S3投放市场,该产品实际上是带有简单操作接口的二进制控制器。1979年,西门子公司将微处理器技术应用到PLC中,研制出了SIMATIC S5系列,取代了S3系列,目前S5系列产品在工业中仍然在使用。20世纪80年代初,S5系统进一步升级为U系列PLC,较常用机型有:S5-90U、95U、100U、115U、135U、155U。1994年4月,S7系列产品诞生,它具有更高性能等级、安装空间更小、更良好的Windows用户界面等优势。由最初发展至今,S3、S5系列PLC已逐步退出市场,停止生产,而S7系列PLC已经发展成为西门子自动化系统的控制核心。

西门子公司的S7系列PLC产品有LOGO、S7-200、S7-1200、S7-300、S7-400等。西门子S7系列PLC体积小、速度快、标准化、具有网络通信能力、功能更强、可靠性高。S7系列PLC产品可分为微型PLC(如S7-200),小规模性能要求的PLC(如S7-300)和中、高性能要求的PLC(如S7-400),下面分别简单进行介绍。

1. S7-200系列PLC

S7-200是西门子公司生产的具有高性价比的微型PLC。由于它具有结构小巧、运行速度高、价格低廉及多功能和多用途等特点,因此在许多领域中得到了广泛的应用。从CPU模块的功能来看,S7-200系列小型PLC发展至今,大致经历了两代产品。

(1) 第一代产品的CPU模块为CPU 21X,主机都可以进行扩展。它具有四种不同结构配置的CPU单元:CPU 212、CPU 214、CPU 215和CPU 216。

(2) 第二代产品的CPU模块为CPU 22X,是在21世纪初投放市场的。其速度快,具有较强的通信能力。它具有四种不同结构配置的CPU单元:CPU 221、CPU 222、CPU 224(CPU224XP)和CPU 226,除CPU 221之外,其他CPU单元都可以加扩展模块,图3-13所示的为CPU226 PLC的外形图。

2. S7-300系列PLC

S7-300系列PLC是模块化的小型PLC系统,它能满足中等性能要求的应用。S7-300提供

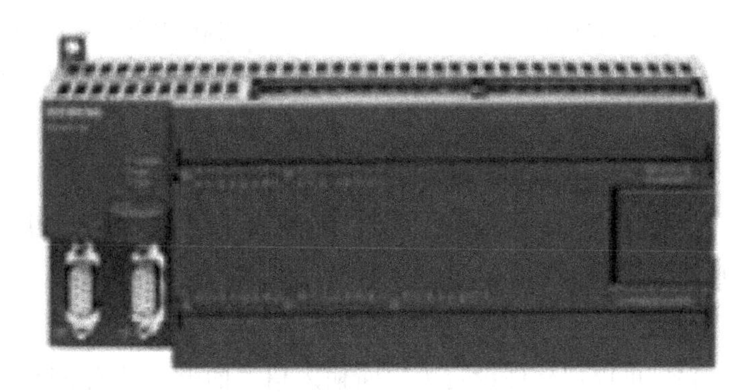

图 3-13 CPU226 的产品外形图

了多种性能递增的 CPU 和丰富的且带有许多方便功能的 I/O 扩展模块，各种功能模块可以非常好地满足和适应自动控制任务，使用户可以完全根据实际应用选择合适的模块，而且当控制任务增加并且愈加复杂时，可随时附加模块对 PLC 进行扩展，因而系统扩展灵活。S7-300 的大量功能能够支持和帮助用户进行编程、启动和维护，其主要功能如下：①0.1～0.6 μs 的指令处理时间，在中等到较低的性能要求范围内开辟了全新的应用领域；②方便的人机界面服务，已经集成在 S7-300 操作系统内，因此人机对话的编程要求大大减少；③CPU的智能化的诊断系统可连续监控系统的功能是否正常，记录错误和特殊的系统事件（如超时、模块更换等）；④多级口令保护，可以使用户高度、有效地保护其技术机密，防止未经允许的复制和修改。

3. S7-400 系列 PLC

S7-400 是一种功能强大的 PLC，它具有功能分级的 CPU 以及种类齐全、综合性能强的模块，具有强大的扩展通信能力，可实现分布式系统，因此广泛应用于中高性能的控制领域。S7-400 PLC 采用模块化无风扇设计，可靠耐用，同时可以选用多种级别（功能逐步升级）的 CPU，并配有多种通用功能的模板，这使得用户能根据需要组合成不同的专用系统，当控制系统规模扩大或升级时，只要适当地增加一些模板，便能使系统升级和充分满足需要。

三、S7-200 系列 PLC 的特点

由于 S7-200 系列 PLC 应用领域广、性价比高、市场占有率高，因此本书在后面的内容中将重点介绍 S7-200 系列 PLC 的基础知识及应用。S7-200 系列 PLC 有 CPU21X 系列和 CPU22X 系列，其中 CPU22X 型 PLC 提供了四个不同的基本型号，常见的有 CPU221、CPU222、CPU224 和 CPU226。在这四种基本型号的产品中，CPU221 价格低廉且能满足多种集成功能的需要。CPU 222 是 S7-200 家族中低成本的单元，通过可连接的扩展模块即可处理模拟量。CPU 224 具有更多的 I/O 点及更大的存储器。CPU 226 和 226XM 是功能最强的单元，完全可以满足一些中小型复杂控制系统的要求。S7-200 系列 PLC 具有如下的特点：极高的可靠性、极丰富的指令集、易于掌握、便捷的操作、丰富的内置集成功能、实时特性、强劲的通信能力、丰富的扩展模块等。

1. 丰富的指令集

S7-200 系列 PLC 几乎包括了一般计算机所具有的各种基本操作指令。例如，变量赋值、数据存储、计数、装载、传输、比较、移位、循环、子程序的调用等。

除此之外,它还具有友好的用户功能。例如,脉冲宽度调制(PWM)、输出频率可控的序列脉冲、跳转功能、循环功能、码制转换以及PID等功能,这些指令和功能有助于用户简化编程工作。

2. 内置计数器

S7-200的CPU模板上具有硬件构成的计数器,这在多数现场实时控制中是非常有用的。

3. 灵活的中断功能

S7-200系列PLC的中断有以下特点。

(1) 触发中断的信号,可以用软件设定为中断输入信号的上升沿或下降沿,以便对过程事件做出快速的响应。

(2) 可设定为由时间控制的自动中断,所设定的时间范围为5~255 ms(其中,步长为1 ms)。

(3) 可设定内置高速计数器自动触发中断,并且具有两种不同的触发方式:计数到达定值触发和改变计数方向的瞬间触发。

(4) 在与外设(如打印机或条形码阅读机等)通信时可以以中断方式工作,以便作快速而简便的数据变换。

4. 输入和输出的直接查询与赋值

在S7-200的扫描周期内,可直接查询当前的输入和输出信号,在必要的时候,还可以对输入和输出直接赋值或改变值。这样不仅使用户在调试程序时非常方便,同时也可使系统对过程事件做出快速的响应。例如,在对中断做出响应时可立即将若干输出位复位,而不必再过一个扫描周期来复位。

5. 严格的口令保护

S7-200系统具有三级不同的口令保护级别,以便用户对程序做有效的保护。

(1) 自由存取:程序可自由修改。

(2) 只可读取:一般只可读取程序,在未经许可时不能进行修改。可以对它作调试和复制,以及设置系统参数。

(3) 完全保护:在未经许可的条件下,不能修改和拷贝程序,但可以修改其中的系统参数。

6. 友好的调试和故障诊断功能

这些功能包括整个用户程序可在用户自己所规定的周期数内作运行和分析,同时可记录位存储器、定时器或计数器的状态(最多可连续记录124个周期)。

7. 通信功能

S7-200系统为用户提供了强大的、灵活的通信功能。集成在S7-200中的点对点接口(PPI)可用普通的双绞线进行波特率高达9.6 Kb/s的数据通信,用RS-485接口实现的高速用户可编程接口,可使用专用的位通信协议(如ASCII协议)进行波特率高达38.4 Kb/s的高速通信,并可按步调整。

PPI(点对点接口)是西门子为S7-200系统开发的通信协议。PPI是一种主从协议:主站设备发送要求到从站设备,从站设备响应;从站不主动发信息,只是等待主站的要求和对要求做出响应。

8. 丰富的扩展模块

为了满足不同的设计要求，西门子公司为 S7-200 系列 PLC 提供了丰富的扩展模块，包括数字量 I/O 模块、模拟量 I/O 模块、测温模块、通信扩展模块、以太网模块等。模块扩展的方法非常简单，只需要通过扁平电缆就可以直接连接。S7-200 系列 PLC 最多可以扩展 7 个模块，这增加了 S7-200 系列 PLC 的控制规模及控制功能。

四、S7-200 系列 PLC 的硬件构成

S7-200 系列 PLC 属于小型整体式结构的 PLC，其自带 RS-485 通信接口、内置电源和 I/O 接口。它结构小巧，运行速度快，可靠性高，具有极其丰富的指令系统和扩展模块，具有实时特性且通信能力强大，便于操作，易于掌握，性价比非常高，在各种行业中的应用越来越广，成为中小规模控制系统的理想控制设备。

S7-200 系列 PLC 的硬件配置灵活，既可用一个单独的 S7-200 CPU 构成一个简单的数字量控制系统，也可通过扩展电缆进行数字量 I/O 模块、模拟量模块或智能接口模块的扩展，构成较复杂的中等规模控制系统。图 3-14 所示的为一个完整的 PLC 系统。

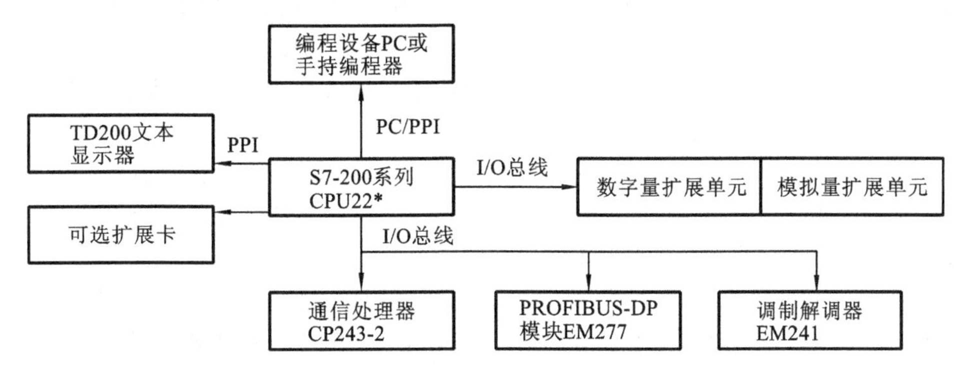

图 3-14 S7-200 系列 PLC 系统的基本构成

S7-200 系列 PLC 硬件系统构成包括 CPU 基本单元、数字量和模拟量扩展模块、编程器、智能扩展模块、TD200 文本显示器、通信处理器、可选扩展卡等，以下分别进行介绍。

1. CPU 基本单元

CPU 基本单元即 PLC 主机，也可称为基本单元。它内部包括中央处理器 CPU、存储单元、I/O 接口、内置 5 V 和 24 V 直流电源、RS-485 通信接口等，是 PLC 的核心部分。其功能足以使它完成基本控制功能，所以 CPU 单元单独就是一个完整的控制系统。

S7-200 系列 PLC 的 CPU 模块外形结构如图 3-15 所示。其 CPU 模块结构紧凑，布局合理，使用方便。上端子排包括输出和电源接口，下端子排为输入接口，在面板上有 I/O 指示灯以指示 I/O 的接通或关断状态。右部前盖下是模式选择开关（RUN/TERM/STOP）、模拟电位器、扩展接口。拨动模式选择开关可分别使 PLC 工作在运行（RUN）或编程状态（STOP），若拨至 TERM 位置，则可由编程软件来控制 PLC 工作在运行或编程状态。每一个模拟电位器均与一个内部特殊存储器相关，电位器的旋转可改变内部特殊存储器中的值，从而对程序运行产生影响。扩展接口用于模块的扩展连接。左上部为状态指示灯和可选卡插槽位置。左下部为一个或两个通信接口，可与编程器、计算机或其他通信设备连接，进行数据交换。

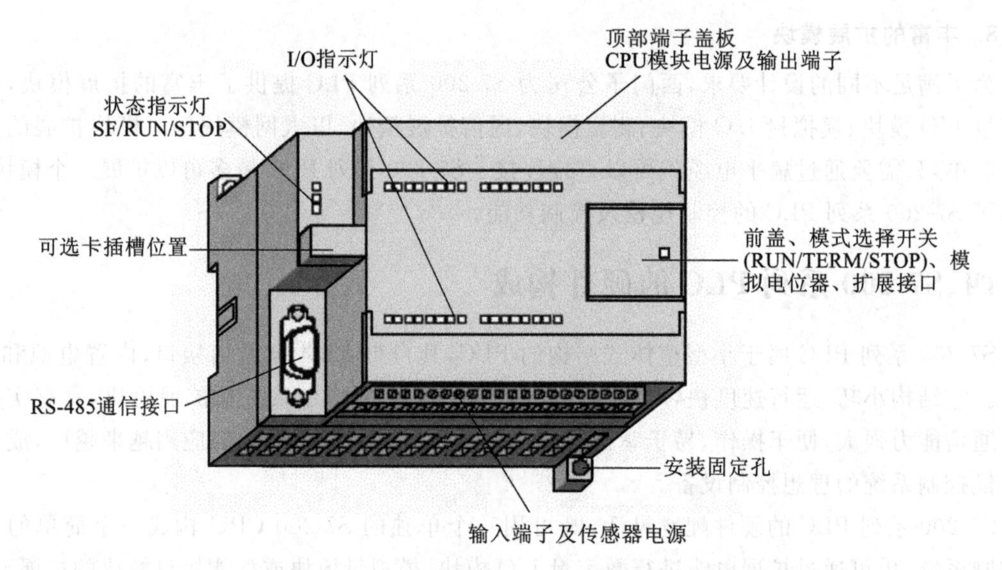

图 3-15 S7-200 系列 PLC 的 CPU 模块外形结构图

目前市场上 S7-22X 系列 PLC 已基本取代了第一代 S7-21X 系列 PLC,并成为市场中的主流产品,S7-22X 系列有 CPU221、CPU222、CPU224、CPU224XP、CPU226、CPU226XM 等六种不同型号,其外观结构基本相同,这几款产品的性能指标如表 3-1 所示,从表中可看出,S7-200 系列 PLC 功能强大,有着鲜明的特点,具体如下。

(1) 自带高速计数器,有多个接口可以接受最高达 30 kHz 的高速脉冲输入。可以同时做加减计数,连接两相相位差为 90°的 A/B 相增量编码器,可通过编程对高速计数功能相关状态字进行设置,得到多种对高速脉冲的计数模式。

(2) 具有高速脉冲输出接口,最大脉冲频率可达 20 kHz,能够直接用于定位控制。

(3) 存储空间大,并可由超级电容对数据进行长达 190 min 的掉电保护,若选用存储卡,则可保存 200 天。

(4) 运算指令丰富,具有实数运算功能,可实现复杂的计算和控制策略,并允许在程序中立即读/写 I/O 接口,在一些需要立即响应的场合应用非常方便。

(5) 可为模拟量和数字量输入设置滤波器,输入接口可以捕捉比 CPU 扫描速度更快的窄脉冲信号,便于适应复杂的工业环境。

(6) 内部配有 DC +5 V 扩展电源,输出电流可达 1 000 mA;DC +24 V 传感器电源或负载驱动电源,输出电流可达 400 mA。

(7) 具有 RS-485 通信接口,可与计算机、变频器、文本显示器、手持编程器等进行通信,从而交换数据,完成控制功能。

S7-200 系列 PLC 中,每种 CPU 有晶体管和继电器两种输出形式,其输出电路的内部结构如图 3-16 所示,在电源电压和输出特性方面也有较大区别,所以应用领域各有所长。具体区别如表 3-4 所示。晶体管型输出所需电源为直流,具有最大 20 kHz 的高速脉冲输出功能,可直接驱动步进电动机或对伺服电动机控制器发送控制脉冲进行准确定位,但其驱动能力不足。继电器型输出电源为范围较宽的交直流,单口驱动能力达到 2 A,但不能输出高速脉冲,而且输出有 10 ms 的延迟,所以多用于直接驱动。

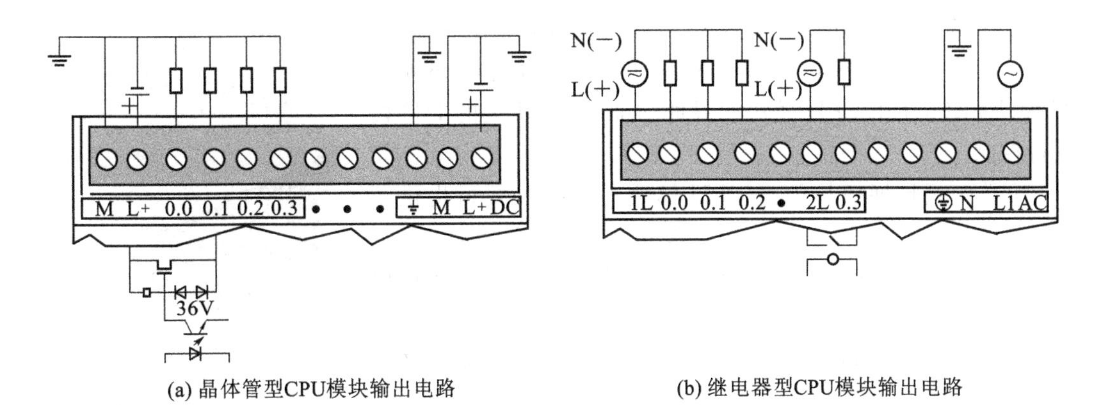

(a) 晶体管型CPU模块输出电路

(b) 继电器型CPU模块输出电路

图 3-16 晶体管型 CPU 模块和继电器型 CPU 模块输出电路结构图

表 3-4 晶体管型和继电器型 CPU 主要区别

输出类型	晶体管型	继电器型
电源电压	DC 20.4～28.8 V	AC 85～264 V
输出电压	DC 20.4～28.8 V	DC 5～30 V 或 AC 5～250 V
输出电流	0.75 A	2 A
开关频率(脉冲串输出)	20 kHz(最大)	1 Hz
输出延时	1 ms	10 ms

2. 数字量 I/O 扩展模块

S7-200 系列 PLC 的 CPU 模块上均集成了一定数量的 I/O 接口，能够方便地构成控制系统，但在使用中，实际需要的 I/O 接口数量往往较多，CPU 模块的接口不能够满足要求。例如，在一些流水线上，所需动作多为顺序控制，控制规律不太复杂，但传感器输入较多时，所需控制的电动机或继电器也多，若使用高性能的 PLC 则成本太高。这种情况下，就应考虑 CPU 主机模块附加数字量扩展模块的形式，以增加数字量接口。

S7-200 系列 PLC 为方便工程使用，提供了种类丰富的数字量扩展模块：单独的输入模块 EM221(8 路扩展输入)；单独的输出模块 EM222(8 路扩展输出)；I/O 混合模块 EM223(具有 8I/O、16I/O、32I/O 等多种配置)。各种不同数字量模块的性能如表 3-5 所示，图 3-17 所示的为 EM223 实物图。

表 3-5 数字量模块性能一览表

数字量模块型号	EM221	EM222	EM223
输入点数	8 点	无	4/8/16 点
输出点数	无	8 点	4/8/16 点
隔离组点数	4 点	4 点	4 点
输入电压	DC 24 V	无	DC 30 V(最大)
输出电压	无	DC 20.4～28.8 V 或 AC 20～250 V	DC 20.4～28.8 V 或 DC 5～30 V、AC 5～250 V
电缆长度(隔离/不隔离)	300/500 m	150/500 m	300/500 m
输出类型	无	DC 输出/继电器输出	DC 输出/继电器输出
电能消耗(DC +5 V)	30 mA	50 mA	40 mA/100 mA/160 mA

S7-200系列PLC的数字量I/O扩展模块具有以下特点。

(1) 数字量扩展模块内部没有中央控制器，所以必须与CPU模块相连，使用CPU模块的寻址功能，对模块上的I/O接口进行控制。

(2) 数字量扩展模块须由CPU模块通过扩展接口提供正常工作所需的DC +5 V电源，其外部不再提供工作电源。

(3) 数字量扩展模块I/O接口所需DC +24 V电源可以由CPU模块的传感器电源提供，但受到最大电流的限制，只能为部分接口提供电源，所以常用外部DC +24 V开关电源为I/O接口供电。

图3-17 EM223实物图

(4) 扩展模块秉承了整体式PLC的结构特点，也吸收了模块式PLC便于扩展的优势，其结构紧凑，与CPU模块同宽同高而长度不同，扩展后与CPU形成一个整齐的长方体结构，在控制柜内进行整体安装十分方便。图3-18所示的为扩展模块连接示意图。

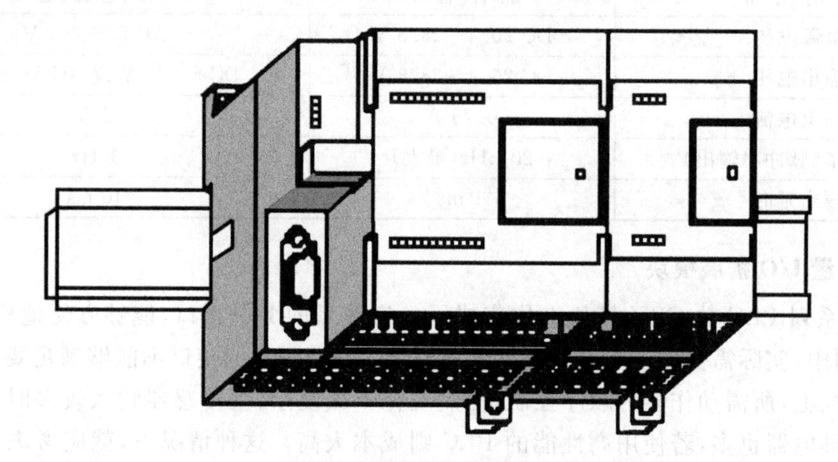

图3-18 扩展模块连接示意图

由于不同的主机其扩展I/O的数量是有限制的，所以在实际的工程应用过程中应注意限制数字量模块扩展数量的几个因素，以便使系统达到设计要求。

(1) 不同的主机最大可扩展模块数量有限，CPU221不能扩展，CPU222只能扩展2个模块，CPU224、CPU226能够扩展7个模块。

(2) 扩展模块消耗的总电流不能超过CPU模块能够提供的最大电流(模拟量扩展模块也有相同的问题)。

(3) 扩展总点数不能大于I/O映像寄存器的总数(这点将在后续章节中介绍)。因为CPU模块对数字量的寻址都是以8位寄存器为一个单位的，对数字量扩展模块也是相同的。若某一模块的数字量I/O不是8的整倍数，则余下的空地址也不会分配给其他模块。例如，对于CPU224模块，本机输入地址为I0.0～I0.7和I1.0～I1.5，输出地址为Q0.0～Q0.7和Q1.0～Q1.1。若扩展一个4输入、4输出的EM223数字量扩展模块，则扩展模块输入地址为I2.0～I2.3，输出地址为Q2.0～Q2.3。地址I1.6～I1.7与Q1.2～Q1.7都不能与外部接口对应，即它们是未用位。对于输出寄存器中没有使用的位，可以像使用内部存储器标志位一样使用。但对于输入寄存器中没有使用的位，由于每次输入更新时都把未用位清零，所以不能作为内部存储器标志位使用。

3. 模拟量扩展模块

在工业控制系统，尤其是过程控制系统中，以模拟量作为I/O信号较为常见。例如，变频恒压供水系统，须采用压力变送器将压力信号转换为标准电压或电流信号送入PLC中，经过程序运算再由控制器输出模拟量信号到变频器以控制水泵的转速，使供水系统稳定在某一设置压力上。其他工业参数，如温度、液位、流量等的控制也必须通过传感器和变送器采集模拟量信号送入PLC，而伺服电动机、电动调节阀等则需要由PLC输出的模拟量信号来驱动。

在S7-200系列PLC中，除了CPU224XP模块本身自带有模拟量I/O接口外，其他CPU模块若要处理模拟量信号，均需扩展模拟量模块。模拟量模块主要分为三种：模拟量输入模块EM231(4路模拟量输入)、模拟量输出模块EM232(2路模拟量输出)和模拟量I/O组合模块EM235(4路模拟量输入、1路模拟量输出)。表3-6所示的为各种不同模拟量扩展模块的性能。下面以组合模块EM235为例说明其模拟量I/O的接线方式。

表3-6 模拟量扩展模块主要性能一览表

性能		EM231	EM232	EM235
通用技术规范	物理量I/O数量	4路模拟量输入	2路模拟量输出	4路模拟量输入、1路模拟量输出
	L+供电电压范围	20.4～28.8 V	20.4～28.8 V	20.4～28.8 V
	LED指示器	ON:24 V电源良好 OFF:无24 V电源	ON:24 V电源良好 OFF:无24 V电源	ON:24 V电源良好 OFF:无24 V电源
输入技术规范	双极性全量程范围	-32 000～32 000		-32 000～32 000
	单极性全量程范围	0～32 000		0～32 000
	最大输入电压	DC 30 V		DC 30 V
	最大输入电流	32 mA		32 mA
	分辨率	12位A/D转换器		12位A/D转换器
	输入类型	差分		差分
	单极性电压输入范围	0～5 V、0～10 V		0～5 V、0～10 V、0～1 V、0～500 mV、0～100 mV、0～50 mV
	双极性电压输入范围	±5 V、±2.5 V		±10 V、±5 V、±2.5 V、±1 V、±500 mV、±250 mV、±100 mV、±50 mV、±25 mV
	电流输入范围	0～20 mA		0～20 mA
	模拟量到数字量的转换时间	<250 μs		<250 μs

续表

性能		EM231	EM232	EM235
输出技术规范	电流输出范围		0～20 mA	0～20 mA
	电压输出范围		±10 V	±10 V
	全量程电压分辨率		12 位	12 位
	全量程电流分辨率		11 位	11 位
	精度(25 ℃)		满量程的 0.5%	满量程的 0.5%
	电压输出时间		100 μs	100 μs
	电流输出时间		2 ms	2 ms

图 3-19 所示的为 EM235 模块模拟量 I/O 接线示意图。DC 24 V 电源正极接入模块左下方 L+端子,负极接入 M 端子。EM235 模块的上部端子排为标注 A、B、C、D 的四路模拟量输入接口,可分别接入标准电压、电流信号。为电压输入时,如 A 口所示,电压信号正极接入 A+端,负极接入 A-端,RA 端悬空。为电流输入时,如 B 口所示,须将 RB 与 B+短接,然后与电流信号输出端相连,电流信号输入端则接入 B-接口。若某个接口未使用,比如说 C 接口,则应将未用接口 C+与 C-端用短路子短接,以免受到外部干扰。下部端子为一路模拟量输出端的 3 个接线端子 MO、VO、IO。其中,MO 为数字量接地接口,VO 为电压输出接口,IO 为电流输出接口。若为电压负载,则将负载接入 MO、VO 接口,若为电流负载,则接入 MO、IO 接口。

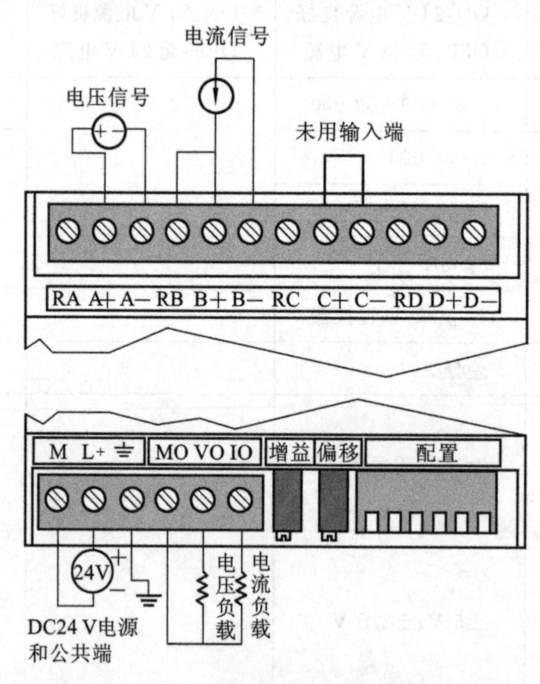

图 3-19 EM235 模块模拟量 I/O 接线示意图

4. 智能接口模块

智能接口模块是指本身带有 CPU 单元,能够自行处理数据并完成一定功能的模块。在 S7-200 系列 PLC 中,智能接口模块主要是指特殊功能模块,如定位模块 EM253、调制解调器模块 EM241 及 PROFIBUS DP 模块 EM277。

EM 253 是用于简单定位任务的功能模块，它通过高频率脉冲输入控制步进电动机和伺服电动机，EM 253 可以采用与扩展模块相同的方式安装。

调制解调模块 EM241 可以直接将 S7-200 系列 PLC 连到一个模拟电话线上，并且支持 S7-200 与 STEP 7-Micro/WIN 的通信，即利用装有 STEP 7-Micro/WIN 系统程序的计算机可以通过该模块用电话线路远程控制 S7-200 系列 PLC。该调制解调模块还支持 Modbus 从站 RTU 协议，通过扩展 I/O 总线实现通信。STEP 7-Micro/WIN 提供了一个调制解调扩展向导，它可以帮助设置一个远端的调制解调器或者通过设置将 S7-200 连向远端设备的调制解调模块。

PROFIBUS 协议主要用于分布式 I/O 设备的高速通信，在这个标准下不同厂家的产品均可以兼容。PROFIBUS 设备类型很多，既有简单的 I/O 模块，又有电动机控制器和 PLC 等。PROFIBUS 网络通常有一个主站和几个 I/O 从站。PROFIBUS-DP 模块 EM277 可通过 I/O 扩展总线与 S7-200 CPU 模块连接，通过 DP 通信接口与 PROFIBUS 网络相连，同时还支持主从协议 MPI，连接 S7-200 CPU 模块使其作为 MPI 从站。

5. 编程器

PLC 在正式运行时，不需要编程器。编程器主要用于进行用户程序的编制、存储和管理等，并将用户程序送入 PLC 中，同时在程序调试过程中，进行监控和故障检测。S7-200 系列 PLC 可采用多种编程器，一般可分为简易型和智能型等两类。

简易型编程器是袖珍型的，简单实用，价格低廉，是一种很好的现场编程及监测工具，但显示功能较差，只能用指令表方式输入，使用不够方便。智能型编程器采用计算机进行编程操作，将专用的编程软件装入计算机内，就可直接采用梯形图语言编程，实现在线监测，非常直观且功能强大，S7-200 系列 PLC 的专用编程软件为 STEP7-Micro/WIN。

6. TD200 文本显示器

文本显示器 TD200 不仅是一个用于显示系统信息的显示设备，还可以作为控制单元对某个量的数值进行修改，或者直接设置 I/O 量。文本信息的显示用选择/确认的方法，最多可显示 80 条信息，每条信息最多显示 4 个变量的状态。过程参数可在显示器上显示，并可以随时修改。TD200 面板上的 8 个可编程序的功能键，每个都分配了一个存储器位，这些功能键在启动和测试系统时，可以进行参数设置和诊断。

7. 可选扩展卡

在 S7-200 系列 PLC 的 CPU 基本单元上都有一个可选卡插槽，该插槽可以选择安装 EEPROM 存储卡、电池卡和时钟卡等。

存储卡用于用户程序的复制。在 PLC 通电后插此卡，通过操作可将 PLC 中的程序装载到存储卡中。当存储卡已经插在 CPU 基本单元上，PLC 通电后，不需任何操作，存储卡上的用户程序数据就会自动复制到 PLC 中。利用这一功能，可对多台实现同样控制功能的 CPU22X 系列 PLC 进行程序写入（注意：因为每次通电就写入一次，所以在 PLC 运行时，不要插入此卡）。

电池卡用于长时间保存数据，使用 CPU22X 内部存储电容，数据存储时间只达 190 小时，而使用电池卡，数据存储时间可达 200 天。

S7-200 的硬件实时时钟可以提供年、月、日、时、分、秒的日期/时间数据，而 CPU221、CPU222 没有内置的实时时钟，因此需要外插“带电池的实时时钟卡”才能获得此功能。CPU224、CPU226 和 CPU226 XM 都有内置的实时时钟。S7-200 的时钟卡精度的典型值是 2

分钟/月(25 ℃),最大误差7分钟/月(0～55 ℃)。

五、S7-200系列PLC的数据类型

1. 数据格式

S7-200系列PLC的数据类型可以是布尔型、整型、字符型、实型(浮点数)等,不同类型数据占用的存储单元长度不同,其数据格式也不同。

S7-200系列PLC的数据格式有位、字节、字、双字、实数、ASCⅡ、字符串等,SIMATIC指令系统针对不同的数据格式采用不同的编程命令。数据格式类型及数据长度、范围如表3-7所示。

表3-7　数据格式、长度及范围

数据类型	无符号整数范围		有符号整数范围	
	十进制	十六进制	十进制	十六进制
字节B(8位)	0～255	0～FF	－128～127	80～7F
字W(16位)	0～65535	0～FFFF	－32768～32767	8000～7FFF
双字D(32位)	0～4294967295	0～FFFFFFFF	－2147483648～2147483647	80000000～7FFFFFFF
位(BOOL)	0、1			
实数(32位)	＋1.175495E－38～＋3.402823E＋38(正数) －1.175495E－38～－3.402823E＋38(负数)			
字符串(8位)	每个字符串以字节形式存储最大长度为255B,第一个字节中定义该字符串长度			

2. 常数表示

常数数据长度可为字节、字和双字,在机器内部的数据都以二进制存储,但常数的编程书写可以用二进制、十进制、十六进制、ASCII码或者浮点数(实数)等多种形式,几种常数形式如表3-8所示。

表3-8　S7-200中的常数表示

数　制	格　式	举　例
十进制	十进制值	32767
十六进制	16＃十六进制值	16＃4E4F,16＃20
二进制	2＃二进制值	2＃1010010010011010
ASCII码	'ASCII码'	'ABCD'
实数	ANSI/IEEE 754－1985	1.25(正数),－1.25(负数)
字符串	"字符串文本"	"ABCDEF"

六、S7-200系列PLC的编程元件及寻址

PLC通过程序的运行实施控制的过程,其实质就是对存储器中数据进行操作或处理的过

程，根据使用功能的不同，把存储器分为若干个区域和种类，这些由用户使用的每一个内部存储单元统称为软元件。各软元件有其不同的功能，有固定的地址。软元件的数量决定了 PLC 的规模和数据处理能力，每一种 PLC 的软元件的数量是有限的。

为了理解方便，把 PLC 内部许多位地址空间的软元件定义为内部继电器（软继电器）。但要注意把这种软继电器与传统电气控制电路中的继电器区别开来，这些软继电器的最大特点就是其线圈的通断实质就是其对应存储器位的置位与复位，在电路（梯形图）中使用其触头实质就是对其所对应的存储器位的读操作，因此其触头可以无限次地使用。

编程时，用户只需要记住软元件的地址即可。每一软元件都有一个地址与之一一对应，其中软继电器的地址编排采用区域号加区域内编号的方式。PLC 内部根据软元件的功能不同，分成了许多区域，如 I/O 继电器、辅助继电器、定时器区、计数器区、顺序控制继电器、特殊标志继电器区等，分别用 I、Q、M、T、C、S、SM 等来表示，下面将分别进行介绍。

1. S7-200 系列 PLC 的编程元件

1）数字量输入继电器

数字量输入继电器（I）也就是数字量输入映像寄存器，每个 PLC 的输入端子都对应有一个输入继电器，它用于接收外部的开关信号。输入继电器的状态唯一地由其对应的输入端子的状态决定，在程序中不能出现输入继电器线圈被驱动的情况，只有外部的开关信号接通 PLC 的相应输入端子的回路，对应的输入继电器的线圈才“得电”，在程序中其常开触头闭合，常闭触头断开。这些触头可以在编程时任意使用，使用数量（次数）不受限制。

所谓输入继电器的线圈“得电”，事实上并非真的有输入继电器的线圈存在，这只是一个存储器的操作过程。在每个扫描周期的开始，PLC 对各输入点进行采样，并把采样值存入输入映像寄存器。PLC 在接下来的本周期各阶段不再改变输入映像寄存器中的值，直到下一个扫描周期的输入采样阶段为止。

需要特别注意的是，输入继电器地状态唯一的由输入端子的状态决定，输入端子接通，则对应的输入继电器得电动作，输入端子断开，则对应的输入继电器断电复位。在程序中试图改变输入继电器的状态的做法都是错误的。

数字量输入继电器用“I”表示，输入映像寄存器区属于位地址空间，范围为 I0.0～I15.7，可进行位、字节、字、双字操作。实际输入点数不能超过这个数量，未用的输入映像寄存器区可以做其他编程元件使用，如可以当做通用辅助继电器或数据寄存器，但这只有在寄存器的整个字节的所有位都未占用的情况下才可做他用，否则会出现错误执行结果。

2）数字量输出继电器

数字量输出继电器（Q）也就是数字量输出映像寄存器，每个 PLC 的输出端子对应都有一个输出继电器。当通过程序使得输出继电器线圈“得电”时，PLC 上的输出端开关闭合，它可以作为控制外部负载的开关信号。同时在程序中其常开触头闭合，常闭触头断开。这些触头可以在编程时任意使用，使用次数不受限制。

输出映像寄存器区属于位地址空间，范围为 Q0.0～Q15.7，可进行位、字节、字、双字操作。实际输出点数不能超过这个数量，未用的输出映像区可做他用，用法与输入继电器的相同。在 PLC 内部，输出映像寄存器与输出端子之间还有一个输出锁存器。在每个扫描周期的输入采样、程序执行等阶段，并不把输出结果信号直接送到输出锁存器，而只是送到输出映像寄存器，只有在每个扫描周期的末尾才将输出映像寄存器中的结果信号几乎同时送到输出锁存器，对输出点进行刷新。

另外需要注意的是,不要把继电器输出型的输出单元中的真实的继电器与输出继电器相混淆。

3) 辅助继电器

辅助继电器(M)如同电气控制系统中的中间继电器,在PLC中没有I/O端与之对应,因此辅助继电器的线圈不直接受输入信号的控制,其触头也不能直接驱动外部负载。所以,辅助继电器只能用于内部逻辑运算。

辅助继电器区属于位地址空间,范围为M0.0～M31.7,可进行位、字节、字、双字操作。

4) 特殊标志继电器

有些辅助继电器具有特殊功能或存储与系统的状态变量有关的控制参数和信息,可称为特殊标志继电器(SM)。用户可以通过特殊标志继电器来与PLC进行沟通,如可以读取程序运行过程中的设备状态和运算结果信息,利用这些信息用程序实现一定的控制动作。用户也可通过直接设置某些特殊标志继电器位来使设备实现某种功能。

特殊标志继电器区根据功能和性质不同具有位、字节、字和双字操作方式。其中,SMB0、SMB1为系统状态字,只能读取其中的状态数据,不能改写,可以位寻址。系统状态字中部分常用的标志位说明如下。

(1) SM0.0:始终接通。

(2) SM0.1:首次扫描为1,以后为0,常用来对程序进行初始化。

(3) SM0.2:当机器执行数学运算的结果为负时,该位被置1。

(4) SM0.3:开机后进入RUN方式,该位被置1一个扫描周期。

(5) SM0.4:该位提供一个周期为1 min的时钟脉冲,其中30 s为1,30 s为0。

(6) SM0.5:该位提供一个周期为1 s的时钟脉冲,其中0.5 s为1,0.5 s为0。

(7) SM0.6:该位为扫描时钟脉冲,本次扫描为1,下次扫描为0。

(8) SM1.0:当执行某些指令,其结果为0时,将该位置1。

(9) SM1.1:当执行某些指令,其结果溢出或为非法数值时,将该位置1。

(10) SM1.2:当执行数学运算指令,其结果为负数时,将该位置1。

(11) SM1.3:试图除以0时,将该位置1。

其他常用特殊标志继电器的功能可以参见S7-200系统手册。

5) 变量存储器

变量存储器(V)用于存储变量,它可以存放程序执行过程中控制逻辑操作的中间结果,也可以使用变量存储器来保存与工序或任务相关的其他数据。

变量存储器区属于位地址空间,可进行位操作,但更多的是用于字节、字、双字操作。变量存储器是S7-200中空间最大的存储区域,所以常用来进行数学运算和数据处理,存放全局变量数据。

6) 局部变量存储器

局部变量存储器(L)用于存放局部变量。局部变量与变量存储器所存储的全局变量十分相似,主要区别是全局变量是全局有效的,而局部变量是局部有效的。全局有效是指同一个变量可以被任何程序(包括主程序、子程序和中断程序)访问;而局部有效是指变量只和特定的程序相关联。

S7-200 PLC提供了64个字节的局部存储器,其中60个字节可以作暂时存储器或给子程序传递参数。主程序、子程序和中断程序在使用时都可以有64个字节的局部存储器可以使用。

不同程序的局部存储器不能互相访问。机器在运行时，可根据需要动态地分配局部存储器：在执行主程序时，分配给子程序或中断程序的局部变量存储区是不存在的；当子程序调用或出现中断时，需要为之分配局部存储器，新的局部存储器可以是曾经分配给其他程序块的同一个局部存储器。

局部变量存储器区属于位地址空间，可进行位操作，也可以进行字节、字、双字操作。

7）顺序控制继电器

顺序控制继电器(S)用在顺序控制和步进控制中，它是特殊的继电器。顺序控制继电器区属于位地址空间，可进行位操作，也可以进行字节、字、双字操作。

8）定时器

定时器(T)是PLC中重要的编程元件之一，是累计时间增量的内部器件。在自动控制的大部分领域都需要用定时器进行定时控制，灵活地使用定时器可以编制出动作要求复杂的控制程序。

定时器的工作过程与继电器接触器控制系统的时间继电器的工作过程基本相同，使用时要提前输入时间预置值。当定时器的输入条件满足时开始计时，当前值从0开始按一定的时间单位增加。当定时器的当前值达到预置值时，定时器动作，此时它的常开触头闭合，常闭触头断开。利用定时器的触头就可以按照延时时间实现各种控制规律或动作。

9）计数器

计数器(C)用来累计内部事件的次数。可以用于累计内部任何编程元件动作的次数，也可以通过输入端子累计外部事件发生的次数，它也是应用非常广泛的编程元件之一，经常用来对产品进行计数或进行特定功能的编程。使用时要提前输入它的设定值（计数的个数），当输入触发条件满足时，计数器开始累计其输入端脉冲电位跳变（上升沿或下降沿）的次数；当计数器计数达到预定的设定值时，其常开触头闭合，常闭触头断开。

10）模拟量输入映像寄存器/输出映像寄存器

模拟量输入电路用于实现A/D的转换，而模拟量输出电路用于实现D/A转换，PLC处理的是其中的数字量。

在模拟量输入映像寄存器/输出映像寄存器（AI/AQ）中，数字量的长度为1个字（16位），并且从偶数号字节进行编址来存取转换前后的模拟量值，如0、2、4、6、8。编址内容包括元件名称、数据长度和起始字节的地址，模拟量输入映像寄存器用AI表示、模拟量输出映像寄存器用AQ表示，如AIW10，AQW4等。

PLC对这两种寄存器的存取方式不同的是，模拟量输入寄存器只能作读取操作，而对模拟量输出寄存器则只能作写入操作。

11）高速计数器

高速计数器（HC）的工作原理与普通计数器的基本相同，它用于累计比主机扫描速率更快的高速脉冲。高速计数器的当前值为双字（32位）的整数，并且为只读值。

高速计数器的数量很少，编址时只用名称HC和编号，如HC2。

12）累加器

S7-200系列PLC提供4个32位累加器（AC），分别为AC0、AC1、AC2、AC3，累加器是用于暂存数据的寄存器。它可以用于存放数据，如运算数据、中间数据和结果数据，也可用于向子程序传递参数，或者从子程序返回参数。使用时只表示出累加器的地址编号，如AC0。

累加器可进行读/写操作，在使用时只出现地址编号。累加器的可用长度为32位，但实际应用时,数据长度取决于进出累加器的数据类型。

通过以上的介绍可以看出,S7-200系列PLC把内部数据存储器分为若干区域,并定义为不同功能的内部编程元件。为了便于读者学习和应用,把S7-200系列PLC存储器范围及特性汇总于表3-9中。

表3-9 S7-200系列PLC存储器范围及特性

描　述	CPU221	CPU222	CPU224	CPU226
用户程序大小	2K字	2K字	4K字	4K字
用户数据大小	1K字	1K字	2.5K字	2.5K字
数字量输入继电器(I)	I0.0～I15.7	I0.0～I15.7	I0.0～I15.7	I0.0～I15.7
数字量输出继电器(Q)	Q0.0～Q15.7	Q0.0～Q15.7	Q0.0～Q15.7	Q0.0～Q15.7
模拟量输入映像寄存器(AI,只读)	—	AIW0～AIW30	AIW0～AIW62	AIW0～AIW62
模拟量输出映像寄存器(AQ,只写)	—	AQW0～AQW30	AQW0～AQW62	AQW0～AQW62
变量存储器(V)	VB0～VB2047	VB0～VB2047	VB0～VB5119	VB0～VB5119
局部变量存储器(L)	LB0～LB63	LB0～LB63	LB0～LB63	LB0～LB63
辅助继电器(M)	M0.0～M31.7	M0.0～M31.7	M0.0～M31.7	M0.0～M31.7
特殊标志继电器(SM,只读)	SM0.0～SM179.7 SM0.0～SM29.7	SM0.0～SM299.7 SM0.0～SM29.7	SM0.0～SM549.7 SM0.0～SM29.7	SM0.0～SM549.7 SM0.0～SM29.7
定时器(T)	256(T0～T255)	256(T0～T255)	256(T0～T255)	256(T0～T255)
有记忆接通延迟1ms	T0,T64	T0,T64	T0,T64	T0,T64
有记忆接通延迟10ms	T1～T4,T65～T68	T1～T4,T65～T68	T1～T4,T65～T68	T1～T4,T65～T68
有记忆接通延迟100ms	T5～T31,T69～T95	T5～T31,T69～T95	T5～T31,T69～T95	T5～T31,T69～T95
接通/关断延迟1ms	T32,T96	T32,T96	T32,T96	T32,T96
接通/关断延迟10ms	T33～T36, T97～T100	T33～T36, T97～T100	T33～T36, T97～T100	T33～T36, T97～T100
接通/关断延迟100ms	T37～T63, T101～T255	T37～T63, T101～T255	T37～T63, T101～T255	T37～T63, T101～T255
计数器(C)	C0～C255	C0～C255	C0～C255	C0～C255
高速计数器(HC)	HC0,HC3～HC5	HC0,HC3～HC5	HC0～HC5	HC0～HC5
顺序控制继电器(S)	S0.0～S31.7	S0.0～S31.7	S0.0～S31.7	S0.0～S31.7
累加器(AC)	AC0～AC3	AC0～AC3	AC0～AC3	AC0～AC3
跳转/标号	0～255	0～255	0～255	0～255
调用/子程序	0～63	0～63	0～63	0～63
中断程序	0～127	0～127	0～127	0～127
正/负跳变	256	256	256	256
PID回路		0～7	0～7	0～7
端口	端口0	端口0	端口0	端口0,1

2. S7-200 系列 PLC 编程元件的寻址

在 S7-200 系列 PLC 中，寻址方式分为两种：直接寻址和间接寻址。直接寻址方式是指在指令中直接使用存储器或寄存器的元件名称和地址编号来直接查找数据的方式。间接寻址方式是指使用地址指针来存取存储器中的数据，使用前首先将数据所在单元的内存地址放入地址指针寄存器中，然后根据此地址存取数据的方式。本书仅介绍直接寻址方式。

S7-200 系列 PLC 将信息存储在存储器中，存储单元按字节进行编址，无论所寻址的是何种数据类型，通常应指出它所在存储区域内的字节地址。每个单元都有唯一的地址，这种直接指出元件名称的寻址方式称为直接寻址。

直接寻址时，操作数的地址应按规定的格式表示，指令中的数据类型应与指令相匹配。在 S7-200 系列 PLC 中，可以按位(b)、字节(B)、字(W)和双字(D)对存储单元进行寻址。直接寻址的格式为 ATx. y，其中“A”代表存储区类型，“T”是数据长度标识符，“x”是字节地址，“.”是位寻址分隔符，“y”是位地址编号(注意：只有位寻址时有“. y”，并且在位寻址时可以省略“T”，如 I0. 0)；在表示数据长度时，分别用 B、W、D 字母作为字节、字和双字的标识符。图 3-20 所示的为位寻址示意图。表 3-10 列举出了 S7-200 系列 PLC 的编程元件的寻址方式。

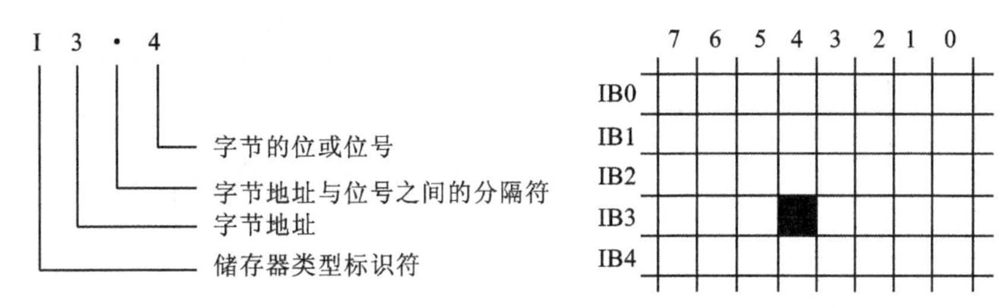

图 3-20 位寻址示意图(省略了数据长度标识 B)

表 3-10 S7-200 系列 PLC 编程元件的寻址方式

元件名称	元件符号	位寻址格式	其他寻址格式	举例
数字量输入继电器	I	Ax. y	ATx	I0. 0；IB0
数字量输出继电器	Q	Ax. y	ATx	Q1. 0；QB1
辅助继电器	M	Ax. y	ATx	M0. 0；MW2
特殊标志继电器	SM	Ax. y	ATx	SM0. 1；SM1
变量存储器	V	Ax. y	ATx	V100. 1；VD104
局部变量存储器	L	Ax. y	ATx	L0. 1；LB10
顺序控制继电器	S	Ax. y	ATx	S1. 0；SB31
定时器	T	Ay	无	T0；T64
计数器	C	Ay	无	C0；C1
模拟量输入映像寄存器	AI	无	ATx	AIW0；AIW2
模拟量输出映像寄存器	AQ	无	ATx	AQW0；AQW2
高速计数器	HC	Ay	无	HC0；HC2
累加器	AC	Ay	无	AC0；AC1

可以进行位寻址的编程元件有:数字量输入继电器、数字量输出继电器、辅助继电器、特殊标志继电器、局部变量存储器、变量存储器和顺序控制继电器等。

存储区内另有一些元件是具有一定功能的元件,由于元件数量很少,所以不用指出它们的字节,而是直接写出其编号,这类元件包括:定时器、计数器、高速计数器和累加器,其中T、C和HC的地址编号中各包含两个相关变量信息,如T10,既表示T10的定时器位状态,又表示此定时器的当前值。

还可以按字节编址的形式直接访问字节、字和双字数据,使用时需指明元件名称、数据类型和存储区域内的首字节地址。如图3-21所示的是以变量存储器为例分别存取3种长度数据的比较。可以用此方式进行编址的元件有:数字输入继电器、数字输出继电器、辅助继电器、特殊标志继电器、局部变量存储器、变量存储器、顺序控制继电器、模拟量输入映像寄存器和模拟量输出映像寄存器。

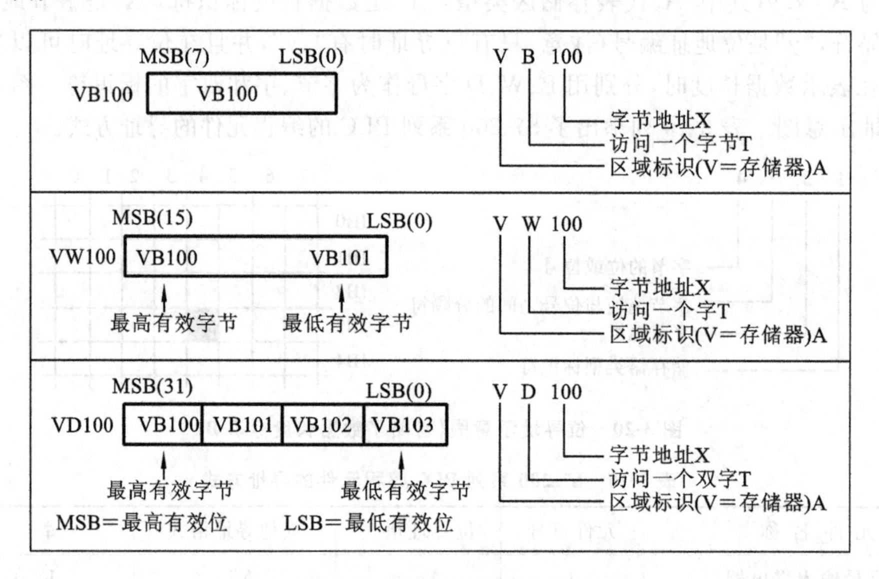

图3-21 存取三种不同长度数据的比较

3. 扩展I/O的寻址

S7-200系列PLC对I/O有规定的寻址原则。每一种CPU模块都具有固定数量的数字量I/O,称为本地I/O,本地I/O具有固定的地址,地址号分别从I0.0和Q0.0开始,连续编号。

在扩展模块链中,对于同类型的I/O模块而言,模块的I/O地址取决于I/O类型和模块在I/O链中的位置。例如,输出模块不会影响输入模块上的点的地址,反之亦然;模拟量模块不会影响数字量模块上的地址,反之亦然。

数字量模块总是保留以8b(1B)递增的映像寄存器地址空间,如果CPU模块或连接在前面的同类型的模块没有给保留字中每一位提供相应的物理I/O点,那些未用的位不能分配给I/O链中的后续模块,地址要从紧接着的下一个字节开始编号。

转换后的模拟量用1W(2B)来表示,所以模拟量扩展模块总是以2B递增的方式来分配地址空间的。每个模拟量扩展模块,按扩展模块的先后顺序进行排序,其中,模拟量根据输入、输出不同分别排序。模拟量的数据格式为一个字长,所以地址必须从偶数字节开始。例如,AIW0,AIW2,AIW4,…,AQW0,AQW2…。

同时S7-200系列PLC的每个模拟量输出扩展模块至少占两个通道,即使第一个模块只有一个输出 AQW0，第二个模拟量模块的输出地址也应从 AQW4 开始寻址，依此类推。

表 3-11 所示为一个特定的系统配置中的 I/O 地址分配。在系统的扩展链中依次连接着 CPU224、EM223、EM221、EM235、EM222、EM235，如果扩展模块在扩展链中的先后位置发生变化，则其地址也就跟着发生变化。

表 3-11　CPU 224 系统扩展模块的寻址

模　块	CPU224	EM223	EM221	EM235	EM222	EM235
I/O 个数	14DI/10DO	4DI/4DO	8DI	4AI/1AO	8DO	4AI/1AO
寻　址	I0.0～I0.7 I1.0～I1.5 Q0.0～Q0.7 Q1.0～Q1.1	I2.0～I2.3 Q2.0～Q2.3	I3.0～I3.7	AIW0 AIW2 AIW4 AIW6 AQW0	Q3.0～Q3.7	AIW8 AIW10 AIW12 AIW14 AQW4

习　题　3

思考题

1. 什么是 PLC？PLC 与继电器控制系统相比，在控制方式上有何显著区别？

2. PLC 由哪些部分组成？这些组成部分在整个系统中各自担当什么角色？

3. PLC 有哪些主要特点？

4. PLC 常用哪几种存储器？它们各有什么特点？分别用于存储哪些种类的信息？

5. I/O 模块有几种类型？各有何特点？各适用于哪些场合？

6. PLC 的工作方式是什么？请说明其工作原理。

7. 查找资料，分别说明西门子 S7-200 系列、S7-300 系列、S7-400 系列 PLC 的主要性能特点。

8. PLC 常用的编程语言有哪些？

9. 简述 S7-200 系列 PLC 中，晶体管输出和继电器输出 CPU 主要区别。

10. 对于 0～5 V 模拟量输入，模拟量模块 EM235 的最小分辨率为多少？

11. S7-200 系列 PLC 中包括哪几种智能模块？简述它们的功能。

12. 若整数的乘/除法指令的执行结果是零，则影响哪个存储器位？

13. 下列哪些寻址或常数表示有误？如果有误请改正。

AQW3、8#11、10#22、16#FF、2#110、2#21、T0.0、T32

14. 某 CPU224 扩展了 5 个模块，依次是：EM223(4DI/4DO)、EM235(4AI/1AO)、EM221(8DI)、EM222(8DO)、EM235(4AI/1AO)，请给出编址。

第4章 STEP7-Micro/WIN32 编程软件

本章学习重点

(1) 重点掌握程序的编译、下载、调试和运行的全过程。

(2) 熟练使用 STEP7-Micro/WIN32 编程软件并会用其梯形图编程语言编制 PLC 程序。

(3) 掌握仿真软件的使用方法。

西门子 STEP7-Micro/WIN32 编程软件是基于 Windows 的应用软件，它是西门子公司专门为 S7-200 系列 PLC 设计开发的，是 S7-200 系列 PLC 用户不可或缺的开发工具。目前 STEP7-Micro/WIN32 编程软件已经升级到了 4.0版本，本书将以该版本的中文版为编程环境进行介绍。STEP7-Micro/WIN32 支持三种 PLC 编程语言：梯形图(LAD)语言、功能块图(FBD)语言、指令表(STL)语言。该软件功能强大，既可用于开发用户程序，又可实时监控用户程序的执行状态，可提供程序的在线编辑、监控和调试等功能。

4.1 STEP7-Micro/WIN32 软件的安装

一、软件安装的系统要求

对运行 STEP7-Micro/WIN32 编程软件的计算机的系统要求如表 4-1 所示。

表 4-1 系统要求

CPU	80486 以上的微处理器
内存	8 MB 以上
硬盘	50 MB 以上
操作系统	Windows 2000、Windows XP、Windows Vista、Windows 7
计算机	IBM PC 及兼容机

STEP7-Micro/WIN32 软件的版本比较多，根据其支持的操作系统不同，软件的版本也不相同，比较常用的有：Service Pack 6(SP6)、Service Pack 8(SP8)、Service Pack 9(SP9)，操作系统和软件版本的对应关系如表 4-2 所示。

表 4-2 操作系统和软件版本的对应关系

支持的操作系统	Windows 2000 最高 SP3	Windows XP 最高 SP3(32 位)	Windows Vista 最高 SP2	Windows 7 (32 位)	Windows 7 (64 位)
V4.0 SP6	√	√	×	×	×
V4.0 SP8	√	√	√	×	×
V4.0 SP9	NO Test	√	NO Test	√	√

注：①√表示可执行并经过测试；②NO Test 表示未经过测试；③×表示不可执行。

二、STEP7-Micro/WIN32 编程软件的安装

1. 硬件连接

为了实现 PLC 与计算机之间的通信，西门子公司为用户提供了两种硬件连接方式：一种是通过 PC/PPI 电缆直接连接，另一种是通过带有 MPI 电缆的通信处理器连接。

典型的单主机与 PLC 的直接连接如图 4-1 所示，它不需要其他的硬件设备，方法是把 PC/PPI 电缆的 PC 端连接到计算机的 RS-232 通信口(一般是 COM1)，把 PC/PPI 电缆的 PPI 端连接到 PLC 的 RS-485 通信口即可。

图 4-1 PC/PPI 连接示意图

2. 软件安装

STEP7-Micro/WIN32 软件的安装很简单，将软件的安装光盘插入光盘驱动器，系统会自动进入安装向导(或在光盘目录里双击 setup，则进入安装向导)，按照安装向导完成软件的安装。软件程序安装路径可使用默认子目录，也可以单击“浏览”按钮，在弹出的对话框中任意选择或新建一个新子目录。

首次运行 STEP7-Micro/WIN32 软件时系统默认语言为英语，可根据需要修改编程语言。若要将英语改为中文，则其具体操作如下：运行 STEP7-Micro/WIN32 编程软件，在主界面选择“Tools”→“Options”→“General”命令，系统弹出如图 4-2 所示的对话框，在对话框中选择“Chinese”即可改为中文。

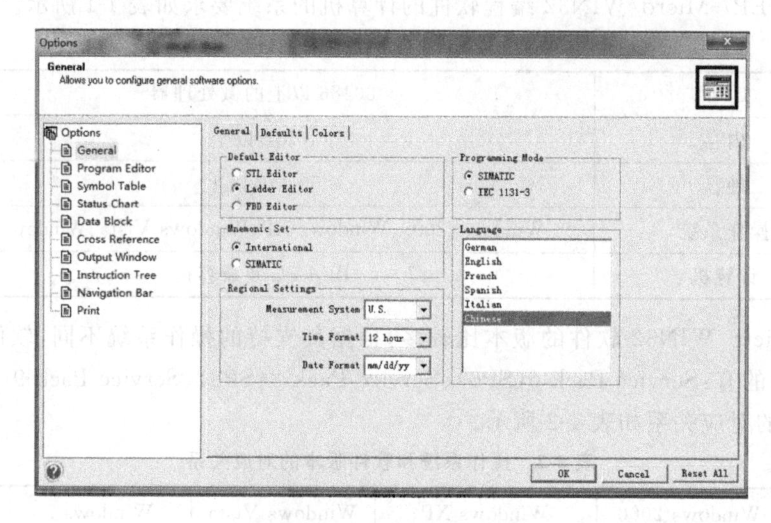

图 4-2　系统语言修改对话框

4.2 STEP7-Micro/WIN32 软件的窗口组件

STEP7-Micro/WIN32 的基本功能是协助用户完成应用程序的开发，同时它还具有设置 PLC 参数、加密和运行监视等功能。编程软件在联机工作方式(PLC 与计算机相连)可以实现用户程序的输入、编辑、上载、下载运行，通信测试及实时监视等功能。在离线条件下，也可以实现用户程序的输入、编辑、编译等功能。

一、主界面

启动 STEP7-Micro/WIN32 编程软件，其主要界面外观如图 4-3 所示。主界面一般可分为以下 6 个区域：菜单栏(包含 8 个主菜单项)、工具栏(快捷按钮)、浏览栏(快捷操作窗口)、指令树(快捷操作窗口)、输出窗口和用户窗口(可同时或分别打开图中的 5 个用户窗口)。除菜单栏外，用户还可根据需要决定其他窗口的取舍和样式的设置。

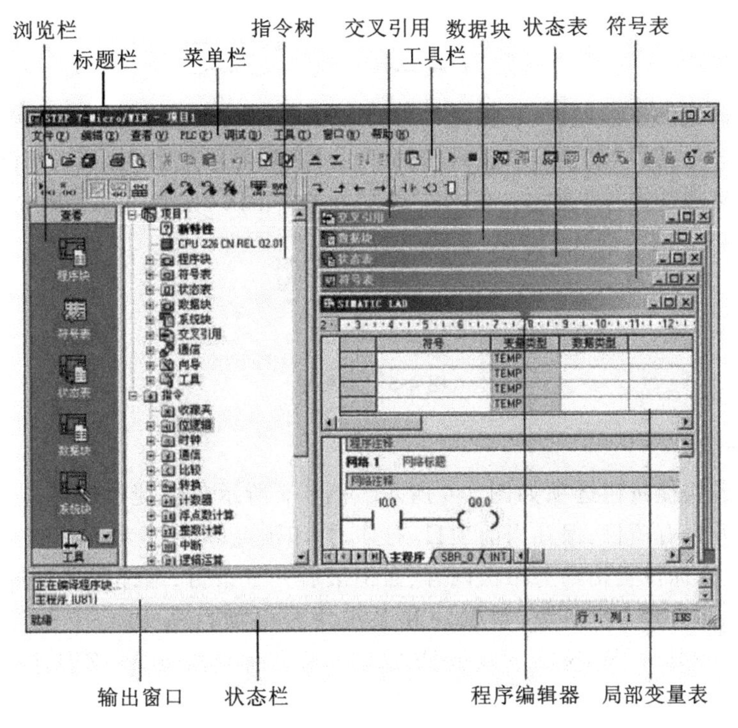

图 4-3 STEP7-Micro/WIN32 编程软件的主界面

二、菜单栏

菜单栏包括 8 个主菜单选项，菜单栏各选项如图 4-4 所示。编程软件主界面各主菜单的功能及其选项内容如下。

(1) 文件：文件菜单可以实现对文件的操作。

(2) 编辑：编辑菜单可提供程序的编辑工具。

(3) 查看：查看菜单可以设置软件开发环境的风格。

(4) PLC：PLC 菜单可建立与 PLC 联机时的相关操作，也可提供离线编译的功能。

(5) 调试：调试菜单用于联机时的动态调试。

(6) 工具：工具菜单提供复杂指令向导，使复杂指令编程时的工作简化，同时提供文本显示器 TD200 设置向导；另外工具菜单的定制子菜单可以更改 STEP7-Micro/WIN32 工具栏的外观或内容以及在工具菜单中增加常用工具；工具菜单的选项可以设置 3 种编辑器的风格，如字体、指令盒的大小等样式。

(7) 窗口：窗口菜单可以打开一个或多个窗口，并可进行窗口之间的切换；还可以设置窗口的排放形式。

(8) 帮助：帮助菜单的目录和索引可帮助用户了解几乎所有相关的使用帮助信息。在编程过程中，如果对某条指令或某个功能的使用有疑问，可以使用在线帮助功能，在软件操作过程中的任何步骤或任何位置，都可以按 F1 键来显示在线帮助，这大大方便了用户的使用。

文件(F) 编辑(E) 查看(V) PLC(P) 调试(D) 工具(T) 窗口(W) 帮助(H)

图 4-4 菜单栏

三、工具栏

工具栏提供简便的鼠标操作，它将最常用的STEP7-Micro/WIN32编程软件操作以按钮形式设定到工具栏。可选择“查看”→“工具栏”命令，可实现显示或隐藏标准、调试、公用和指令工具栏。工具栏的选项如图4-5所示。工具栏可划分为4个区域，下面按区域介绍各按钮选项的操作功能。

图4-5 工具栏

1. 标准工具栏

标准工具栏各快捷按钮选项如图4-6所示。图4-6所示各快捷按钮从左到右的功能分别为：新建项目、打开现有项目、保存当前项目、打印、打印预览、剪切选项并复制至剪贴板、将选项复制至剪贴板、在光标位置粘贴剪贴板内容、撤销最后一个条目、编译程序块或数据块（任意一个现用窗口）、全部编译（程序块、数据块和系统块）、将项目从PLC上载至STEP7-Micro/WIN32、从STEP7-Micro/WIN32下载至PLC、符号表名称列按照A～Z从小至大排序、符号表名称列按照Z～A从大至小排序、选项（配置程序编辑器窗口）。

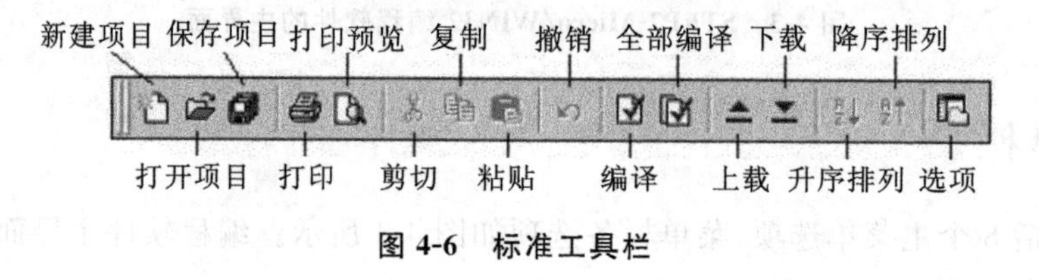

图4-6 标准工具栏

2. 调试工具栏

调试工具栏各快捷按钮选项如图4-7所示。图4-7所示各快捷按钮从左到右的功能分别为：将PLC设为运行模式、将PLC设为停止模式、在程序状态打开/关闭之间切换、在触发暂停打开/停止之间切换（只用于语句表）、在图状态打开/关闭之间切换、状态图表单次读取、状态图表全部写入、强制PLC数据、取消强制PLC数据、状态图表全部取消强制、状态图表全部读取强制数值。

3. 公用工具栏

公用工具栏各快捷按钮选项如图4-8所示。其中，“插入网络”按钮和“删除网络”按钮比较常用。单击“插入网络”按钮，在LAD或FBD程序中插入一个空网络；单击“删除网络”按钮，删除LAD或FBD程序中的整个网络。

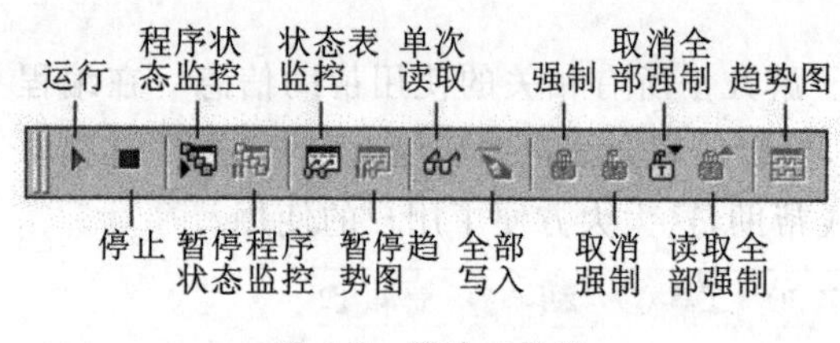

图4-7 调试工具栏

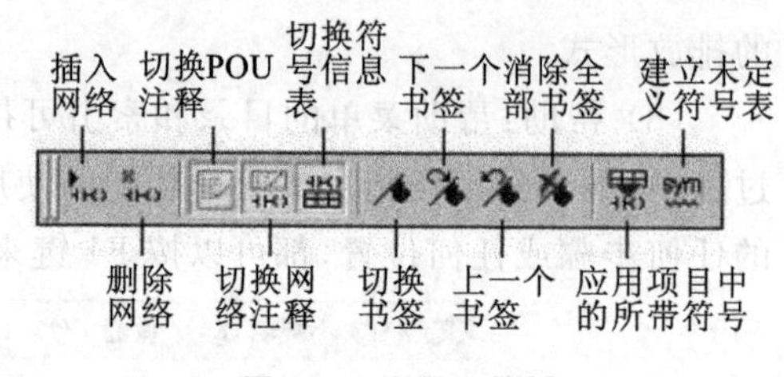

图4-8 公用工具栏

4. 指令工具栏

指令工具栏各快捷按钮选项如图 4-9 所示。图 4-9 所示按钮从左到右的功能分别为：插入向下直线、插入向上直线、插入左行、插入右行、插入接点、插入线圈、插入指令盒。

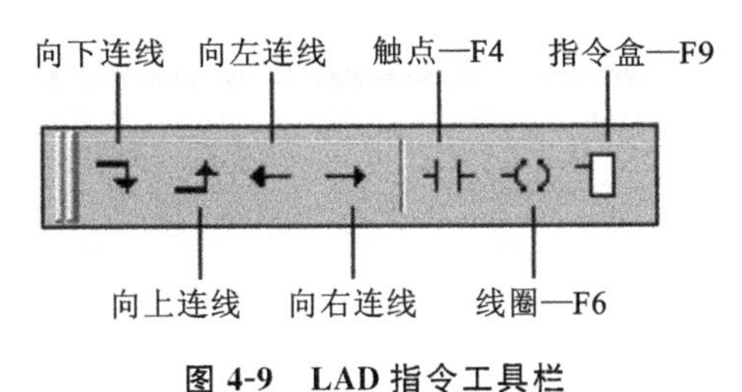

图 4-9 LAD 指令工具栏

四、指令树

指令树以树形结构提供项目对象和当前编辑器的所有指令。双击指令树中的指令符，能自动在梯形图显示区光标位置插入所选的梯形图指令。项目对象的操作可以双击项目选项文件夹，然后双击打开需要的配置页。指令树选择“查看”→“指令树选项”命令来选择是否打开。指令树各选项如图 4-10 所示。

五、浏览栏

浏览栏可为编程提供按钮控制的快速窗口切换功能，单击浏览栏中的任意选项按钮，主窗口切换成此按钮对应的窗口。浏览栏各选项如图 4-11 所示。浏览栏可划分为 8 个窗口组件，下面按窗口组件介绍各窗口按钮选项的操作功能。

1. 程序块

程序块用于完成程序的编辑及相关注释。程序包括主程序(OBI)、子程序(SBR)和中断程序(INT)等三类。单击浏览栏的“程序块”按钮，进入程序块编辑窗口。程序块编辑窗口如图 4-12所示。梯形图编辑器中的“网络 n”标志每个梯级，同时也是标题栏，可在网络标题文本框键入标题，为本梯级加注标题。还可在程序注释和网络注释文本框中键入必要的注释说明，使程序清晰易读。

如果需要编辑子程序或中断程序，则可以用编辑窗口底部的选项卡切换。

2. 符号表

符号表是允许用户使用符号编址的一种工具。实际编程时为了增加程序的可读性，可用带有实际含义的符号作为编程元件代号，而不是使用元件在主机中的直接地址。单击浏览栏的“符号表”按钮，进入符号表编辑窗口。符号表编辑窗口如图 4-13 所示。

3. 状态表

状态表用于联机调试时监控各变量的值和状态。在 PLC 运行方式下，可以打开状态表窗口，在程序扫描执行时，能够连续、自动地更新状态表的数值和状态。单击浏览栏的“状态表”按钮，进入状态表编辑窗口。状态表编辑窗口如图 4-14 所示。

4. 数据块

数据块用于设置和修改变量存储区内各种类型存储区的一个或多个变量值，并加注必要的

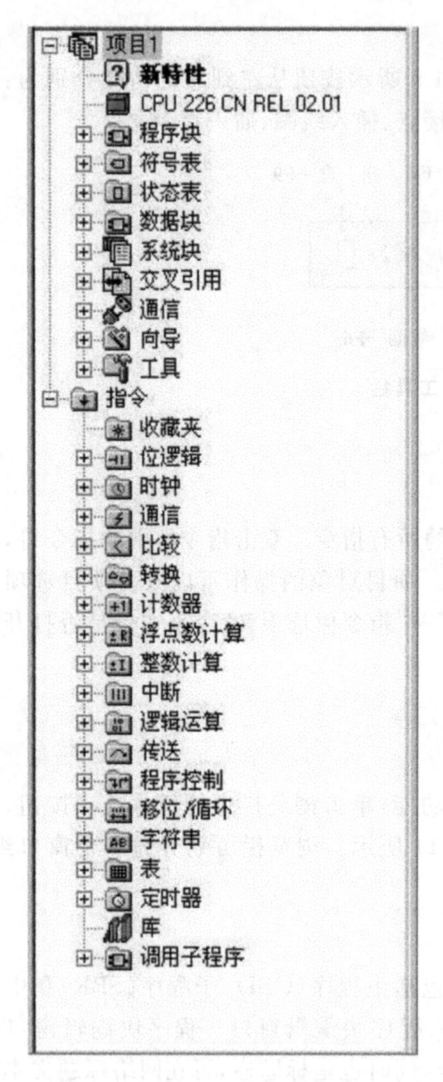

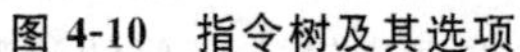
图 4-10 指令树及其选项

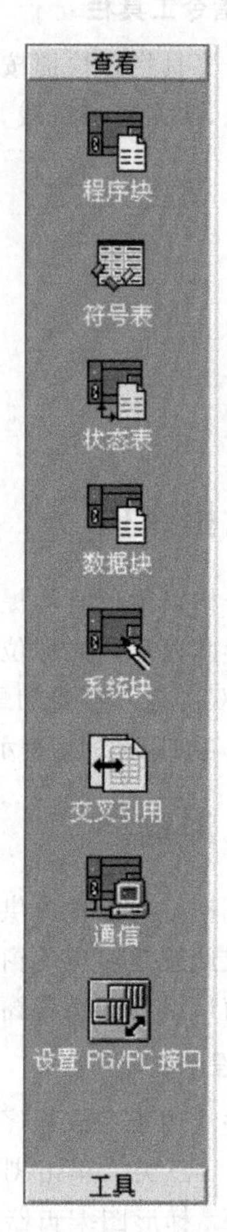

图 4-11 浏览栏及其选项

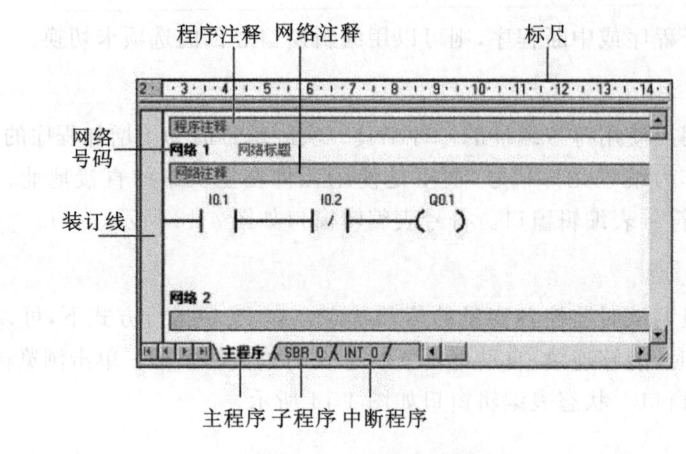

图 4-12 程序块编辑窗口

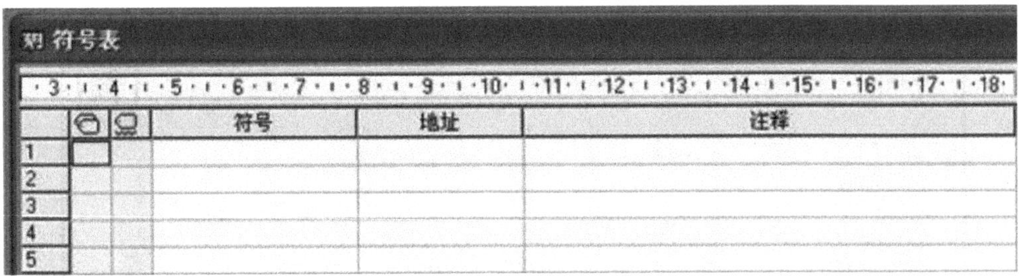

符号表

			符号	地址	注释
1					
2					
3					
4					
5					

图 4-13 符号表编辑窗口

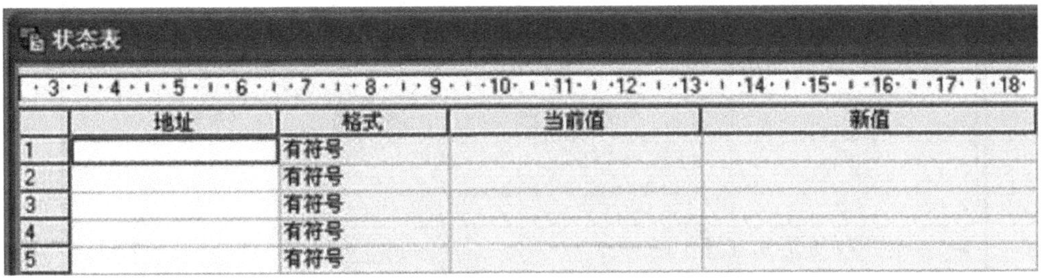

状态表

	地址	格式	当前值	新值
1		有符号		
2		有符号		
3		有符号		
4		有符号		
5		有符号		

图 4-14 状态表编辑窗口

注释说明，下载后可以使用状态表监控存储区的数据。可以使用下列方法之一访问数据块：①单击浏览栏的“数据块”按钮；②选择“查看”→“组件”→“数据块”命令；③双击指令树的数据块，然后双击用户定义 1 图标。数据块编辑窗口如图 4-15 所示。

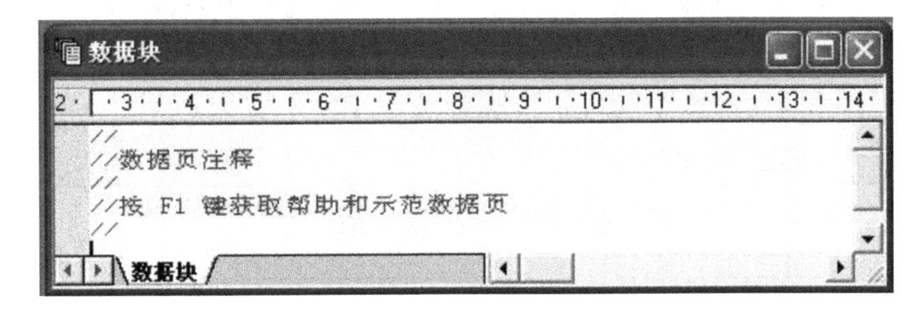

图 4-15 数据块编辑窗口

5. 系统块

系统块可用于 S7-200 CPU 的参数配置，使用下列方法能够查看和编辑系统块，设置 CPU 参数。可以使用下面方式之一进入系统块编辑窗口。

(1) 单击浏览栏的“系统块”按钮。

(2) 选择“查看”→“组件”→“系统块”命令。

(3) 双击指令树中的系统块文件夹，然后双击打开需要的配置页。

系统块的信息需下载到 PLC，为 PLC 提供新的系统配置。当项目的 CPU 类型和版本能够支持特定选项时，这些系统块配置选项将被启用。系统块编辑窗口如图 4-16 所示。

6. 交叉引用

交叉引用提供用户程序所用的 PLC 信息资源，包括三个方面的引用信息，即交叉引用信息、字节使用情况信息和位使用情况信息，从而使编程所用的 PLC 资源一目了然。交叉引用及

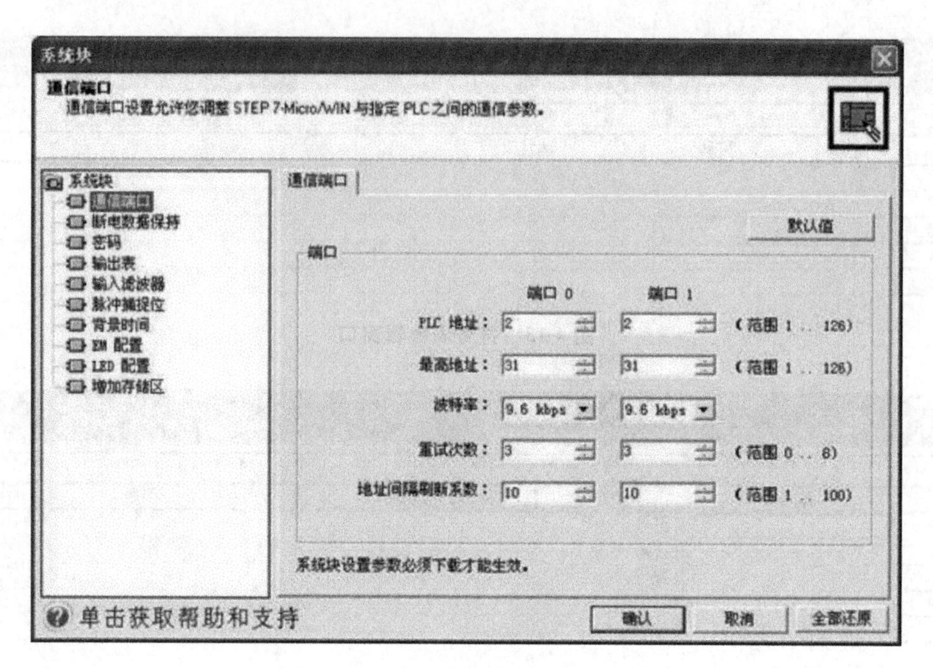

图 4-16 系统块编辑窗口

用法信息不会下载到 PLC。单击浏览栏中的交叉引用按钮，即可进入交叉引用编辑窗口。交叉引用编辑窗口如图 4-17 所示。

交叉引用

	元素	块	位置	关联
1	I0.0	主程序 (OB1)	网络 1	-||-
2	Q0.0	主程序 (OB1)	网络 1	-( )

交叉引用 / 字节使用 / 位使用

图 4-17 交叉引用编辑窗口

7. 通信

网络地址是用户为网络上每台设备指定的一个独特号码。该独特的网络地址确保将数据传送至正确的设备，并从正确的设备检索数据。S7-200 支持 0～126 的网络地址。

数据在网络中的传送速度称为波特率，通常以千波特(Kb/s)、兆波特(Mb/s)为单位。波特率测量在某一特定时间内传送的数据量。S7-200 CPU 的默认波特率为 9.6 Kb/s，默认网络地址为 2。

单击浏览栏的“通信”按钮，进入通信设置窗口，如图 4-18 所示。如果需要为 STEP 7-Micro/WIN32 配置波特率和网络地址，在设置参数后，必须双击 图标，刷新通信设置，这时可以看到 CPU 的型号和网络地址为 2，说明通信正常。

8. 设置 PG/PC

单击浏览栏中的“设置 PG/PC 接口”按钮，进入 PG/PC 接口参数设置窗口，如图 4-19 所示。单击“Properties…”按钮，可以进行地址及通信速率的配置。

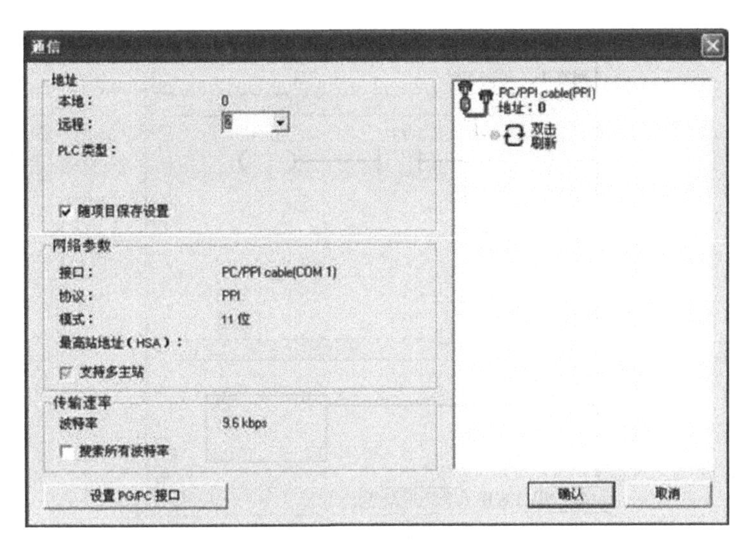

图 4-18　通信设置窗口

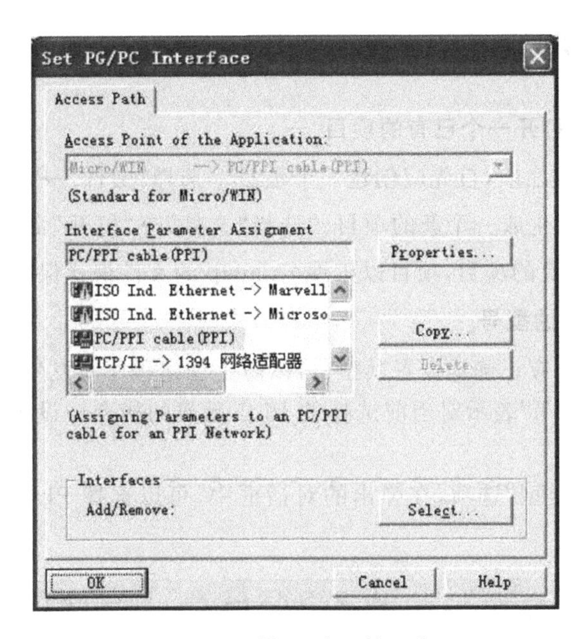

图 4-19　设置 PG/PC 接口窗口

4.3 编程软件的使用

STEP7-Micro/WIN32 V4.0 编程软件具有编程和程序调试等多种功能，下面通过一个简单程序示例，介绍编程软件的基本使用方法。STEP7-Micro/WIN32 V4.0 编程软件的基本使用方法示例如图4-20所示。

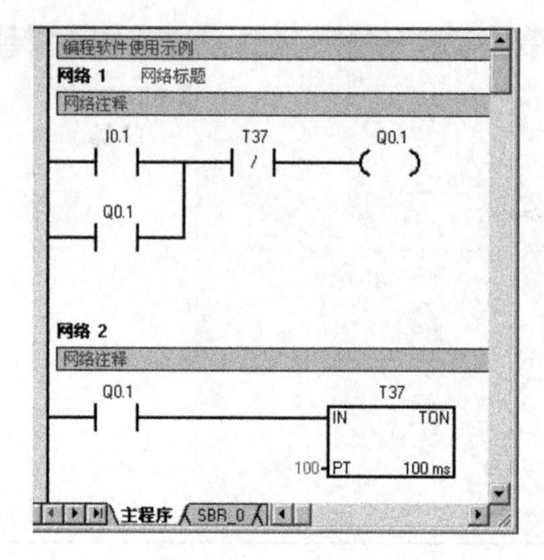

图 4-20　编程软件使用示例的梯形图

一、编程的准备

1. 创建一个项目或打开一个已有的项目

在进行控制程序编程之前,首先应创建一个项目。选择"文件"→"新建"命令,或单击工具栏的"新建"按钮,可以生成一个新的项目。选择"文件"→"打开"命令,或单击工具栏的"打开"按钮,可以打开已有的项目,项目以扩展名.mwp的文件格式保存。

2. 设置与读取PLC的型号

在对PLC编程之前,应正确地设置其型号,以防止创建程序时发生编辑错误。如果指定了型号,指令树用红色标记"X"表示对当前选择的PLC无效的指令。设置与读取PLC的型号有以下两种方法。

(1) 选择"PLC"→"类型"选项,在弹出的对话框中,可以选择PLC型号和CPU版本如图4-21所示。

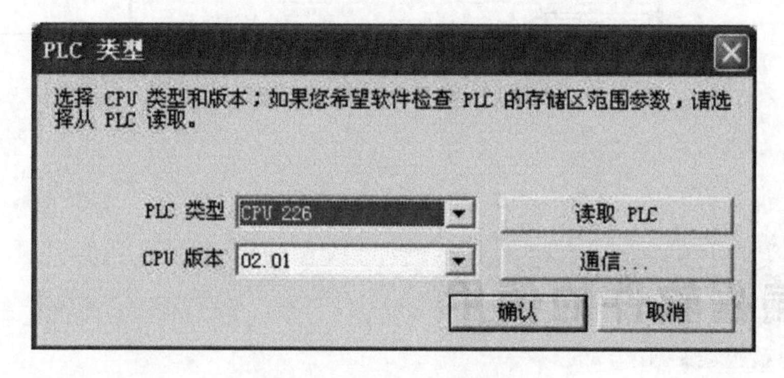

图 4-21　设置PLC的型号

(2) 双击指令树的"项目1",然后双击PLC型号和CPU版本选项,在弹出的对话框中进行设置即可。如果已经成功地建立通信连接,单击对话框中的读取PLC按钮,可以通过通信读出PLC的类型与硬件版本号。

3. 选择编程语言和指令集

S7-200 系列 PLC 支持的指令集有 SIMATIC 和 IEC1131-3 两种。SIMATIC 编程模式选择，可以选择“工具”→“选项”→“常规”→“SIMATIC”命令来确定。

编程软件可实现三种编程语言（编程器）之间的任意切换，选择“查看”→“梯形图”（或“STL”或“FBD”）命令，便可进入相应的编程环境。

4. 确定程序的结构

简单的数字量控制程序一般只有主程序，系统较大、功能复杂的程序除了主程序外，可能还有子程序、中断程序。编程时可以单击编辑窗口下方的选项来实现切换，以完成不同程序结构的程序编辑。用户程序结构选择编辑窗口如图 4-22 所示。主程序在每个扫描周期内均被顺序执行一次。子程序的指令放在独立的程序块中，仅在被主程序调用时才执行。中断程序的指令也放在独立的程序块中，用来处理预先规定的中断事件，在中断事件发生时，操作系统调用中断程序。

图 4-22 用户程序结构选择编辑窗口

二、编写用户程序

1. 梯形图的编辑

在梯形图编辑窗口中，梯形图程序被划分成若干个网络，一个网络只能有一个独立电路块。如果一个网络有两个独立电路块，则在编译时输出窗口将显示“1 个错误”，待错误修正后方可继续。可以对网络中的程序或者某个编程元件进行编辑，执行删除、复制或粘贴操作。梯形图编辑的具体步骤如下。

(1) 打开 STEP7-Micro/WIN32 V4.0 编程软件，进入主界面，STEP7-Micro/WIN32 V4.0 编程软件主界面如图 4-23 所示。

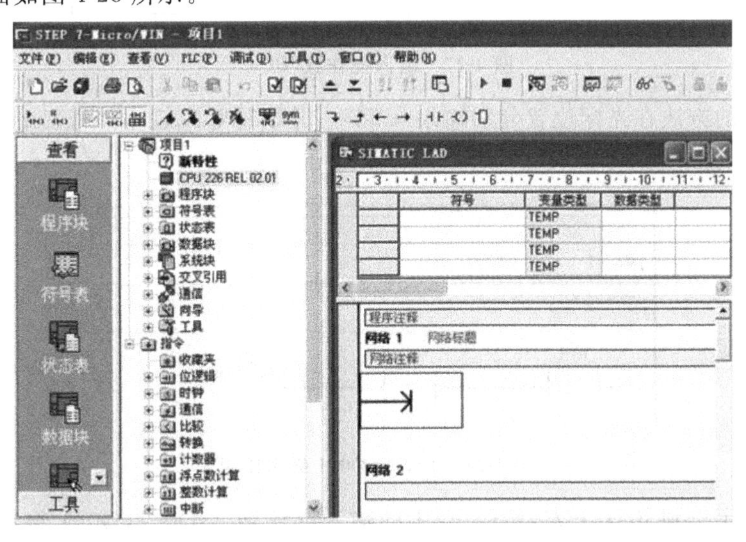

图 4-23 STEP7-Micro/WIN32 V4.0 编程软件主界面

(2) 单击浏览栏的"程序块"按钮,进入梯形图编辑窗口。

(3) 在编辑窗口中,把光标定位到将要输入编程元件的地方。

(4) 可直接在指令工具栏中单击常开触点按钮,选取触点的图标如图4-24所示。在打开的位逻辑指令中单击 -|⊢ 图标选项,选择常开触点如图4-25所示。输入的常开触点符号会自动写入到光标所在位置。输入常开触点如图4-26所示,也可以在指令树中双击位逻辑选项,然后双击常开触点输入。

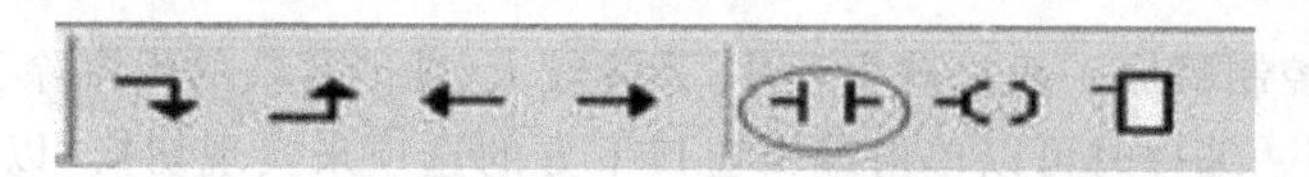

图4-24 选取触点的图标

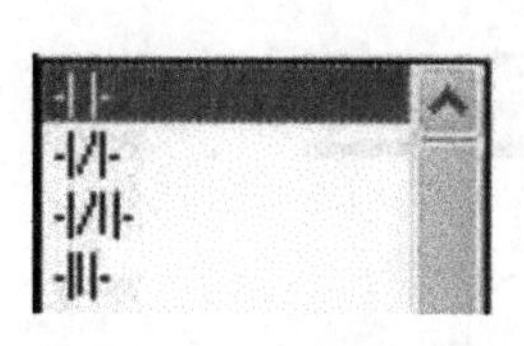

图4-25 选择常开触点

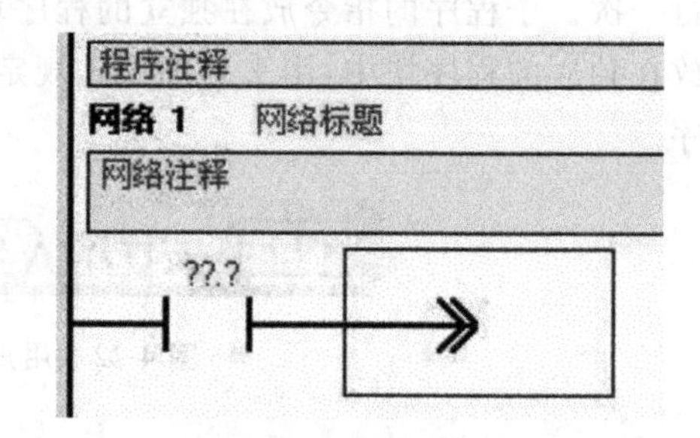

图4-26 输入常开触点

(5) 在"??.?"中输入操作数"I0.1",光标自动移到下一列。输入操作数"I0.1"如图4-27所示。

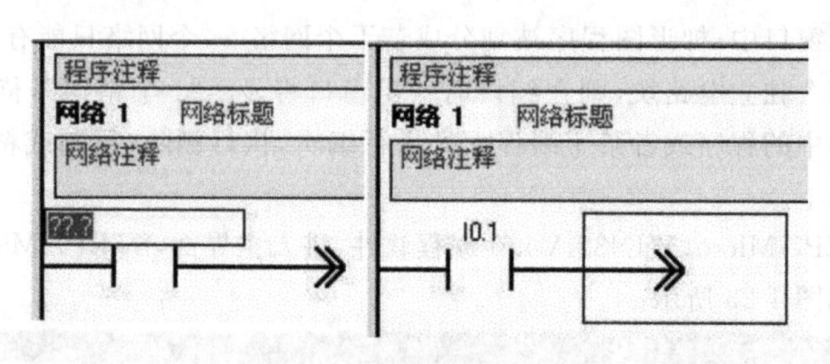

图4-27 输入操作数"I0.1"

(6) 用同样的方法在光标位置分别输入 -|/|- 和 -( ),并填写对应地址:"T37"和"Q0.1",编辑结果如图4-28所示。

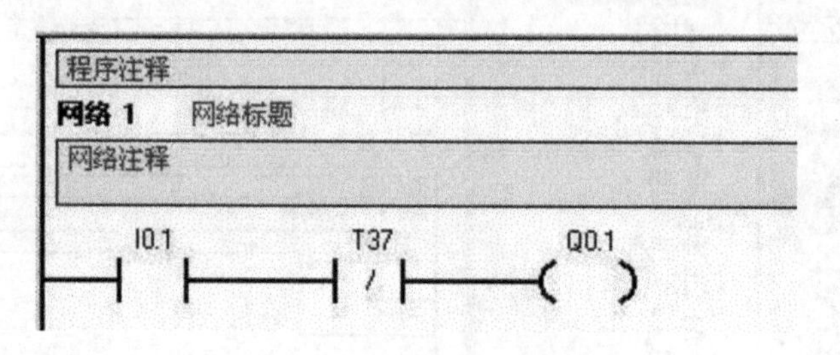

图4-28 T37和Q0.1编辑结果

(7) 将光标定位到I0.1下方,按照I0.1的输入办法输入Q0.1,Q0.1编辑结果如图4-29所示。

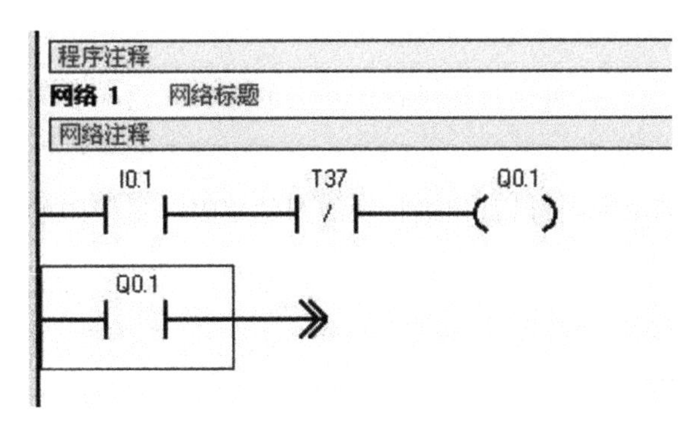

图 4-29 Q0.1 编辑结果

（8）将光标移到要合并的触点处，单击指令工具栏中的向上连线按钮 ，将 Q0.1 和 I0.1 并联连接，Q0.1 和 I0.1 并联连接如图 4-30 所示。

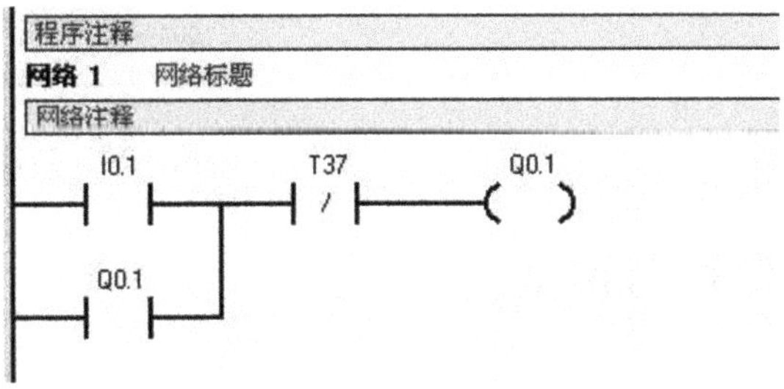

图 4-30 Q0.0 和 I0.0 并联连接

（9）将光标定位到网络 2，按照 I0.1 的输入方法编写 Q0.1。

（10）将光标定位到定时器输入位置，双击指令树的“定时器”选项，然后再双击接通延时定时器图标，在光标位置即可输入接通延时定时器。选择定时器如图 4-31 所示。

（11）在定时器指令上面的“????”处输入定时器编号“T37”，在左侧“????”处输入定时器的预置值“100”，编辑结果如图 4-32 所示。经过上述操作过程，编程软件使用示例的梯形图就编辑完成了。如果需要进行语句表和功能图编辑，可按下面的方法来实现。

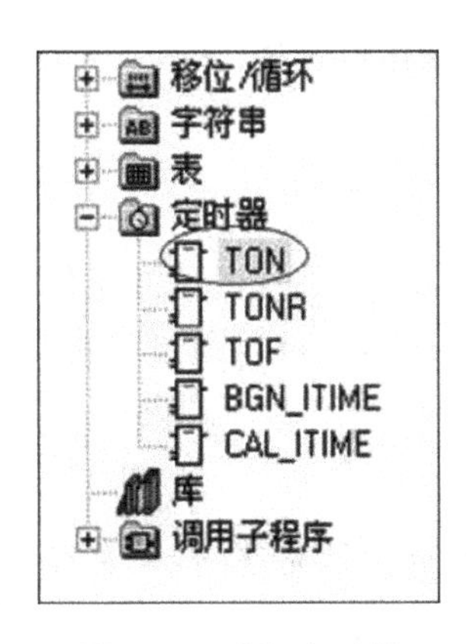

图 4-31 选择定时器

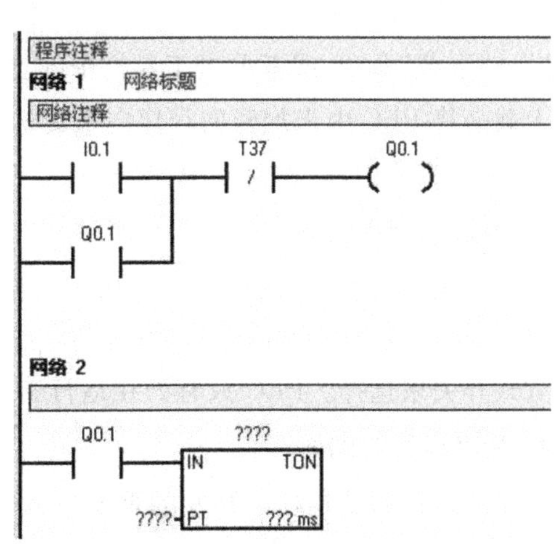

图 4-32 输入接通延时定时器

2. 语句表的编辑

选择“查看”→“STL”命令,可以直接进行语句表的编辑。语句表的编辑如图 4-33 所示。

3. 功能图的编辑

选择“查看”→“FBD”命令,可以直接进行功能图的编辑。功能图的编辑如图 4-34 所示。

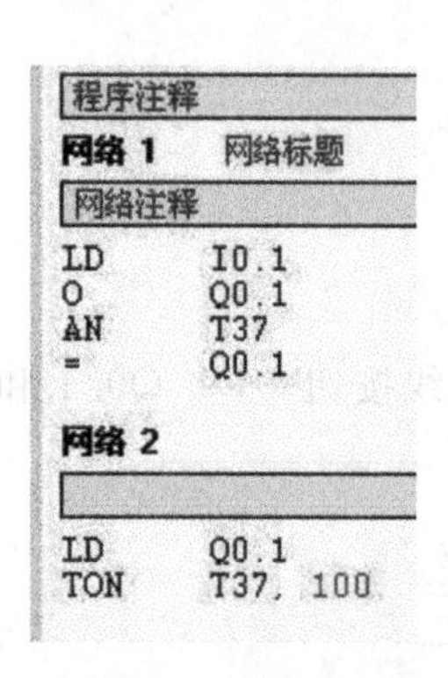

图 4-33 语句表的编辑

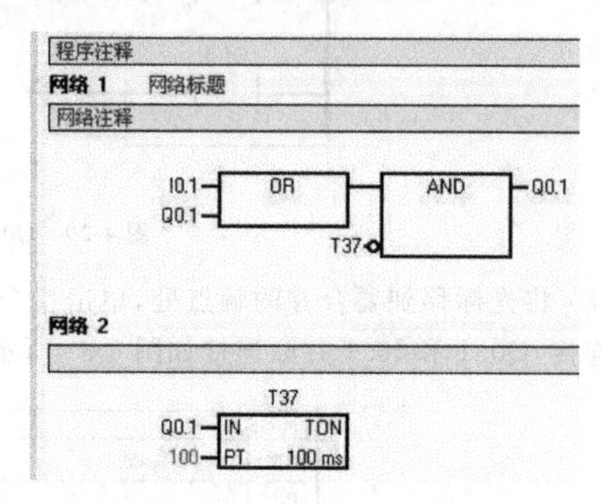

图 4-34 功能图的编辑

三、程序的状态监控与调试

1. 编译程序

选择“PLC”→“编译”(或“全部编译”)命令,或者单击工具栏中的 或 按钮,可以分别编译当前打开的程序或全部程序。编译后在输出窗口中显示程序编译结果,必须在修改了程序中的所有错误并编译无错误后,才能下载程序。若没有对程序进行编译,在下载之前编程软件会自动对程序进行编译。

2. 下载与上载程序

下载是将当前编程器中的程序写入到 PLC 的存储器中的过程。只有计算机与 PLC 建立通信连接正常,并且用户程序编译无错误,才能将程序下载到 PLC 中的过程。下载操作可选择“文件”→“下载”命令,或者单击工具栏中的 按钮。

上载是将 PLC 中未加密的程序向上传送到编程器中。上载操作可选择“文件”→“上载”命令,或单击工具栏中的 按钮来实现的。

3. PLC 的工作方式

PLC 有两种工作方式,即运行和停止。在不同的工作方式下,PLC 进行调试的操作方法不同。可以通过选择“PLC”→“运行”(或“停止”)命令来选择工作方式,也可以通过单击 PLC 的工作方式开关来选择。PLC 只有处在运行工作方式下,才可以启动程序的状态监控。

4. 程序运行与调试

程序的运行调试是程序开发的重要环节,很少有程序一经编制就是完整的,只有经过调试运行甚至现场运行后才能发现程序中不合理的地方,从而进行修改。STEP7-Micro/WIN32 V4.0 编程软件提供了一系列工具,方便用户直接在软件环境下调试并监视用户程序的执行。

1）程序的运行

单击工具栏中的 ▶ 按钮，或选择“PLC”→“运行”命令，在对话框中确定进入运行模式，这时黄色 STOP(停止)状态指示灯灭，绿色 RUN(运行)灯点亮。

2）程序的调试

在程序调试中，经常采用程序状态监控、状态表监控和趋势图监控三种监控方式反映程序的运行状态。下面结合示例介绍基本使用方法。

(1) 程序状态监控。

单击工具栏中的 按钮，或选择“调试”→“开始程序状态监控”命令，进入程序状态监控功能。在启动程序运行状态监控功能后：①当 I0.1 触点断开时，上述示例程序的状态如图 4-35 所示；②当 I0.1 触点接通瞬间，上述示例程序的状态如图 4-36 所示；③在定时器延时时间 10 s 后，上述示例程序的状态如图 4-20 所示。

在监控状态下，“能流”通过的元件将显示蓝色，通过施加输入，可以模拟程序实际运行，从而检验程序。运行时，梯形图的每个元件的实际状态都会显示出来，这些状态是 PLC 在扫描周期完成时的结果。

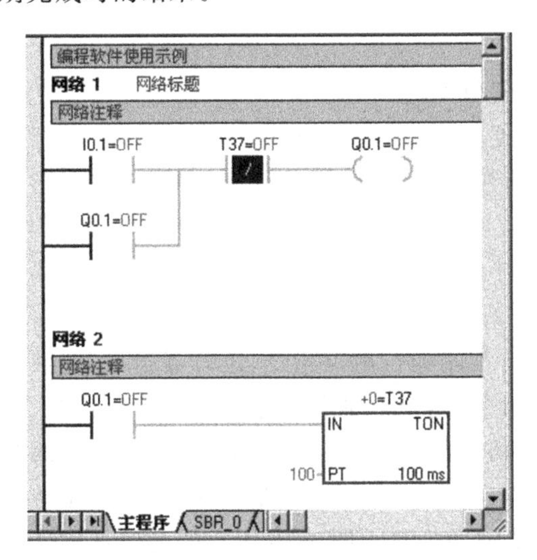

图 4-35 I0.1 触点断开时时的程序状态

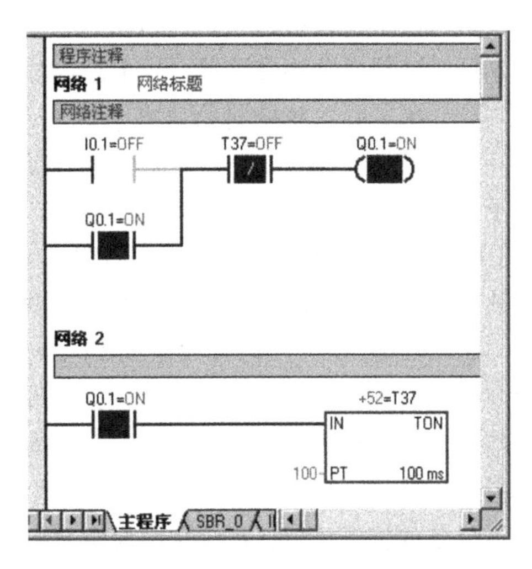

图 4-36 I0.1 触点接通瞬间后的程序状态

(2) 状态表监控。

可以使用状态表来监控用户程序，还可以采用强制表操作修改用户程序的变量。上述示例程序的状态表监控情况如图 4-37 所示，在当前值栏目中显示了各元件的状态和数值大小。可以选择下面方法之一来进行状态表监控。

① 选择“查看”→“组件”→“状态表”命令。

② 单击浏览栏中的“状态表”按钮。

③ 单击装订线，选择程序段，右击，选择“创建状态图”命令，能快速生成一个包含所选程序段内各元件的新的表格。

(3) 趋势图监控。

趋势图监控是采用编程元件的状态和数值大小随时间变化关系的图形监控。单击工具栏中的 按钮，可将状态表监控切换为趋势图监控。

	地址	格式	当前值	新值
1	I0.1	位	2#0	
2	Q0.1	位	2#1	
3	T37	位	2#0	
4	T37	有符号	+51	

图 4-37　编程软件使用示例的状态表监控

4.4 仿真软件

PLC 的用户程序设计好以后，需要用实际的 PLC 硬件来调试，但是以下几种情况则需要对程序进行仿真调试。

(1) 程序设计好后，没有 PLC 硬件。

(2) 控制设备不在本地，设计者需对程序进行修改和调试。

(3) 在实际系统中进行某些调试有一定的风险(或者调试成本太高)。

为了解决上述问题，一些 PLC 生产厂家提供了可替代 PLC 硬件进行调试的仿真软件，西门子公司为 S7-300 和 S7-400 系列 PLC 设计了仿真软件 S7-PLCSIM，可以对 S7-300 和 S7-400 的 PLC 用户程序进行离线仿真与调试。遗憾的是，西门子公司没有为 S7-200 系列 PLC 提供仿真软件，现有的仿真软件是非官方的一款产品 S7-200 SIM。

S7-200 SIM 可以仿真大量的 S7-200 指令，如支持常用的位触点指令、定时器指令、计数器指令、比较指令、逻辑运算指令和大部分的数学运算指令等，但对部分指令如顺序控制指令、循环指令、高速计数器指令和通信指令等尚无法支持。仿真程序提供了数字信号输入开关、两个模拟电位器和 LED 输出显示，仿真程序同时还支持对 TD-200 文本显示器的仿真，在实验条件尚不具备的情况下，完全可以作为学习 S7-200 的一个辅助工具。图 4-38 所示的为仿真软件的主界面。

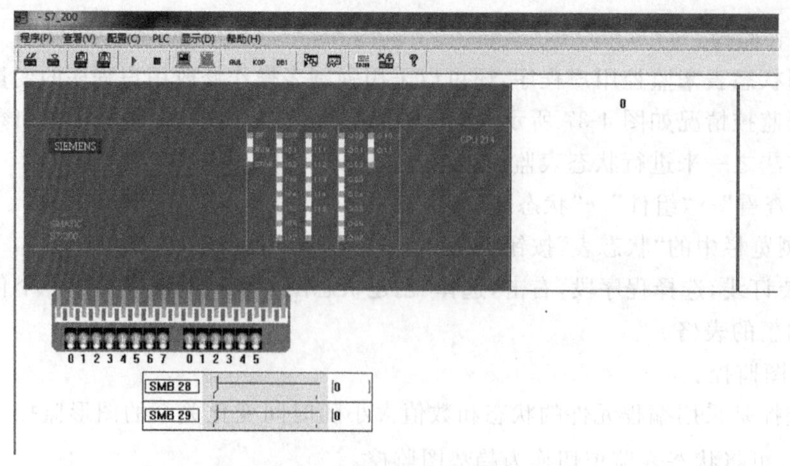

图 4-38　仿真软件主界面

一、仿真软件的使用

S7-200 SIM 仿真软件的使用步骤如下。

(1) 在 STEP 7 Micro/WIN32 中新建一个项目。

(2) 输入程序,编译正确后在文件菜单中导出扩展名为“.awl”的文件。

(3) 打开仿真软件,选择“配置”→“CPU 型号”命令(或在已有的 CPU 图案上双击)。

(4) 在弹出的对话框中选择 CPU 型号,如图 4-39 所示,应与项目中的型号相同。

(5) 选择“程序”→“载入程序”命令(或工具栏中的第 2 个按钮),如图 4-40 所示。

(6) 在弹出的对话框中选择“逻辑块(L)”并选择 STEP-7 Micro/WIN 的版本,单击“确定”按钮。

(7) 将先前导出的扩展名为“.awl”的文件打开(若第 6 步选择全部,则此时会提示无法打开文件,这里出现错误的原因是无法打开数据块和 CPU 配置文件,可以忽略错误,直接确定)。

(8) 选择“查看(E)”→“内存监视(M)”命令(或单击工具栏中的第 12 个按钮),输入想要监视的地址。

(9) 选择“PLC”→“运行”命令(或工具栏的绿色三角按钮),程序就可以开始模拟运行了。

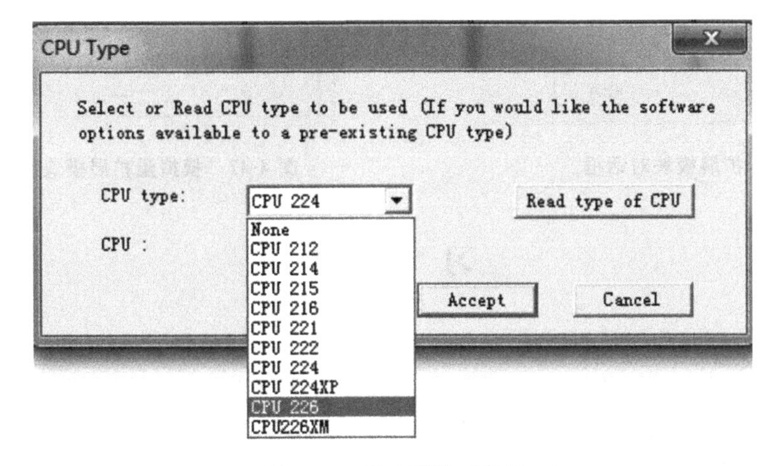

图 4-39 CPU 配置对话框

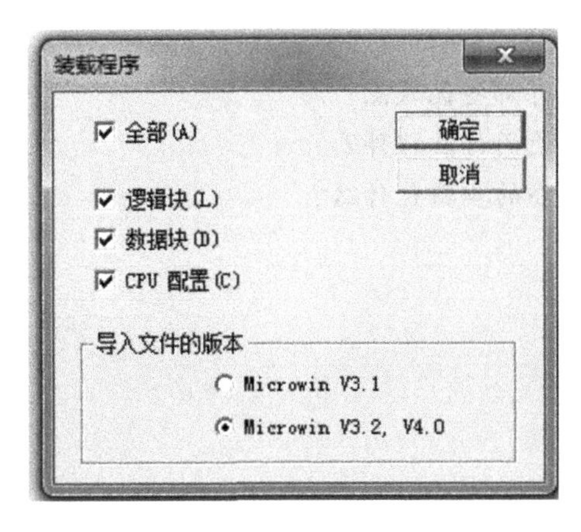

图 4-40 装载程序对话框

二、S7-200 SIM 仿真软件扩展模块的使用

在模块扩展区的空白处双击,弹出扩展模块窗口,如图 4-41 所示。窗口列出了可以在仿真软件中扩展的模块,选择需要扩展的模块类型后,单击“Accept”按钮即可(注意:不同类型 CPU 可扩展的模块数量是不同的,每一处空白只能添加一种模块)。

加入模拟量扩展模块后可以单击 Conf. Module 按钮,配置模拟量输入模块的相关参数(如图 4-42 所示),如果不需要某一个模块,可以在对应的模块号的扩展模块窗口中选择“无/卸下”选项。

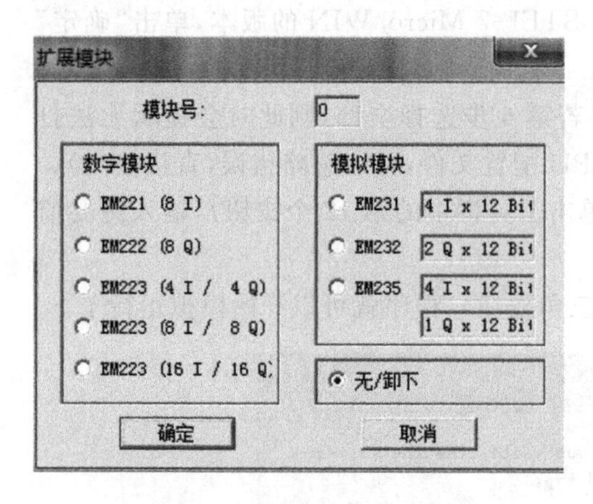

图 4-41　扩展模块对话框

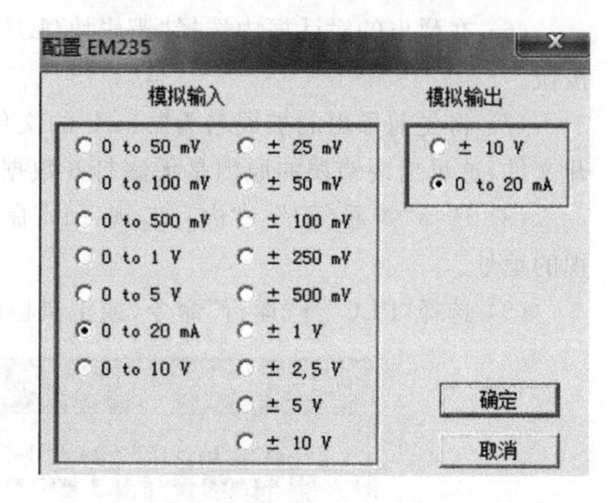

图 4-42　模拟量扩展模块参数配置对话框

习　题　4

思考题

1. 在 STEP7-Micro/WIN32 编程软件中,“局部编译”和“完全编译”的区别是什么?
2. STEP7-Micro/WIN32 编程软件提供了几种编程语言?它们相互间如何转换?
3. 在 STEP7-Micro/WIN32 编程软件中如何进行程序调试?程序的调试有几种方法?
4. STEP7-Micro/WIN32 编程软件安装完成后界面默认是哪种语言?如何改变界面的语言?
5. 本章介绍的仿真软件有哪些优缺点?
6. 在哪些情况下要考虑使用仿真软件?
7. 利用仿真软件仿真程序的步骤是什么?

第5章
S7-200系列PLC的基本指令及其应用

本章学习重点

(1) 重点掌握S7-200系列PLC的基本逻辑指令、数据处理功能指令及程序控制指令的指令格式以及使用要点。

(2) 重点掌握S7-200系列PLC的梯形图和指令表的编制方法。

(3) 能够熟练地应用S7-200系列PLC的常用指令进行程序设计。

(4) 进一步掌握PLC的选型及I/O接线方法并根据硬件编写PLC程序。

S7-200系列PLC可使用STEP7-Micro/WIN32软件进行程序编辑、联机调试和在线监控,使用十分方便。在软件编程环境中可使用梯形图、指令表、功能图三种语言进行程序设计,而且在一定规约下,可以实现不同编程语言间的直接转换。SIMATIC S7-200系列PLC可应用西门子公司为S7-200系列PLC设计的SIMATIC指令集和国际电工委员会(IEC)制定的旨在统一各PLC生产厂家指令的IEC1131-3指令集,两种指令集在STEP7-Micro/WIN32编程软件中都可以使用。

5.1 指令的组成

S7-200 系列 PLC 既可使用 SIMATIC 指令集,又可使用 IEC1131-3 指令集。SIMATIC 指令集是西门子公司专为 S7-200 系列 PLC 设计的,可使用的三个编程器(LAD、STL、FBD)都可编辑该指令集,而且指令的执行速度较快。IEC1131-3 指令集是国际电工委员会推出的 PLC 编程方面的轮廓性标准。该标准鼓励不同的 PLC 厂商向用户提供符合该指令集的指令系统,有利于用户编写出适用于不同品牌的 PLC 程序,但对于 S7-200 系列 PLC,该指令集的指令执行时间要长一些,且只能在梯形图和功能块图编辑器中使用,不能使用灵活的指令表编辑器。许多 SIMATIC 指令集不符合 IEC1131-3 指令集标准,所以两种指令集不能混用,而且许多功能不能使用 IEC1131-3 指令集实现。

本节以 SIMATIC 指令集为主要内容进行介绍与分析。由于梯形图和指令表编辑方式为广大编程人员所熟悉,所以以梯形图和指令表为主介绍指令的组成与使用。

一、梯形图指令的结构

在梯形图编辑器中,程序被分为一个个的网络段(network n),每一个网络是具体功能的实现。在整个程序中包括许多注释,如程序块的注释、网络段的注释、每一个元件的注释等,可方便地读懂整个程序的内容和功能。图 5-1 所示的为梯形图编辑器中指令的组成。梯形图指令中的基本内容如下。

(1) 左母线:梯形图左侧的粗竖线,它是为整个梯形图程序提供能量的源头。

(2) 触点:代表逻辑“输入”条件,如开关、按钮等闭合或打开动作,或者内部条件。

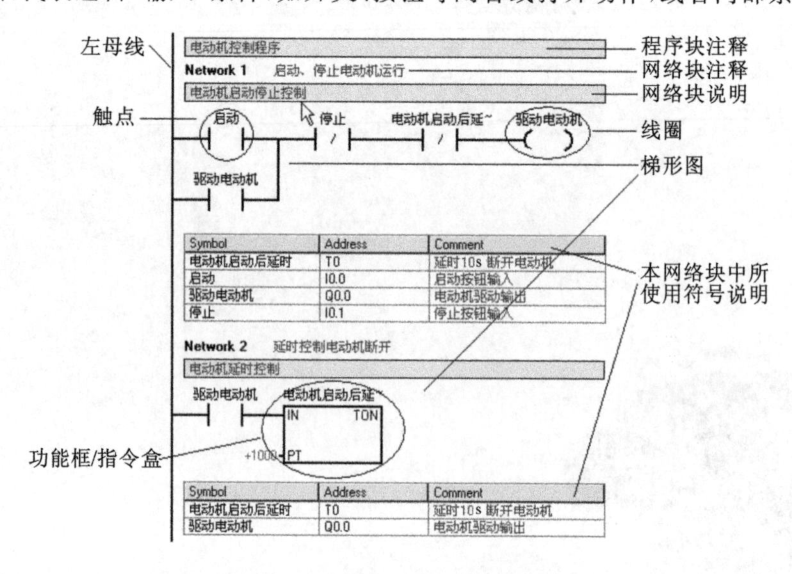

图 5-1 梯形图编辑器中指令的组成

(3) 线圈：代表逻辑“输出”结果，如灯的亮灭、电动机的启动/停止、中间继电器的动作或者内部输出条件。

(4) 功能框/指令盒：代表附加指令，如定时器、计数器、功能指令或数学运算指令等。

二、指令表指令的结构

在指令表编辑器中，程序也分为一个个的网络段，这样可方便地与梯形图进行转换。当然也可以不分网络段，此时指令表程序不能转换。注释部分与梯形图编辑器中的相同。

指令表程序的基本构成为指令助记符＋操作数。如 LD I0.0，其中 LD 为指令助记符，表示具体需要完成的功能；I0.0 为操作数，表示被操作的内容。指令表属于文本形式的编程语言，与汇编语言类似，可以解决梯形图指令不易解决的问题，适用于对 PLC 和逻辑编程有经验的程序员。图 5-2 所示的为指令表编辑器中指令的结构。

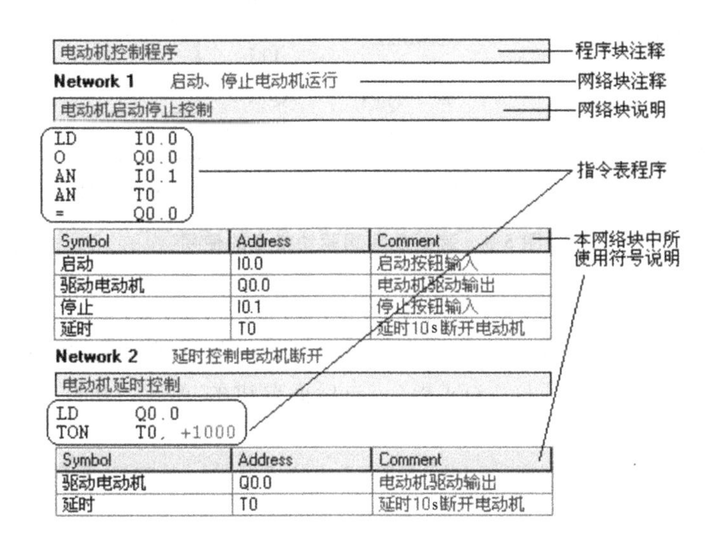

图 5-2　指令表编辑器中指令的结构

S7-200 系列 PLC 用 LAD 编程时以每个独立的网络块(network)为单位，所有的网络块组合在一起就是梯形图程序，这也是 S7-200 系列 PLC 的特点。S7-200 系列 PLC 用 STL 编程时，如果也以每个独立的网络块为单位，则 STL 程序和 LAD 程序基本上是一一对应的，而且两者可以在编程软件环境中相互转换；如果不以每个独立的网络块为单位编程，而是连续编程，则 STL 程序和 LAD 程序不能通过编程软件相互转换，这一点请读者注意。

5.2 基本位逻辑指令

S7-200 系列 PLC 的指令系统非常丰富，软件功能强大。基本位逻辑指令是构成基本逻辑运算功能指令的集合，包括基本位操作、置位/复位、触发器、边沿触发、逻辑堆栈等逻辑指令。

一、装载及线圈驱动指令

1. 指令格式及功能

装载及线圈驱动指令格式为LD(load)、LDN(load not)和=(out)。图5-3所示的为上述三条指令的用法。

LD(load):装载常开触点指令,用于网络块逻辑运算开始的常开触点与母线的连接。

LDN(load not):装载常闭触点指令,用于网络块逻辑运算开始的常闭触点与母线的连接。

=(out):线圈驱动指令。

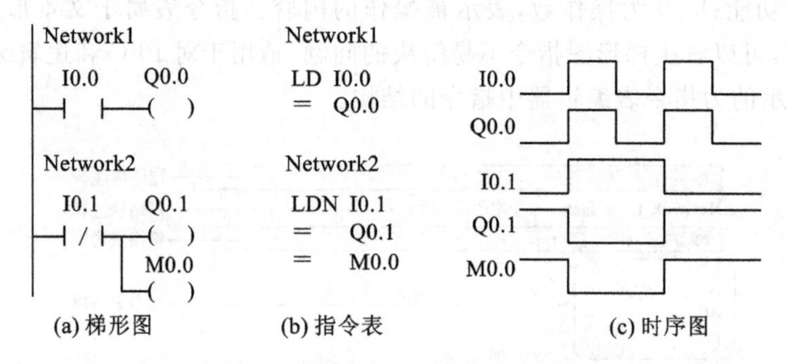

图5-3 装载及线圈驱动指令的使用

2. 使用说明

(1) LD、LDN指令不仅仅用于网络块逻辑计算开始时与母线相连的常开和常闭触点,而且在分支电路块的开始也要使用LD、LDN指令,与后面要讲的ALD、OLD指令配合完成块电路的编程。

(2) 由于输入继电器的状态唯一由输入端子的状态决定,在程序中是不能被改变的,所以"="指令不能用于输入继电器。

(3) 并联的"="指令可连续使用任意次。

(4) 在同一程序中不要使用双线圈输出,即同一个元件在同一程序中只使用一次"="指令,否则可能会产生不希望的结果。

(5) LD、LDN指令的操作数为I、Q、M、SM、T、C、V、S、L。"="指令的操作数为Q、M、S、V、S、L。T和C也作为输出线圈,但在S7-200系列PLC中输出不以"="指令的形式出现,而是采用功能块的形式出现(见定时器和计数器指令)。

二、触点串联指令

1. 指令格式及功能

触点串联指令的梯形图与指令表的格式如表5-1所示。指令功能如下。

A(and):"与"指令用于单个常开触点的串联连接。

AN(and not):"与非"指令用于单个常闭触点的串联连接。

图5-4所示的为上述两条指令的用法。

表 5-1 触点串联指令格式

名 称	与	与非
指令表格式	A bit	AN bit
梯形图格式	bit ─┤ ├─	bit ─┤/├─

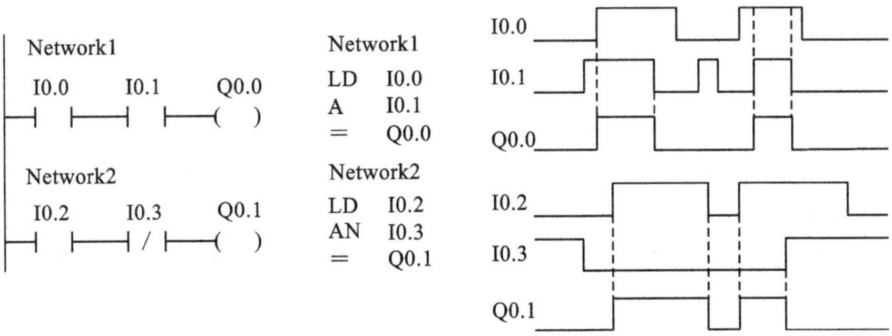

图 5-4 A、AN 指令的梯形图、指令表程序及时序图

程序说明如下。

(1) I0.0 与 I0.1 执行“与”逻辑运算。当 I0.0 与 I0.1 均闭合时，线圈 Q0.0 接通；I0.0 与 I0.1 中只要有一个不闭合，线圈 Q0.0 不能接通。

(2) I0.2 与常闭触点 I0.3 执行“与”逻辑运算。当 I0.2 闭合、I0.3 断开时，线圈 Q0.1 接通；若 I0.2 断开或 I0.3 闭合，则线圈 Q0.1 不能接通。

2. 使用说明

(1) A、AN 是单个触点串联连接指令，可连续使用。但在用梯形图编程时会受到打印宽度和屏幕显示的限制，S7-200 系列 PLC 的编程软件中规定的串联触点使用上限为 11 个。

(2) A、AN 指令的操作数为 I、Q、M、SM、T、C、V、S 和 L。

三、触点并联指令

1. 指令格式及功能

触点并联指令 O(or)、ON(or not)的梯形图与指令表的格式见表 5-2。指令功能如下。

O(or)：“或”指令，用于单个常开触点的并联连接。

ON(or not)：“或非”指令，用于单个常闭触点的并联连接。

图 5-5 所示为上述两条指令的用法。

表 5-2 触点并联指令格式

名 称	或	或非
指令	O bit	ON bit
梯形图	bit ─┤ ├─┘	bit ─┤/├─┘

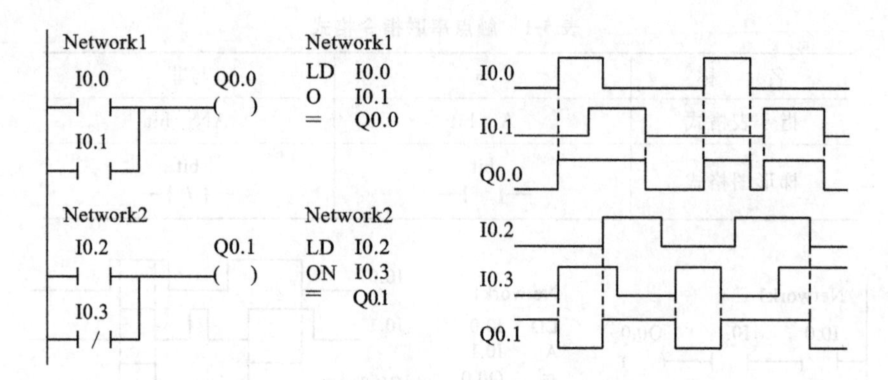

图 5-5 O、ON 指令的梯形图、指令表程序及时序图

程序说明如下。

(1) I0.0 与 I0.1 执行“或”逻辑运算。当 I0.0 与 I0.1 任意一个闭合时,线圈 Q0.0 接通;若 I0.0 与 I0.1 均不闭合,则线圈 Q0.0 不能接通。

(2) I0.2 与常闭触点 I0.3 执行“或”逻辑运算。当 I0.2 闭合或 I0.3 断开时,线圈 Q0.1 接通;若 I0.2 断开,同时 I0.3 闭合,则线圈 Q0.1 不能接通。

2. 使用说明

(1) 单个触点的 O、ON 指令可连续使用。

(2) O、ON 指令的操作数为 I、Q、M、SM、T、C、V、S 和 L。

四、指令块的串/并联指令

1. 指令格式及功能

指令块是指两个以上的触点经过并联或串联后组成的结构,如图 5-6 所示。

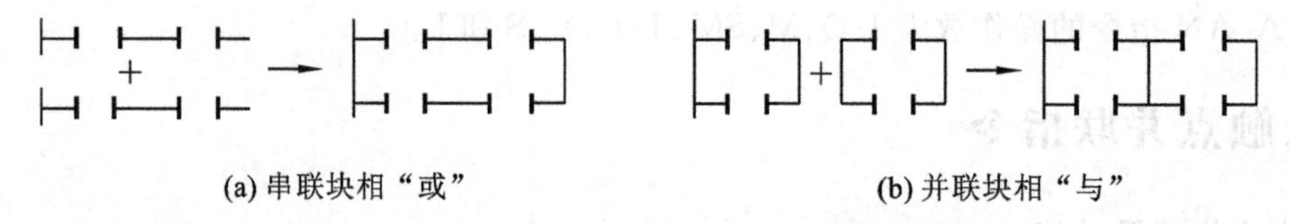

(a) 串联块相“或”　　(b) 并联块相“与”

图 5-6 指令块结构

指令块的串联指令 ALD 可实现多个指令块的“与”运算。

指令块的并联指令 OLD 可实现多个指令块的“或”运算。

图 5-7 所示为上述两条指令的用法。

程序说明如下。

(1) 网络块 1 的功能为进行一个“块与”运算,I0.0 和 I0.1 组成一个“或块”,I0.2 和 I0.3 组成一个“或块”,然后两个“或块”串联,执行“与”运算。当 I0.0 或 I0.1 闭合且 I0.2 或 I0.3 闭合时,Q0.0接通。

(2) 网络块 2 的功能为进行一个“块或”运算,I0.4 和 I0.5 组成一个“与块”,I0.6 和 I0.7 组成一个“与块”,然后两个“与块”并联,执行“或”运算。当 I0.4 与 I0.5 均闭合或 I0.6 与 I0.7 均闭合时,Q0.1 接通。

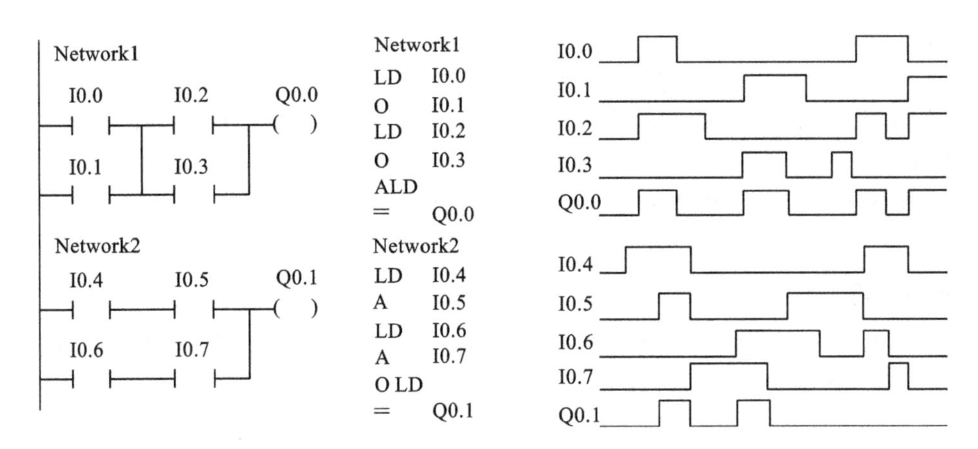

图 5-7 ALD、OLD 指令的梯形图、指令表程序及时序图

2. 使用说明

(1) 每一个指令块均以 LD 或 LDN 指令开始。在描述完指令块后，该指令块就可以作为一个整体来看待。

(2) ALD、OLD 指令无操作数。

(3) ALD、OLD 指令主要用于程序结构。在梯形图中没有该指令，只需按要求连接触点即可。但在指令表中，ALD、OLD 指令十分重要，可以组成复杂的程序结构。

五、复位/置位指令

1. 指令格式及功能

复位/置位 S(set)、R(reset)指令的梯形图与指令表的格式见表 5-3。指令功能如下。

S 置位指令，将操作数中定义的 N 个位逻辑量强制置 1 并保持。

R 复位指令，将操作数中定义的 N 个位逻辑量强制置 0 并保持。

图 5-8 所示为上述两条指令的用法。

表 5-3 复位/置位指令的格式

名 称	置 位	复 位
指令表格式	S	R
梯形图格式	bit —(S) N	bit —(R) N

Network1
I0.0 Q0.0
(S)
2
Network2
I0.1 Q0.0
(R)
2

Network1
LD I0.0
S Q0.0,2
Network2
LD I0.1
R Q0.0,2

I0.0
I0.1
Q0.0
Q0.1

图 5-8 S、R 指令的梯形图、指令表程序及时序图

程序说明如下。

(1) S、R 指令中的 2 表示从指定的 Q0.0 开始的两个触点,即 Q0.0 与 Q0.1。

(2) 在检测到 I0.0 闭合的上升沿时,输出线圈 Q0.0、Q0.1 被置为 1 并保持,而不论 I0.0 为何种状态。

(3) 在检测到 I0.1 闭合的上升沿时,输出线圈 Q0.0、Q0.1 被复位为 0 并保持,而不论 I0.0 为何种状态。

2. 使用说明

(1) 指定触点一旦被置位,则保持接通状态,直到对其进行复位操作;而指定触点一旦被复位,则变为断开状态,直到对其进行置位操作。

(2) 如果对定时器和计数器进行复位操作,则被指定的 T 或 C 的位被复位,同时其当前值被清零。

(3) S、R 指令可以互换次序使用,但由于 PLC 采用扫描工作方式,所以写在后面的指令具有优先权。如在图 5-8 中,若 I0.0 和 I0.1 同时为 1,则 Q0.0、Q0.1 肯定处于复位状态而为 0。

(4) N 的范围为 1～255,N 可为 VB、IB、QB、MB、SMB、SB、LB、AC、常数。

(5) S、R 指令的操作数为 I、Q、M、SM、T、C、V、S 和 L。

六、触发器指令

1. 指令格式及功能

触发器指令分为置位优先触发器指令 SR 和复位优先触发器指令 RS 两种,触发器指令的梯形图与指令表的格式见表 5-4。指令功能如下。

置位优先触发器 SR 是一个置位优先的锁存器。当置位信号(S1)和复位信号(R)都为真时,输出为 1。

复位优先触发器 RS 是一个复位优先的锁存器。当置位信号(S)和复位信号(R1)都为真时,输出为 0。

图 5-9 所示为触发器指令的用法。

表 5-4 RS、SR 指令基本格式

名　称	复位优先锁存器	置位优先锁存器
指令表格式	RS	SR
梯形图格式	bit S ENO RS R1	bit S1 ENO SR R

2. 使用说明

(1) RS、SR 指令均为锁存器,一个复位优先,一个置位优先。S 连接置位输入,R 连接复位输入,一旦输出线圈被置位,则保持置位状态,直到复位输入接通为止。

(2) 置位、复位输入均以高电平状态有效。

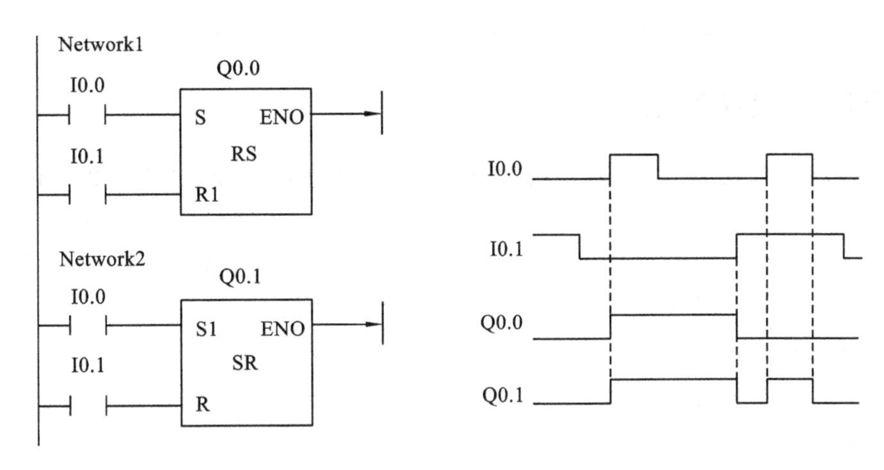

图 5-9 RS、SR 指令的梯形图及时序图

七、边沿触发指令

1. 指令格式及功能

边沿触发指令分为上升沿触发 EU(edge up)指令和下降沿触发 ED(edge down)指令两种。边沿触发指令的梯形图与指令表的格式见表 5-5。指令功能如下。

EU 在检测到正跳变(OFF 到 ON)时,使能流接通一个扫描周期的时间。

ED 在检测到负跳变(ON 到 OFF)时,使能流接通一个扫描周期的时间。

图 5-10 所示为边沿触发指令的用法。

表 5-5 边沿触发指令格式及说明

指令名称	LAD	STL	功能	说明
上升沿触发指令	—|P|—	EU	在上升沿产生一个扫描周期的脉冲	无操作数
下降沿触发指令	—|N|—	ED	在下降沿产生一个扫描周期的脉冲	无操作数

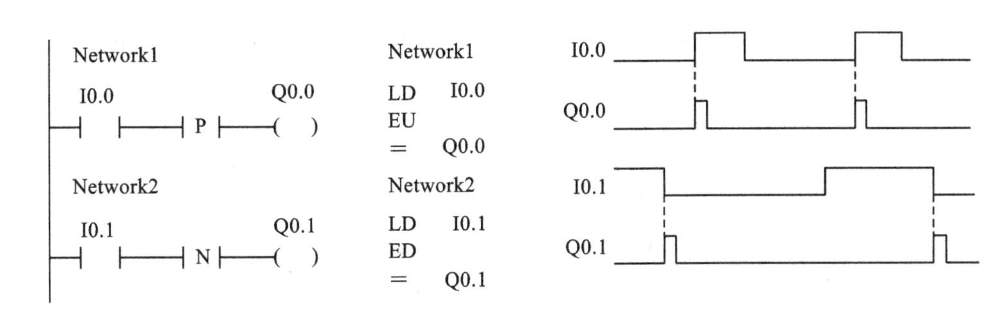

图 5-10 EU、ED 指令的梯形图、指令表程序及时序图

程序说明如下。

(1) 在 I0.0 闭合的一瞬间,正跳变触点接通一个扫描周期,使 Q0.0 有一个扫描周期输出。

(2) 在 I0.1 断开的一瞬间,负跳变触点接通一个扫描周期,使 Q0.1 有一个扫描周期输出。

2. 指令说明

(1) EU、ED 指令可无限次使用。

(2) EU、ED指令常用于启动或关断条件的判断,以及配合功能指令完成逻辑控制任务。

八、逻辑堆栈操作指令

S7-200系列PLC使用一个9层堆栈来处理所有逻辑操作,它和计算机中的堆栈结构相同。堆栈是一组能够存储和取出数据的暂存单元,其特点是"先进后出"。每一次进行入栈操作,新值放入栈顶,栈底值丢失;每一次进行出栈操作,栈顶值弹出,栈底值补进随机数。逻辑堆栈指令主要用来处理对触点进行的复杂连接。

1. 指令格式及功能

逻辑堆栈指令有:逻辑入栈LPS指令、逻辑读栈LRD指令、逻辑出栈LPP指令和装入堆栈LDS指令。指令功能如下。

LPS(logic push):逻辑入栈指令(分支电路开始指令)。在梯形图中的分支结构中,可以形象地看出,它用于生成一条新的母线,其左侧为原来的主逻辑块;右侧为若干个新的从逻辑块。从堆栈使用上来讲,LPS指令的作用是把当前运算值复制后压入堆栈,以备后用。对于右侧第一个新的从逻辑块,由于其之前的逻辑运算结果就是刚复制并入栈的运算值,因此可以直接在LPS指令之后继续编程。

LRD(logic read):逻辑读栈指令。在梯形图分支结构中,当新母线左侧为主逻辑块时,经过右侧第一个新的从逻辑块的运算,主逻辑块运算结果已经不存在(但在此之前已经被LPS指令复制到堆栈中),要进行后续的从逻辑块编程时,就需要使用LRD指令从堆栈中读取主逻辑块运算结果,所以LRD指令用于第二个以后的从逻辑块编程。从堆栈使用上来讲,LRD指令读取最近的LPS压入堆栈的内容,而不进行Push和Pop工作。

LPP(logic pop):逻辑出栈指令(分支电路结束指令)。在梯形图分支结构中,LPP用于LPS指令产生的新母线右侧的最后一个从逻辑块编程,它在读取完离它最近的LPS压入堆栈内容的同时复位该条新母线。从堆栈使用上来讲,LPP把堆栈弹出一级,堆栈内容依次上移。

LDS指令复制堆栈中的第n个值到栈顶,栈底值丢失。如LDS 5,是将堆栈中的第5个值复制到栈顶,并进行入栈操作,n的取值范围为0～8,该指令使用较少。

图5-11所示为逻辑堆栈指令的操作原理图,图5-12所示为逻辑堆栈指令的用法。

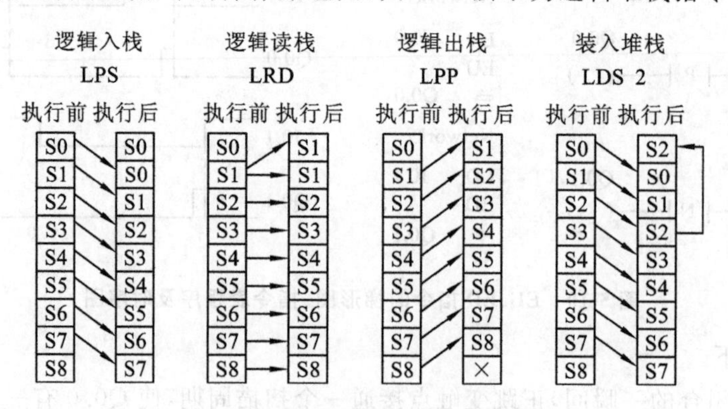

图5-11 逻辑堆栈指令操作原理图

程序说明如下。

当I0.0闭合时,则有如下操作。

(1) 将I0.0后的运算结果用LPS指令压入堆栈存储,当I0.1也闭合时,Q0.0接通。

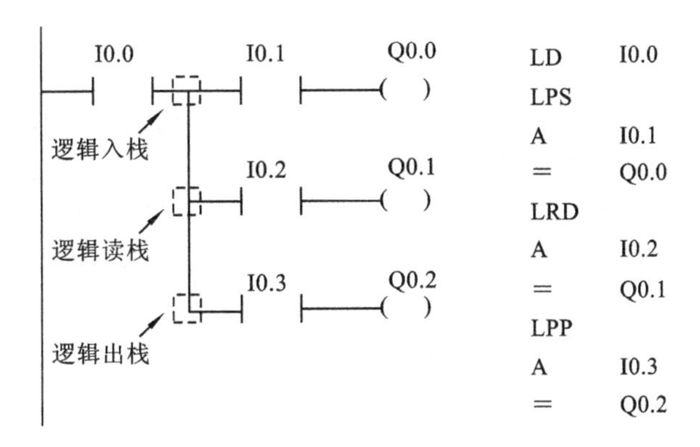

图 5-12 逻辑堆栈指令的梯形图及指令表

(2) 用 LRD 指令读出堆栈中存储的值，但没有出栈操作，当 I0.2 闭合时，Q0.1 接通。

(3) 用 LPP 指令读出堆栈中存储的值，同时执行出栈操作，将 LPS 指令压入堆栈的值弹出，当 I0.3 闭合时，Q0.2 接通。

2. 指令说明

(1) 逻辑堆栈指令是无操作数指令。

(2) 由于堆栈空间有限(9 层堆栈)，所以 LPS 指令和 LPP 指令的连续使用不得超过 9 次。

(3) LPS 指令与 LPP 指令必须成对使用，在它们之间可以多次使用 LRD 指令。

5.3 定时器指令

按时间控制是最常用的逻辑控制形式，所以定时器是 PLC 中最常用的元件之一。定时器是根据预先设定的定时值，按一定的时间单位进行计时的 PLC 内部装置，在运行过程中当定时器的输入条件满足时，当前值从 0 开始按一定的单位增加，当定时器的当前值到达设定值时，定时器发生动作，从而满足各种定时逻辑控制的需要。下面详细介绍定时器的使用方法。

一、定时器的种类

S7-200 系列 PLC 为用户提供了三种类型的定时器：接通延时定时器(TON)、有记忆接通延时定时器(TONR)和断开延时定时器(TOF)。对于每一种定时器，又根据定时器的分辨率的不同，分为 1 ms、10 ms 和 100 ms 三个精度等级。

定时器定时时间 T 的计算式为

$$T = PT \times S$$

式中：T 为实际定时时间；PT 为设定值；S 为分辨率。例如，TON 指令使用 T35(为 10 ms 的定时器)，设定值为 100，则实际定时时间为

$$T = 100 \times 10\ \text{ms} = 1000\ \text{ms}$$

定时器的设定值 PT：数据类型为 INT 型。操作数可为 VW、IW、QW、MW、SW、SMW、

LW、AIW、T、C、AC、* VD、* AC、* LD和常数,其中常数最为常用。

定时器的编号用定时器的名称和它的常数编号(最大为255)来表示,即T×××,如:T40。定时器的编号包含两方面的变量信息:定时器位和定时器当前值。定时器位即定时器触点,与其他继电器的输出相似。当定时器的当前值达到设定值PT时,定时器的触点动作。定时器当前值即定时器当前所累计的时间值,它用16位符号整数来表示,最大计数值为32767。定时器的分辨率和编号见表5-6,从表中可以看出,接通延时定时器TON与断开延时定时器TOF分配的是相同的定时器号,这表示该部分定时器号能作为这两种定时器使用,但在实际使用时要注意,同一个定时器号在一个程序中不能既为接通延时定时器TON,又为断开延时定时器TOF。

表5-6　定时器各类型所对应定时器号及分辨率

定时器类型	分辨率/ms	最大计时范围/s	定 时 器 号
TONR	1	32.767	T0,T64
	10	327.67	T1～T4,T65～T68
	100	3276.7	T5～T31,T69～T95
TON、TOF	1	32.767	T32,T96
	10	327.67	T33～T36,T97～T100
	100	3276.7	T37～T63,T101～T255

二、定时器指令的格式及工作原理

三种定时器指令的LAD和STL格式见表5-7。定时器指令的可用操作数见表5-8。

表5-7　定时器的梯形图、指令表格式

名　　称	接通延时定时器	记忆接通延时定时器	断开延时定时器
定时器类型	TON	TONR	TOF
指令表	TON Tn,PT	TONR Tn,PT	TOF Tn,PT
梯形图	Tn IN TON PT	Tn IN TONR PT	Tn IN TOF PT

表5-8　定时器的可用操作数

输入/输出	可用操作数
Tn	常数(0～255)
IN	使能能流:I、Q、M、SM、T、C、V、S、L
PT	VW,IW,QW,MW,SW,SMW,LW,AIW,T,C,AC,常数,* VD,* AC,* LD

三种定时器指令的工作原理描述如下。

1. 接通延时定时器TON(on-delay timer)

接通延时定时器用于单一时间间隔的定时。上电周期或首次扫描时,定时器位为OFF,当前值为0。输入端接通时,定时器位为OFF,当前值从0开始计时,当前值达到设定值时,定时器位为ON,当前值仍继续计数,直到32767为止。输入端断开,定时器自动复位,即定时器位为 OFF,当前值为 0。

2. 记忆接通延时定时器 TONR(retentive on-Delay timer)

记忆接通延时定时器对定时器的状态具有记忆功能,它用于对许多间隔的累计定时。首次扫描或复位后上电周期,定时器位为 OFF,当前值为 0。当输入端接通时,当前值从 0 开始计时。当输入端断开时,当前值保持不变。当输入端再次接通时,当前值从上次的保持值继续计时,当前值累计达到设定值时,定时器位 ON 并保持,只要输入端继续接通,当前值可继续计数到 32767。

需要注意的是,断开输入端或断开电源都不能改变 TONR 定时器的状态,只能用复位指令 R 对其进行复位操作。

3. 断开延时定时器 TOF(off-delay timer)

断开延时定时器用来在输入断开后延时一段时间断开输出。上电周期或首次扫描,定时器位为 OFF,当前值为 0。输入端接通时,定时器位为 ON,当前值为 0。当输入端由接通到断开时,定时器开始计时,当达到设定值时定时器位为 OFF,当前值等于设定值,停止计时。输入端再次由 OFF-ON 时,TOF 复位;如果输入端再从 ON-OFF,则 TOF 可实现再次启动。

三、指令说明

(1) 定时器精度高时(1 ms),定时范围较小(0～32.767 s);而定时范围大时(0～3276.7 s),精度又比较低(100 ms),所以应用时要恰当地使用不同精度等级的定时器,以便适用于不同的现场要求。

(2) 对于断开延时定时器(TOF),必须在输入端有一个负跳变,定时器才能启动计时。

(3) 在程序中,既可以访问定时器位,又可以访问定时器的当前值,都是通过定时器编号 Tn 实现。使用位控制指令则访问定时器位,使用数据处理功能指令则访问当前值。

四、定时器应用分析

1. 接通延时定时器 TON

接通延时定时器用于单一时间间隔的定时,其应用如图 5-13 所示。

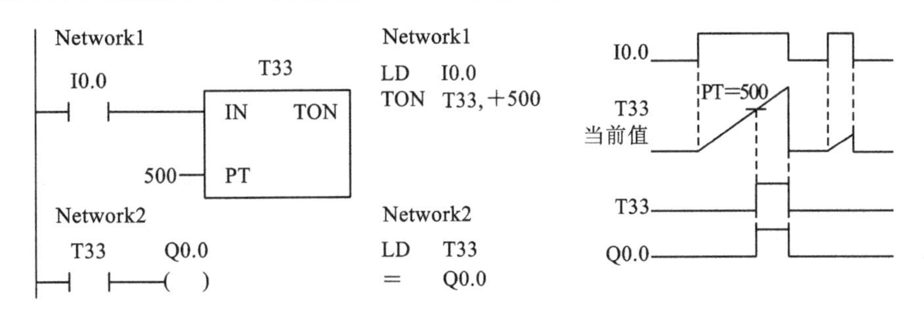

图 5-13 接通延时定时器的应用

程序说明如下。

(1) PLC 上电后的第一个扫描周期,定时器位为断开(OFF)状态,当前值为 0。输入端I0.0接通后,定时器当前值从 0 开始计时,在当前值达到预置值时定时器位闭合(ON),当前值仍会连续计数到 32767。

(2) 在输入端断开后,定时器自动复位,定时器位同时断开(OFF),当前值恢复为0。

(3) 若再次将I0.0闭合,则定时器重新开始计时,若未到定时时间I0.0已断开,则定时器复位,当前值也恢复为0。

(4) 在本例中,在I0.0闭合5 s后,定时器位T33闭合,输出线圈Q0.0接通。I0.0断开,定时器复位,Q0.0断开。I0.0再次接通时间较短,定时器没有动作。

2. 记忆接通延时定时器TONR

记忆接通延时定时器具有记忆功能,它用于累计输入信号的接通时间,其应用如图5-14所示。

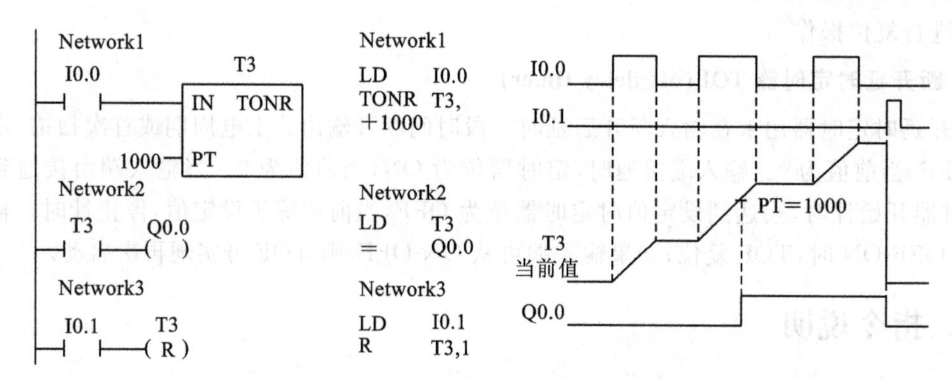

图5-14 记忆接通延时定时器的应用

程序说明如下。

(1) PLC上电后的第一个扫描周期,定时器位为断开(OFF)状态,当前值保持掉电之前的值。输入端每次接通时,当前值从上次的保持值继续计时,在当前值达到预置值时定时器位闭合(ON),当前值仍会连续计数到32767。

(2) TONR的定时器位一旦闭合,只能用复位指令R进行复位操作,同时清除当前值。

(3) 在本例中,如时序图5-14所示,当前值最初为0,每一次输入端I0.0闭合,当前值开始累计,输入端I0.0断开,当前值则保持不变。在输入端闭合时间累计到10 s时,定时器位T3闭合,输出线圈Q0.0接通。当I0.1闭合时,由复位指令复位T3的位及当前值。

3. 断开延时定时器TOF

断开延时定时器用于输入端断开后的单一时间间隔计时,其应用如图5-15所示。

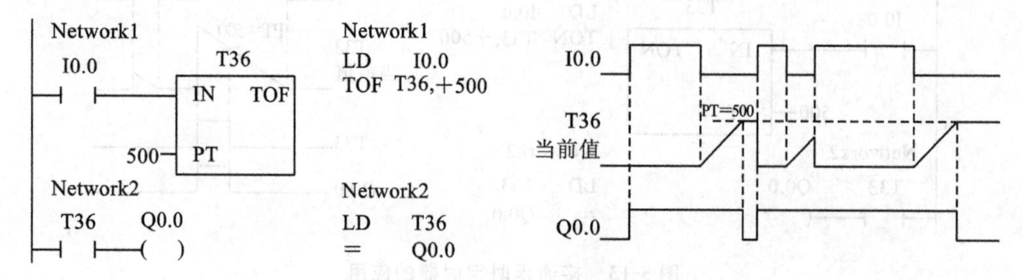

图5-15 断开延时定时器的应用

程序说明如下。

(1) PLC上电后的第一个扫描周期,定时器位为断开(OFF)状态,当前值为0。输入端闭合时,定时器位为ON,当前值保持为0。当输入端由闭合变为断开时,定时器开始计时,在当前值达到预置值时定时器位断开(OFF),同时停止计时。

(2) 定时器动作后,若输入端由断开变为闭合时,TOF 定时器位及当前值复位;若输入端再次断开,定时器可以重新启动。

(3) 在本例中,PLC 刚刚上电运行时,输入端 I0.0 没有闭合,定时器位 T36 为断开状态;I0.0 由断开变为闭合时,定时器位 T36 闭合,输出端 Q0.0 接通,定时器并不开始计时;I0.0 由闭合变为断开时,定时器当前值开始累计时间,达到 5 s 时,定时器位 T36 断开,输出端 Q0.0 同时断开。

五、定时器应用实例分析

1. 运料车自动装、卸料控制

1) 控制要求

(1) 运料车工作原理如图 5-16 所示,可在 *A*、*B* 两地分别启动。运料车启动后,自动返回 *A* 地停止,同时控制料斗门的电磁阀 Y_1 打开,开始下料。1 min 后,电磁阀 Y_1 断开,关闭料斗门,运料车自动向 *B* 地运行。到达 *B* 地后停止,小车底门由电磁阀 Y_2 控制打开,开始卸料,1 min 后,运料车底门关闭,开始返回 *A* 地,之后重复运行。

(2) 运料车在运行过程中,可用手动开关使其停车,再次启动后,可重复(1)中内容。

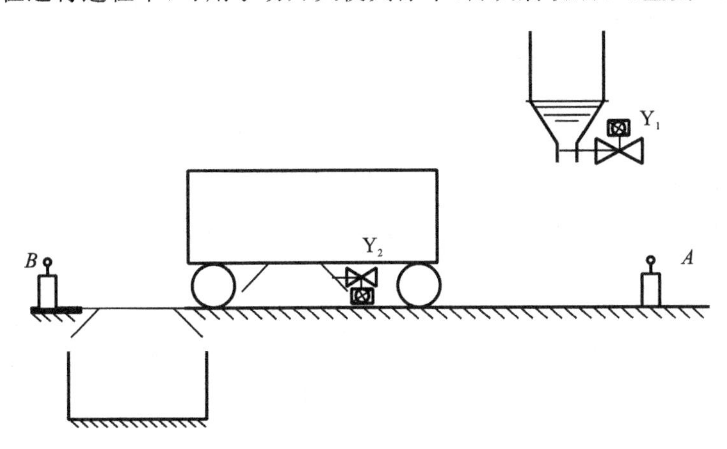

图 5-16 运料车自动装、卸料控制原理示意图

2) 具体设计

(1) 列出 I/O 地址分配表。

根据控制要求,I/O 地址分配表见表 5-9。

表 5-9 运料车自动装、卸料控制 I/O 地址分配表

输入触点	功能说明	输出线圈	功能说明
I0.0	正转启动按钮 QD_1	Q0.0	正转输出 KM_1
I0.1	反转启动按钮 QD_2	Q0.1	反转输出 KM_2
I0.2	A 点行程开关 SQ_A	Q0.2	电磁阀 Y_1
I0.3	B 点行程开关 SQ_B	Q0.3	电磁阀 Y_2
I0.4	停止按钮 TZ		

(2) PLC的选型与接线。

根据输入输出的点数选择CPU221(6入4出)输出为继电器输出形式,其PLC的外部接线如图5-17所示,主电路的电气线路如图5-18所示。

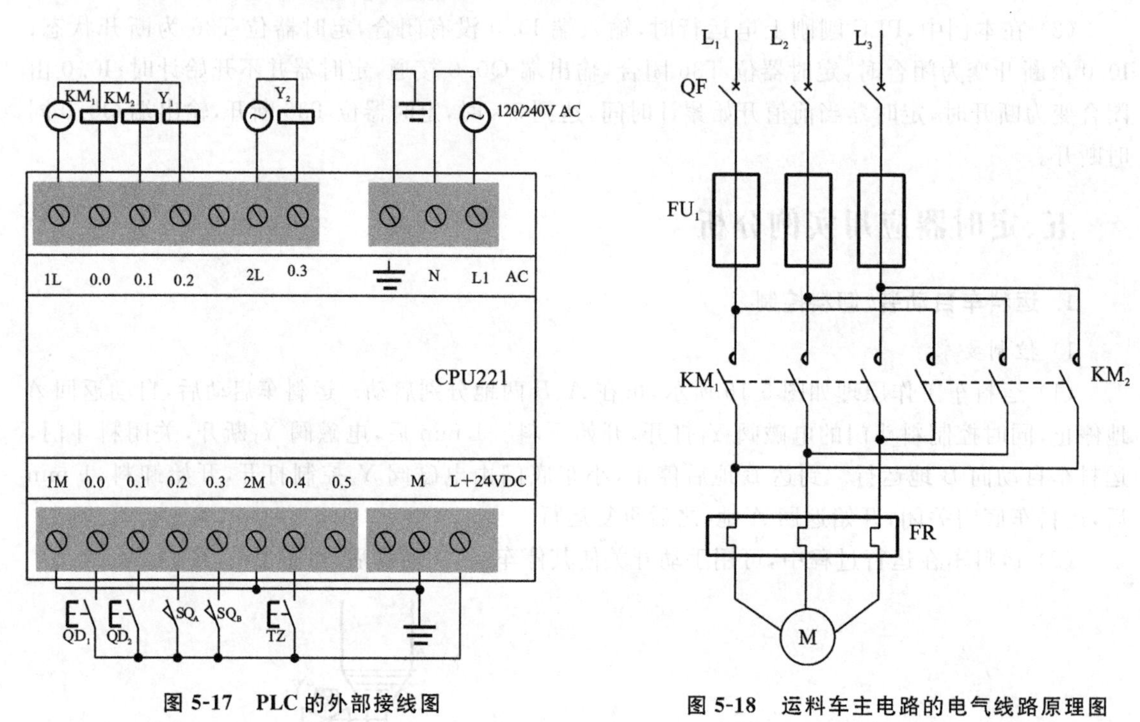

图5-17 PLC的外部接线图

图5-18 运料车主电路的电气线路原理图

(3) 编制PLC程序。

根据设计要求以及PLC的型号和外部接线图,编制的梯形图和指令表程序如图5-19所示。

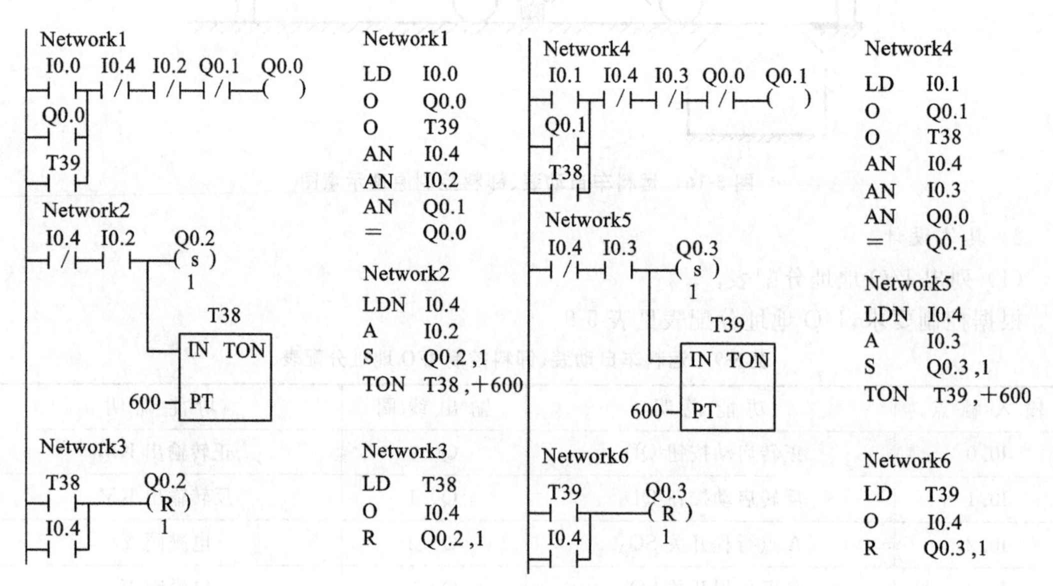

图5-19 运料车的梯形图和指令表程序

2. 三台电动机的顺序启动、反序停止控制

1）控制要求

按下启动按钮后，三台电动机按 M_1、M_2、M_3 的顺序隔 2 s 启动；按下停止按钮后，三台电动机按 M_3、M_2、M_1 的顺序隔 2 s 停止。

2）具体设计

（1）列出 I/O 地址分配表。

根据控制要求，I/O 地址分配表见表 5-10。

表 5-10 电动机控制 I/O 地址分配表

输入触点	功能说明	输出线圈	功能说明
I0.0	启动按钮	Q0.0	M_1 控制继电器 KM_1
I0.1	停止按钮	Q0.1	M_2 控制继电器 KM_2
		Q0.2	M_3 控制继电器 KM_2

（2）PLC 的选型与接线。

根据输入输出的点数选择相应的 S7-200 系列 PLC 中的一种便可，输出为继电器输出形式。

（3）编制 PLC 程序。

根据设计要求，编制的梯形图和指令表程序如图 5-20 所示。

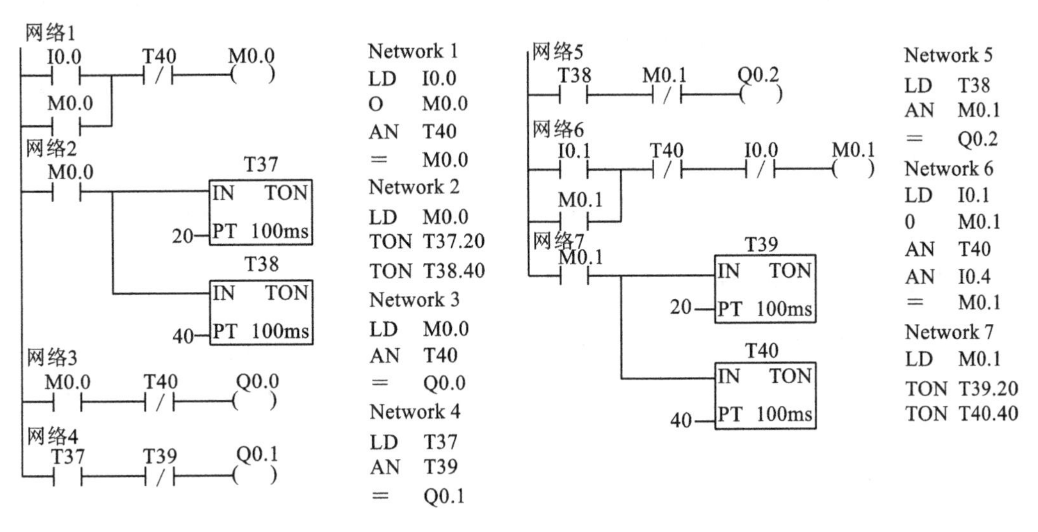

图 5-20 电动机控制的梯形图和指令表程序

5.4 计数器指令

在工业现场中，许多情况下都需要用到计数器。例如，对产品的数量进行统计，检测时对产品进行定位等，所以计数器指令同样是实现自动化运行和复杂控制过程的重要指令。

定时器对时间的计量是通过对PLC内部时钟脉冲的计数实现的。计数器的运行原理与定时器的基本相同，只是计数器是对外部或内部由程序产生的计数脉冲进行计数。在运行时，首先为计数器设置预置值PV，计数器检测输入端信号的正跳变个数，当计数器当前值与预置值相等时，计数器发生动作，完成相应控制任务。

一、计数器的种类

S7-200系列PLC的计数器分为一般用途计数器和高速计数器两大类。一般用途计数器用来累计输入脉冲的个数，其计数速度较慢，其输入脉冲频率必须要小于PLC程序扫描频率，一般最高为几百赫兹，所以在实际应用中主要用来对产品进行计数等控制任务。高速计数器主要用于对外部高速脉冲输入信号进行计数，例如，在定位控制系统中，位置编码器的位置反馈脉冲信号一般高达几千赫兹，有时甚至达几十千赫兹，远远高于PLC程序扫描频率，这时一般的计数器已经无能为力了，PLC对于这样的高速脉冲输入信号计数采用的是与程序扫描周期无关的中断方式来实现的。本节只介绍一般用途计数器，在第6章介绍高速计数器。

S7-200系列PLC提供了三种一般用途的计数器(总有256个)：增计数器(CTU)、增减计数器(CTUD)、减计数器(CTD)。

计数器编号由计数器名称和常数(0～255)组成，表示方法为Cn，如C99。三种计数器使用同样的编号，所以在使用中要注意，同一个程序中，每个计数器编号只能出现一次。计数器编号包括两个变量信息：计数器的当前值和计数器位。

计数器的当前值用于存储计数器当前所累计的脉冲数。它是一个16位的存储器，存储16位带符号的整数，最大计数值为32767。

对于CTU、CTUD来说，当计数器的当前值等于或大于预置值时，该计数器位被置为1，即所对应的计数器触点闭合；对于CTD来说，当计数器当前值减为0时，计数器位置为1。

二、计数器指令的格式及工作原理

计数器指令的梯形图、指令表格式见表5-11，计数器的设定值输入数据类型为INT型。寻址范围为：VW、IW、QW、MW、SW、SMW、LW、AIW、T、C、AC、*VD、*AC、*LD和常数。一般情况下使用常数作为计数器的设定值。

三种计数器指令的工作原理描述如下。

表5-11 计数器的梯形图、指令表格式

名　　称	增计数器	增减计数器	减计数器
计数器类型	CTU	CTUD	CTD
指令表	CTU　Cn,PV	CTUD　Cn,PV	CTD　Cn,PV
梯形图	Cn CU　CTU R PV	Cn CU　CTUD CD R PV	Cn CD　CTD LD PV

1. 增计数器 CTU(count up)

首次扫描时,计数器位为 OFF,当前值为 0。在计数脉冲输入端 CU 的每个上升沿,计数器计数 1 次,当前值增加一个单位。当前值达到设定值时,计数器位 ON,当前值可继续计数到 32767 后停止计数。复位输入端有效或对计数器执行复位指令,计数器复位,即计数器位为 OFF,当前值为 0。需要注意:在语句表中,CU、R 的编程顺序不能错误。

2. 减计数器 CTD(count down)

首次扫描时,计数器位为 OFF,当前值为预设定值 PV。对 CD 输入端的每个上升沿计数器计数 1 次,当前值减少一个单位,当前值减小到 0 时,计数器位置位为 ON,当前值停止计数保持为 0。复位输入端有效或对计数器执行复位指令,计数器复位,即计数器位 OFF,当前值复位为设定值。

3. 增、减计数器 CTUD(count up/down)

增减计数器有两个计数脉冲输入端:CU 输入端用于递增计数,CD 输入端用于递减计数。首次扫描时,定时器位为 OFF,当前值为 0。CU 输入的每个上升沿,计数器当前值增加 1 个单位;CD 输入的每个上升沿,都使计数器当前值减小 1 个单位,当前值达到设定值时,计数器位置位为 ON。

增减计数器当前值计数到 32767(最大值)后,下一个 CU 输入的上升沿将使当前值跳变为最小值(−32768);当前值达到最小值−32768 后,下一个 CD 输入的上升沿将使当前值跳变为最大值 32767。复位输入端有效或使用复位指令对计数器执行复位操作后,计数器复位,即计数器位 OFF,当前值为 0。

三、指令说明

(1) 在使用指令表编程时,一定要分清楚各输入端的作用,次序一定不能颠倒。

(2) 在程序中,既可以访问计数器位,又可以访问计数器的当前值,都是通过计数器编号 Cn 实现。使用位控制指令则访问计数器位,使用数据处理功能指令则访问当前值。

四、计数器应用分析

1. 增计数器 CTU

增计数器的当前值只能增加,在计数值达到最大值 32767 时,计数器停止计数,其应用如图 5-21 所示。

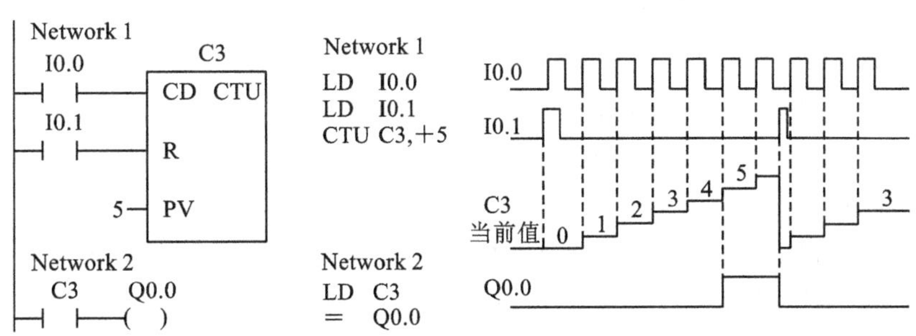

图 5-21 增计数器 CTU 的应用

程序说明如下。

(1) PLC上电后的第一个扫描周期,计数器位为断开(OFF)状态,当前值为0。计数脉冲输入端CU每检测到一个正跳变,当前值增加1。当前值等于预置值时,计数器位为闭合(ON)状态。如果CU端仍有计数脉冲输入,则当前值继续累计,直到最大值32767时,停止计数。

(2) 复位输入端R有效时(由OFF变为ON),计数器位将被复位为断开(OFF)状态,当前值则复位为0。也可直接用复位指令R对计数器进行复位操作。

(3) 在本例中,当I0.0第5次闭合时,计数器位被置位,输出线圈Q0.0接通。当I0.1闭合时,计数器位被复位,Q0.0断开。

2. 增减计数器CTUD

增减计数器有两个计数脉冲输入端,CU用于增计数,CD用于减计数。其当前值既可增加,又可减小,其应用如图5-22所示。

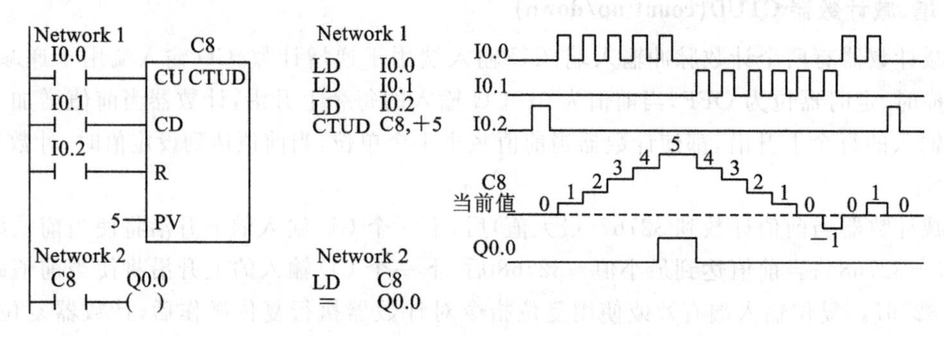

图5-22 增减计数器CTUD的应用

程序说明如下。

(1) PLC上电后的第一个扫描周期,计数器位为断开(OFF)状态,当前值为0。CU输入端每检测到一个正跳变,则计数器当前值增加1;CD输入端每检测到一个正跳变,则计数器当前值减小1。当前值大于等于预置值时,计数器位为闭合(ON)状态。当前值小于预置值时,计数器位为断开(OFF)状态。只要两个计数脉冲输入端有计数脉冲,计数器就会一直计数。在当前值增加到最大值32767后,再来一个增脉冲,当前值变为最小值−32768。同理,若当前值减小到最小值−32768后,再来一个减脉冲,当前值会变为最大值32767。

(2) 复位输入端R有效(由OFF变为ON)或使用复位指令R时,计数器位将被复位为断开(OFF)状态,当前值则复位为0。

(3) 在本例中,C8的当前值大于等于5时,C8触点闭合;当前值小于5时,C8触点断开。I0.2闭合时,复位当前值及计数器位。输出线圈Q0.0在C8触点闭合时接通。

3. 减计数器CTD

减计数器的当前值需要在计数前进行赋值,即将预置值PV赋给当前值,然后当前值递减,直到为0时,计数器位闭合。其应用如图5-23所示。

程序说明如下。

(1) PLC上电后的第一个扫描周期,计数器位为断开(OFF)状态,当前值为预置值PV。计数脉冲输入端CD每检测到一个正跳变,当前值减1。当前值减小到0时,并停止计数,计数器位变为闭合(ON)状态。

(2) LD为装载输入端,当LD端有效时,计数器位复位,同时将预置值PV重新赋给当前值。

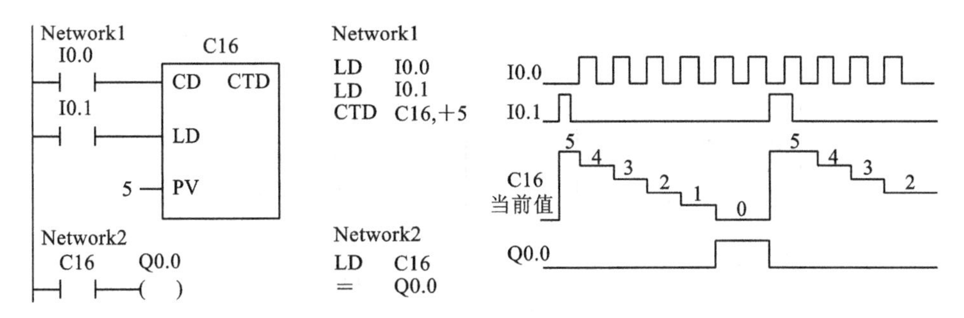

图 5-23 减计数器 CTD 的应用

(3) 在本例中，当 I0.0 第 5 次闭合时，计数器位被置位，输出线圈 Q0.0 接通。当 I0.1 闭合时，定时器被复位，输出线圈 Q0.0 断开，计数器可以重新工作。

五、计数器应用实例分析

1. 展厅人数控制系统

1) 控制要求

控制要求：现有一展厅，最多可容纳 50 人同时参观。展厅进口与出口各装一传感器，每有一人进出，传感器给出一个脉冲信号。试编程实现，当展厅内不足 50 人时，绿灯亮，表示可以进入；当展厅满 50 人时，红灯亮，表示不准进入。

2) 具体设计

(1) 列出 I/O 地址分配表。

根据控制要求，I/O 地址分配表见表 5-12。

表 5-12 展厅人数控制系统 I/O 分配表

输入触点	功能说明	输出线圈	功能说明
I0.0	系统启动按钮	Q0.0	绿灯输出
I0.1	进口传感器 S_1	Q0.1	红灯输出
I0.2	出口传感器 S_2		
I0.3	系统停止按钮		

(2) PLC 的选型与接线。

根据输入输出的点数选择相应的 S7-200 系列 PLC 中的一种便可，输出为继电器输出形式。

(3) 编制 PLC 程序。

根据设计要求，编制的梯形图和指令表程序如图 5-24 所示。

2. 由定时器和计数器构成的长延时电路

1) 控制要求

控制要求：在控制开关闭合后，开始 24 h 30 min 的长延时，延时时间到则 Q0.0 输出 30 s 脉冲。

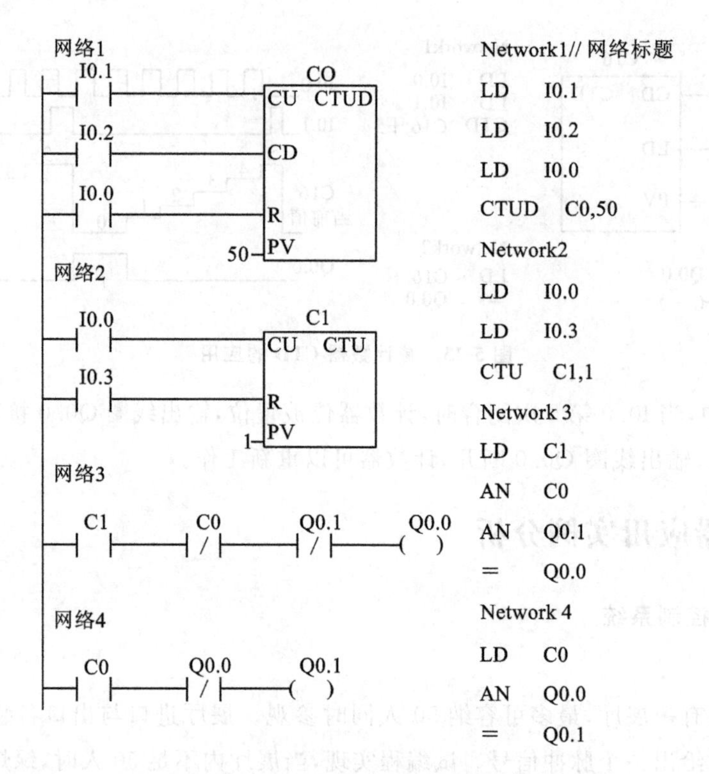

图 5-24 展厅人数控制程序

2）具体设计

(1) 列出 I/O 地址分配表。

根据控制要求，I/O 地址分配表见表 5-13。

表 5-13 长延时电路 I/O 分配表

输入触点	功能说明	输出线圈	功能说明
I0.0	长延时启动按钮	Q0.0	30 s 脉冲信号输出

(2) PLC 的选型与接线。

根据输入输出的点数选择相应的 S7-200 系列 PLC 中的一种便可，输出为继电器输出形式。

(3) 编制 PLC 程序。

根据设计要求，编制的梯形图和指令表程序如图 5-25 所示。

程序要点说明如下。

(1) 西门子 PLC 中定时器最长定时时间为 3276.7 s，不到一个小时。若要实现长达数小时或数天的延时，则需利用定时器与计数器共同完成。

(2) 在程序中，Network1 中为 1 min 定时，Network2 中为 1 h 定时，Network3 中为 24 h 定时。Network4 中使用了特殊状态触点 SM0.5（发出 1 s 脉冲）和计数器 C5 共同构成 30 min 定时器。

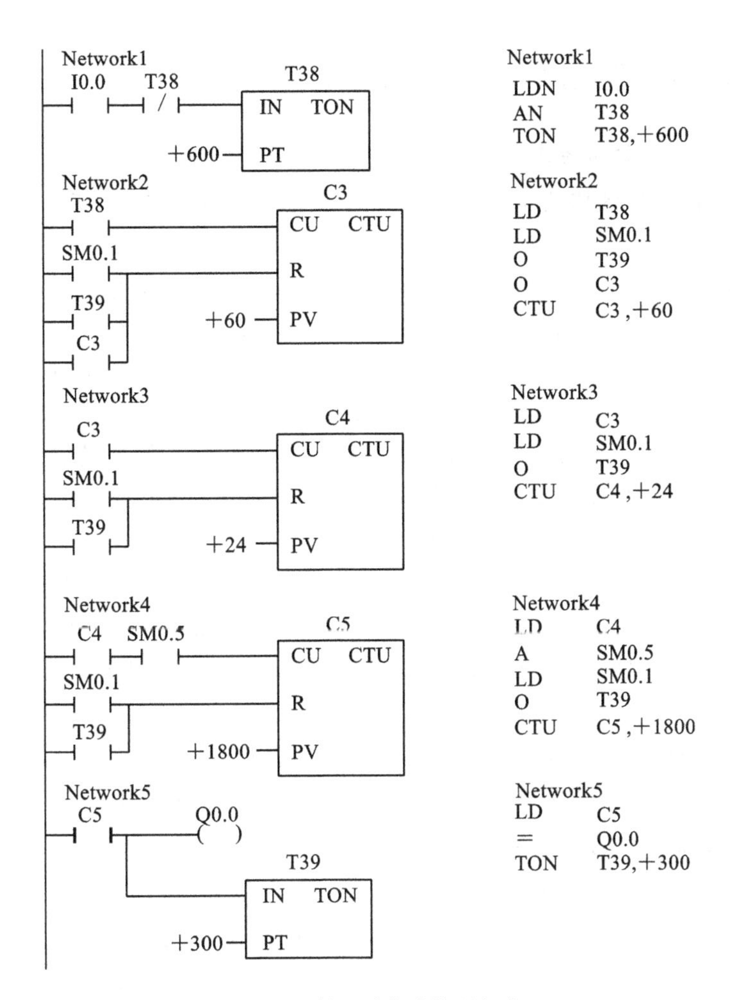

图 5-25 长延时电路控制程序

5.5 数据处理功能指令

PLC 产生初期主要用在工业控制中以逻辑控制来代替继电器控制。随着计算机技术与 PLC 技术的不断发展与融合，PLC 增加了数据处理功能，使其在工业应用中功能更强，应用范围更广，成为新型的计算机控制系统。

数据处理功能主要包括装入和传送功能、转换功能、比较功能、移位功能和运算功能等。由于数据处理指令涉及的数据量较多且复杂于逻辑控制指令，所以在学习数据处理指令前，首先以字节传送指令 MOVB 为例，介绍数据处理指令的格式及注意事项。

一、数据处理功能指令的格式及运行

1. 数据处理功能指令的格式

数据处理指令的梯形图格式主要以指令盒的形式表示，如图 5-26 所示。指令盒顶部为该指令的标题，如图 5-26 中所示 MOV_B。标题一般由两部分组成，前部分为指令的助记符，多为英文单词的缩写，本例中 MOV 表示数据内容的传送，B 为参与运算的数据类型，B 表示字节，常见的数据类型还有 W(字)、DW(双字)、R(实数)、I(整数)、DI(双整数)等。

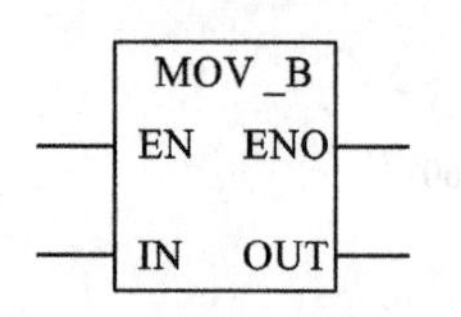

图 5-26 数据处理指令的梯形图格式

数据处理指令的指令表格式也分为两部分，如字节传送指令的指令表格式为：MOVB IN，OUT。前一部分是表示指令功能的助记符，部分指令的助记符与指令盒中的标题相同，也有的不同，需要区分。后一部分为操作数，可以是数据地址或常数。

指令盒及语句表中用“IN”和“OUT”表示的就是操作数。“IN”表示源操作数，指令以其为数据来源，指令执行不改变源操作数的内容。“OUT”为目的操作数，指令执行后将把目的操作数作为运算结果的存储目的地。有些指令中还有辅助操作数，常用于对源操作数和目的操作数做补充说明。

操作数的类型和长度需要和指令相匹配，比如字节指令不能使用 W(字)、DW(双字)型的操作数。而且要特别注意不能使各指令的操作数单元互相重叠，否则会发生数据错误。

2. 数据处理功能指令的执行条件和运行情况

指令盒中“EN”表示的输入为指令执行条件，只要有“能流”进入 EN 端，则指令执行。在梯形图中，EN 端常连接各类触点的组合，只要这些触点的动作使“能流”到达 EN 端，指令就会执行。需要注意的是：只要指令执行条件存在，该指令会在每个扫描周期执行一次，称为连续执行。但大多数情况下，只需要指令执行一次，即执行条件只在一个扫描周期内有效，这时需要用一个扫描周期的脉冲作为其执行条件，称为脉冲执行。一个扫描周期的脉冲可以使用正负跳变指令或定时器指令实现。

某些指令的指令盒右侧设有“ENO”使能输出，若 EN 端有“能流”且指令被正常执行，则 ENO 端会将“能流”输出，传送到下一个程序单元。如果指令运行出错，ENO 端状态为 0。

为方便用户更好地了解 PLC 内部的运行情况，为控制和故障诊断提供方便，PLC 中设置了很多特殊标志位，如溢出位等。具体内容可参考 S7-200 系统手册中的特殊标志位存储器(SM)功能，本节不再详述。

二、数据处理指令

传送指令可将单个数据或多个连续数据从源区传送到目的区，主要用于 PLC 内部数据的流转。传送指令根据数据类型的不同又可分为字节、字、双字及实数传送指令。

1. 数据传送指令

数据传送指令有字节、字、双字和实数的单个数据传送指令，还有以字节、字、双字为单位的数据块传送指令，用以实现各存储器单元之间的数据传送与复制。

单个数据传送指令一次完成一个字节、字或双字的传送。单个数据传送指令的梯形图和指令表格式见表 5-14，操作数见表 5-15。其功能是当 MOVX 的 EN 端口执行条件存在时，把 IN 所指的数据传送到 OUT 所指的存储单元。X 可以为字节、字、双子、实数。

表 5-14 MOVB、MOVW、MOVD 和 MOVR 指令的基本格式

名 称	字节传送	字传送	双字传送	实数传送
指令	MOVB	MOVW	MOVD	MOVR
指令表格式	MOVB IN,OUT	MOVW IN,OUT	MOVD IN,OUT	MOVR IN,OUT
梯形图格式	MOV_B EN ENO IN OUT	MOV_W EN ENO IN OUT	MOV_DW EN ENO IN OUT	MOV_R EN ENO IN OUT

以双字传输指令为例，数据传送指令的实例应用如图 5-27 所示。该程序的执行过程如下。

当 I0.0 闭合时，将 VD100(包括 4 个字节：VB100～VB103)中的数据，传送到 AC1 中。

在 I0.0 闭合期间，MOVD 指令每个扫描周期运行一次。若希望其只在 I0.0 闭合时运行一个扫描周期，需要在 I0.0 后串联一个正跳变指令。

表 5-15 MOVB、MOVW、MOVD 和 MOVR 指令可用操作数

指令	IN OUT	操作数	数据类型
MOVB	IN	VB,IB,QB,MB,SB,SMB,LB,AC,常数,＊VD,＊AC,＊LD	BYTE
	OUT	VB,IB,QB,MB,SB,SMB,LB,AC,＊VD,＊AC,＊LD	BYTE
MOVW	IN	VW,IW,QW,MW,SW,SMW,LW,T,C,AIW,常数,AC,＊VD,＊AC,＊LD	WORD INT
	OUT	VW,IW,QW,MW,SW,SMW,LW,AQW,AC,＊VD,＊AC,＊LD	WORD INT
MOVD	IN	VD,ID,QD,MD,SD,SMD,LD,HC,&VB,&IB,&QB,&MB,&SB,&T,&C,AC,常数,＊VD,＊AC,＊LD	DWORD DINT
	OUT	VD,ID,QD,MD,SD,SMD,LD,AC,＊VD,＊AC,＊LD	DWORD DINT
MOVR	IN	VD,ID,QD,MD,SD,SMD,LD,AC,常数,＊VD,＊AC,＊LD	REAL
	OUT	VD,ID,QD,MD,SD,SMD,LD,AC,＊VD,＊AC,＊LD	REAL

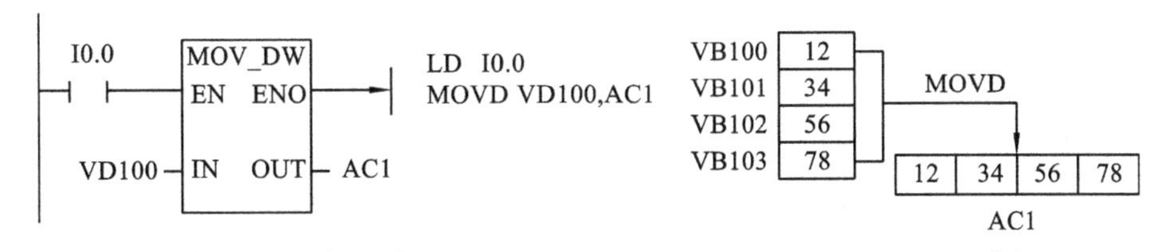

图 5-27 数据传送指令用法举例

2. 数据块传送 BMB、BMW 和 BMD 指令

数据块传送指令一次完成 N 个数据的成组传送,数据块传送指令是一个效率较高的指令,使用一条数据块传送指令可以取代多条数据传送指令,使用起来较为方便。该指令的梯形图和指令表格式见表 5-16。

表 5-16 BMB、BMW 和 BMD 指令的基本格式

名　称	字节块传送	字块传送	双字块传送
指令	BMB	BMW	BMD
指令表格式	BMB IN,OUT,N	BMW IN,OUT,N	BMD IN,OUT,N
梯形图格式	BLKMOV_B EN ENO IN OUT N	BLKMOV_W EN ENO IN OUT N	BLKMOV_D EN ENO IN OUT N

数据块传送指令 BMB 的功能是当 EN 端口执行条件存在时,把从 IN 指定的字节开始的 N 个字节数据传送到以 OUT 指定的字节为起始的 N 个字节存储单元。

图 5-28 所示是以字传输指令为例说明块传送指令的用法。该程序的执行过程如下。

由于有正跳变指令作用,在 I0.0 闭合的第一个扫描周期,BMW 指令执行,将 VW100～VW104 的五个字传送到 MW10～MW14 存储单元中。

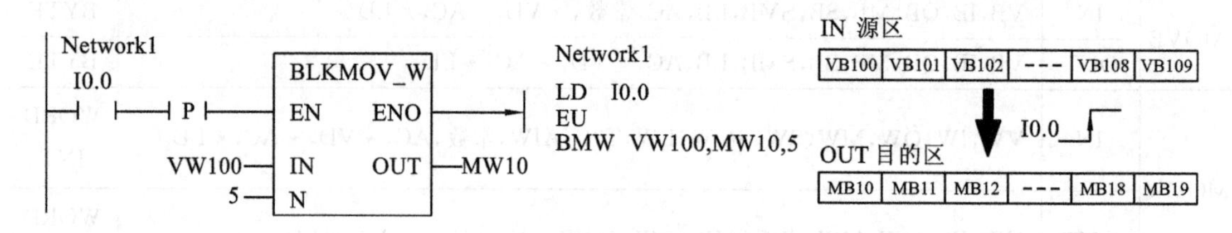

图 5-28 块传送指令应用实例

3. 字节交换指令

字节交换指令用来实现字中高低字节内容的交换,该指令的格式见表 5-17。字节交换指令的功能是当 EN 端口执行条件存在时,将输入字 IN 中的高低字节内容交换,结果仍然放回 IN 中。

表 5-17 字节交换指令格式

LAD	参数	数据类型	说明	存　储　区
SWAP EN ENO IN	EN	BOOL	允许输入	V,I,Q,M,S,SM,L
	ENO	BOOL	允许输出	
	IN	WORD	源数据	V,I,Q,M,S,SM,T,C,L,AC,＊VD,＊AC,＊LD

图 5-29 所示为字节交换指令的应用实例,该程序的执行过程如下。

在 I0.0 闭合的第一个扫描周期,首先执行 MOVW 指令,将 16 进制数 12EF 传送到 AC0

中，接着执行字节交换指令 SWAP，将 AC0 中的值变为 16 进制数 EF12。

需要注意的是：SWAP 指令使用时，若不使用正跳变指令，则在 I0.0 闭合的每一个扫描周期执行一次高低字节交换，不能保证结果正确。

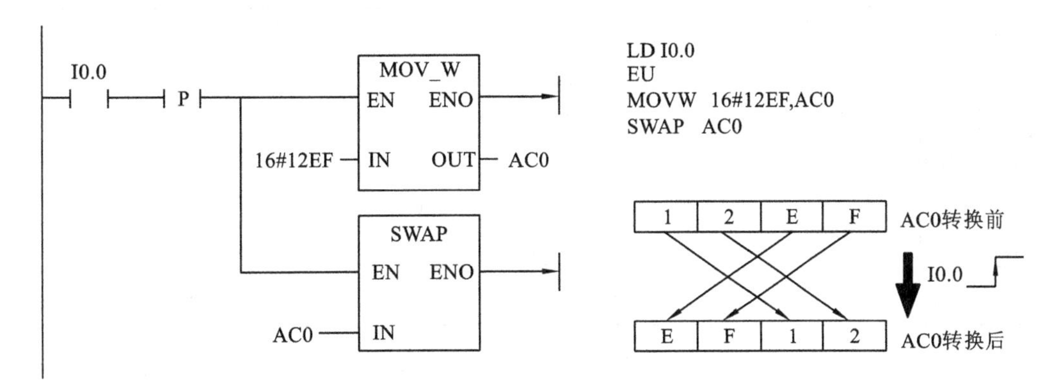

图 5-29 字节交换指令应用实例

三、移位和循环指令

1. 数据逐位移动指令

数据逐位移动指令能将存储器的内容逐位向左或向右移动，移动的位数由 N 端数值决定。数据逐位移动指令有字节右移位（SRB）、字节左移位（SLB）、字右移位（SRW）、字左移位（SLW）、双字右移位（SRD）和双字左移位（SLD）指令六种。在此以字左移指令（SLW）为例介绍数据逐位移动指令的用法。表 5-18 为字左移指令（SLW）的格式及参数。

表 5-18 字左移(SLW)指令和参数

LAD	参数	数据类型	说明	存 储 区
SHL_W EN ENO IN OUT N	EN	BOOL	允许输入	I、Q、M、D、L
	ENO	BOOL	允许输出	
	N	BYTE	移动的位数	V、I、Q、M、S、SM、L、AC、常数、* VD、* LD、* AC
	IN	WORD	移动对象	V、I、Q、M、S、SM、L、T、C、AC、* VD、* LD、* AC、AI、常数（OUT 中无常数）
	OUT	WORD	移动操作结果	

字左移指令（SLW）当其 EN 端口为高电平“1”时，执行移位指令，将 IN 端指定的内容左移 N 位后将结果写入 OUT 端指定的目的地址中，其空出的位添 0。如果移位数目（N）大于或等于 16，则数值最多被移位 16 次，最后一次移出的位保存在 SM1.1 中。

2. 数据循环移动指令

数据循环移动指令能将存储器的内容循环向左或向右移动，移动的位数由 N 端数值决定，数据循环移动指令有字节循环右移（RRB）、字节循环左移（RLB）、字循环右移（RRW）、字循环左移（RLW）、双字循环右移（RRD）和双字循环左移（RLD）六条指令。在此以字循环右移（RRW）为例介绍数据循环移动指令的用法。表 5-19 为字循环右移（RRW）指令的格式及参数。

循环移位指令将循环数据存储单元的移出端与另一端相连，所以最后被移出的位被移动到了另一端。同时移出端又与溢出位 SM1.1 相连,所以移出位也进入了 SM1.1,溢出位 SM1.1 中始终存放最后一次被移出的位值。

表 5-19　字循环右移(RRW)指令及参数

LAD	参数	数据类型	说明	存　储　区
ROR_W EN　ENO IN　OUT N	EN	BOOL	允许输入	I,Q,M,D,L
	ENO	BOOL	允许输出	
	N	BYTE	移动的位数	V,I,Q,M,S,SM,L,AC,常数,*VD,*LD,*AC
	IN	WORD	移动对象	V,I,Q,M,S,SM,L,T,C,AC,*VD,*LD,*AC,AI,常数(OUT 中无常数)
	OUT	WORD	移动操作结果	

字循环右移(RRW)指令当其 EN 端口为高电平“1”时,执行循环右移指令,将 IN 端指定的内容向右循环移动 N 位后将结果写入 OUT 端指定的目的地址中。如果设置移位次数 N 大于或等于 16,在循环移位前先对 N 取以 16 为底的模,其结果 0~15 为实际移动位数,取模后结果为 0 则不执行循环移位;结果不为 0,则溢出位 SM1.1 中为最后一个移出的位值。

图 5-30 所示为移位和循环指令的应用实例,其执行结果如图 5-31 所示。

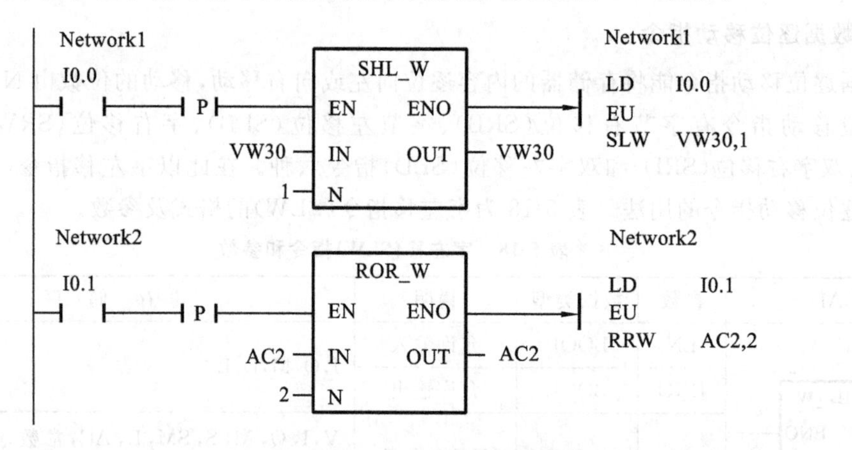

图 5-30　移位和循环指令应用实例

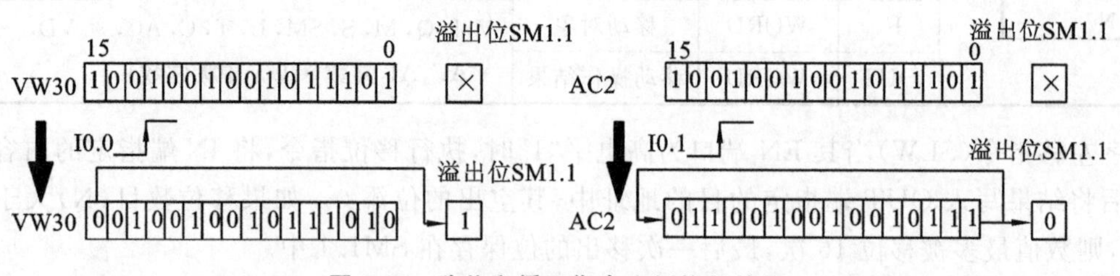

图 5-31　移位和循环指令实例执行结果

四、转换指令

转换指令是将一种数据格式转换为另外一种格式进行存储,这样便于在不同类型的数据之间进行处理或运算。

PLC 中的数据类型有字节、整数、双整数和实数,不同的指令对数据类型的要求不同,所以在使用时需要进行数据类型转换。类型转换包括字节与整数之间的转换、整数与双整数之间的转换、双整数与实数之间的转换等。

1. 字节与整数之间的转换

字节与整数之间的转换指令包括字节值转换成整数值的 BTI 指令和整数值转换成字节值的 ITB 指令两种。该指令的格式及参数见表 5-20。

表 5-20　B_I、I_B 指令格式及参数

指令名称		字节到整数转换	整数到字节转换
指令表格式		BTI IN,OUT	ITB IN,OUT
梯形图格式		B_I EN ENO IN OUT	I_B EN ENO IN OUT
操作数	IN	VB,IB,QB,MB,SB,SMB,LB,AC,常数,*VD,*AC,*LD	VW,IW,QW,MW,SW,SMW,LW,T,C,AC,AIW,*VD,常数,*AC,*LD
	OUT	VW,IW,QW,MW,SW,SMW,LW,T,C,AC,*VD,*AC,*LD	VB,IB,QB,MB,SB,SMB,LB,AC,*VD,*AC,*LD

两种指令的功能如下。

B_I 指令当 EN 端口执行条件存在时，将 IN 端口指定的字节值转换为整数类型，输出到 OUT 端口指定的字存储单元。由于字节类型值没有符号，所以转换时不需要符号扩展。

I_B 指令当 EN 端口执行条件存在时，将 IN 端口指定的整数数据转换为字节类型，输出到 OUT 端口指定的字节存储单元。输入数据范围需在 0～255 之间，否则会产生溢出错误。

2. 整数与双整数之间的转换

整数与双整数之间的转换指令包括整数值转换成双整数值的 ITD 指令和双整数值转换成整数值的 DTI 指令两种。该指令的格式及参数见表 5-21。

两种指令的功能如下。

DI_I 指令当 EN 端口执行条件存在时，将 IN 端口指定的双整数类型数据转换为整数类型，输出到 OUT 端口指定的字存储单元。双整数数据超出整数数据范围则产生溢出错误。

I_DI 指令当 EN 端口执行条件存在时，将 IN 端口指定的整数类型数据转换为双整数类型，输出到 OUT 端口指定的双字存储单元。需要进行符号位扩展。

表 5-21　DI_I、I_DI 指令格式及参数

名　称	双整数到整数转换	整数到双整数转换
指令表格式	DTI IN,OUT	ITD IN,OUT
梯形图格式	DI_I EN ENO IN OUT	I_DI EN ENO IN OUT

续表

名　　称		双整数到整数转换	整数到双整数转换
操作数	IN	VD, ID, QD, MD, SD, SMD, LD, AC, HC,常数, * VD, * AC, * LD	VW,IW,QW,MW,SW,SMW,LW,T,C,AC,AIW,常数, * VD, * AC, * LD
	OUT	VW,IW,QW,MW,SW,SMW,LW,T,C,AC, * VD, * AC, * LD	VD, ID, QD, MD, SD, SMD, LD, AC, * VD, * AC, * LD

3. 双整数与实数之间的转换

双整数与实数之间的转换指令包括双整数到实数的转换指令 DTR、实数到双整数的转换指令 ROUND 和 TRUNC。该指令的格式及参数见表 5-22。

表 5-22　DI_R、ROUND 和 TRUNC 指令格式及参数

名　　称		双整数到实数转换	实数到双整数转换	实数到双整数转换
指令		DI_R	ROUND	TRUNC
指令表格式		DTR IN,OUT	ROUND IN,OUT	TRUNC IN,OUT
梯形图格式		DI_R EN ENO IN OUT	ROUND EN ENO IN OUT	TRUNC EN ENO IN OUT
操作数	IN	VD, ID, QD, MD, SD, SMD, LD, AC, HC, 常数, * VD, * AC, * LD	VD, ID, QD, MD, SD, SMD, LD, AC, HC, 常数, * VD, * AC, * LD	
	OUT	VD, ID, QD, MD, SD, SMD, LD, AC, * VD, * AC, * LD	VD,ID,QD,MD,SD,SMD,LD,AC, * VD, * AC, * LD	

该指令的功能如下。

DI_R 指令当 EN 端口执行条件存在时,将 IN 端口指定的双整数类型数据转换为实数,输出到 OUT 端口指定的双字存储单元。值得注意的是:没有直接由整数转换为实数的指令,只能通过整数转换为双整数,再转换为实数。

ROUND 指令 EN 端口执行条件存在时,将 IN 端口指定的实数转换为双整数类型,小数部分 4 舍 5 入,结果输出到 OUT 端口指定的双字存储单元。

TRUNC 指令当 EN 端口执行条件存在时,将 IN 端口指定的实数转换为双整数类型,小数部分舍去,结果输出到 OUT 端口指定的双字存储单元。

五、比较指令

比较指令是将两个操作数按指定条件进行比较,条件成立时,触点就闭合。所以比较指令实际上也是一种位指令。在实际应用中,比较指令为上下限控制以及数值条件判断提供了方便。

比较指令的类型有字节比较、整数(字)比较、双字整数比较、实数比较和字符串比较五种类型。数值比较指令的运算符有：＝、＞＝、＜、＜＝、＞和＜＞等六种，而字符串比较指令的运算符只有：＝和＜＞等两种。对比较指令可进行 LD、A 和 O 编程。比较指令的 LAD 和 STL 形式见表 5-23 所示。

表 5-23　比较指令的梯形图和指令表形式及参数

<table>
<tr><th>比较方式</th><th>字节比较</th><th>整数比较</th><th>双字整数比较</th><th>实数比较</th></tr>
<tr><td>指令表格式</td>
<td>LDB＝IN1,IN2
AB＝IN1,IN2
OB＝IN1,IN2
LDB＜＞IN1,IN2
AB＜＞IN1,IN2
OB＜＞IN1,IN2
LDB＜IN1,IN2
AB＜IN1,IN2
OB＜IN1,IN2
LDB＜－IN1,IN2
AB＜＝IN1,IN2
OB＜＝IN1,IN2
LDB＞IN1,IN2
AB＞IN1,IN2
OB＞IN1,IN2
LDB＞＝IN1,IN2
AB＞＝IN1,IN2
OB＞＝IN1,IN2</td>
<td>LDW＝IN1,IN2
AW＝IN1,IN2
OW＝IN1,IN2
LDW＜＞IN1,IN2
AW＜＞IN1,IN2
OW＜＞IN1,IN2
LDW＜IN1,IN2
AW＜IN1,IN2
OW＜IN1,IN2
LDW＜＝IN1,IN2
AW＜＝IN1,IN2
OW＜＝IN1,IN2
LDW＞IN1,IN2
AW＞IN1,IN2
OW＞IN1,IN2
LDW＞＝IN1,IN2
AW＞＝IN1,IN2
OW＞＝IN1,IN2</td>
<td>LDD＝IN1,IN2
AD＝IN1,IN2
OD＝IN1,IN2
LDD＜＞IN1,IN2
AD＜＞IN1,IN2
OD＜＞IN1,IN2
LDD＜IN1,IN2
AD＜IN1,IN2
OD＜IN1,IN2
LDD＜＝IN1,IN2
AD＜＝IN1,IN2
OD＜＝IN1,IN2
LDD＞IN1,IN2
AD＞IN1,IN2
OD＞IN1,IN2
LDD＞＝IN1,IN2
AD＞＝IN1,IN2
OD＞＝IN1,IN2</td>
<td>LDR＝IN1,IN2
AR＝IN1,IN2
OR＝IN1,IN2
LDR＜＞IN1,IN2
AR＜＞IN1,IN2
OR＜＞IN1,IN2
LDR＜IN1,IN2
AR＜IN1,IN2
OR＜IN1,IN2
LDR＜＝IN1,IN2
AR＜＝IN1,IN2
OR＜＝IN1,IN2
LDR＞IN1,IN2
AR＞IN1,IN2
OR＞IN1,IN2
LDR＞＝IN1,IN2
AR＞＝IN1,IN2
OR＞＝IN1,IN2</td></tr>
<tr><td>梯形图格式
（以＝＝为例）</td><td>IN1
—| ==B |—
IN2</td><td>IN1
—| ==I |—
IN2</td><td>IN1
—| ==D |—
IN2</td><td>IN1
—| ==R |—
IN2</td></tr>
<tr><td>IN1 和 IN2
寻址范围</td><td>IB,QB,MB,SMB,
VB,SB,LB,AC,
* VD, * AC, * LD,
常数</td><td>IW,QW,MW,SMW,
VW,SW,LW,AC,
* VD, * AC, * LD,
常数</td><td>ID,QD,MD,SMD,
VD,SD,LD,AC,
* VD, * AC, * LD,
常数</td><td>ID,QD,MD,SMD,
VD,SD,LD,AC,
* VD, * AC, * LD,
常数</td></tr>
</table>

字节比较用于比较两个字节型整数值 IN1 和 IN2 的大小，字节比较是无符号的。

整数比较用于比较两个一个字长的整数值 IN1 和 IN2 的大小，整数比较是有符号的，其范围是 16＃8000～16＃7FFF。

双字整数比较用于比较两个双字长整数值 IN1 和 IN2 的大小。它们的比较也是有符号的，其范围是 16＃80000000～16＃7FFFFFFF。

实数比较用于比较两个双字长实数值 IN1 和 IN2 的大小，实数比较是有符号的。负实数范围为－1.175495E－38～－3.402823E＋38，正实数范围是＋1.175495E－38～＋3.402823E＋38。

图 5-32 所示为比较指令的用法，该程序的执行过程是：当 AIW2 中的当前值大于等于 2800 时，Q0.0 为 ON；VD1 中的实数小于 56.8 且 I0.0 为 ON 时，Q0.1 为 ON；VB1 中的值大于 VB2 的值或 I0.1 为 ON 时，Q0.2 为 ON。

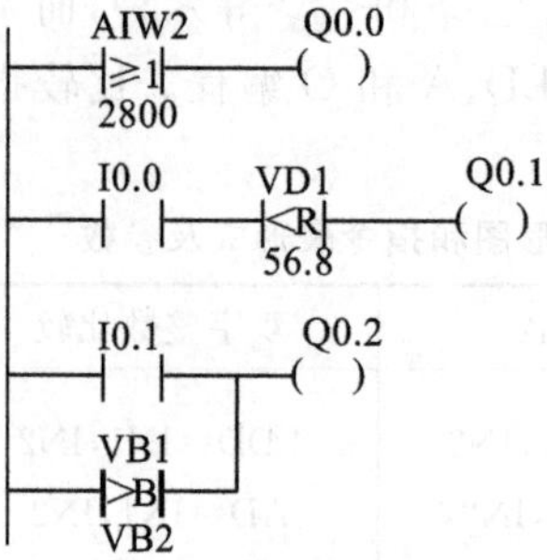

AIW2 ≥I 2800 Q0.0
I0.0 VD1 <R 56.8 Q0.1
I0.1 Q0.2
VB1 >B VB2

(a) 梯形图

```
LDW≥    AIW2,2800
=       Q0.0
LD      I0.0
AR<     VD1,56.8
=       Q0.1
LD      I0.1
OB>     VB1,VB2
=       Q0.2
```

(b) 语句表

图 5-32　比较指令用法实例

六、数据运算指令

随着控制领域中新型控制算法的出现和复杂控制对控制器计算能力的要求，新型 PLC 中普遍增加了较强的计算功能。数据运算指令分为算术运算和逻辑运算指令两大类。

1. 算术运算指令

算术运算指令包括加、减、乘、除及常用函数指令。在梯形图编程和指令表编程时对存储单元的要求是不同的，所以在使用时一定要注意存储单元的分配。梯形图编程时，IN2 和 OUT 指定的存储单元可以相同也可以不同；指令表编程时，IN2 和 OUT 要使用相同的存储单元。算术运算指令在梯形图和指令表中的具体执行过程见表 5-24。若在梯形图编程时，IN2 和 OUT 使用了不同的存储单元，在转换为指令表格式时会使用数据传递指令对程序进行处理，将 IN2 与 OUT 变为一致，表 5-25 中以整数加法指令具体说明。一般来说，梯形图对存储单元的分配更加灵活。

表 5-24　算术运算指令在梯形图和指令表中的具体执行过程

运算形式	梯形图	指令表
加	IN1+IN2=OUT	IN1+OUT=OUT
减	IN1−IN2=OUT	OUT−IN1=OUT
乘	IN1 * IN2=OUT	IN1 * OUT=OUT
除	IN1/IN2=OUT	OUT/IN1=OUT

表 5-25　算术运算指令在梯形图和指令表中的转换处理

	IN2 和 OUT 一致	IN2 和 OUT 不一致
指令表	LD　I0.0 +I　VW10,VW20	LD　I0.0 MOVW　VW10,VW30 +I　VW20,VW30
梯形图	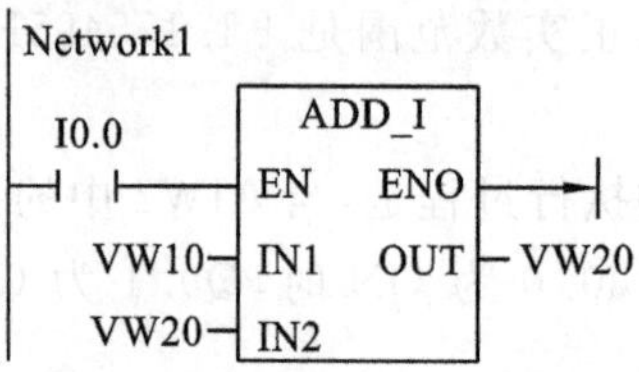 Network1 I0.0 ADD_I EN ENO VW10 IN1 OUT VW20 VW20 IN2	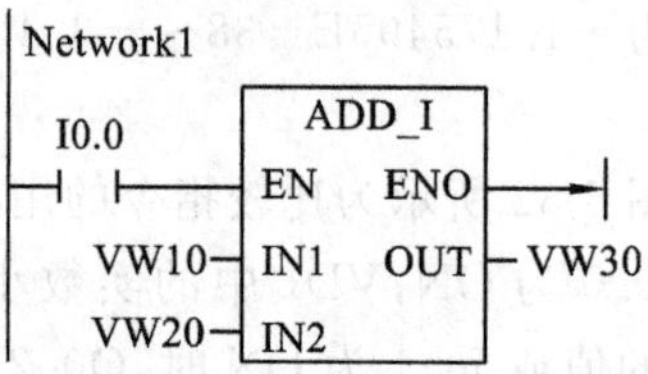 Network1 I0.0 ADD_I EN ENO VW10 IN1 OUT VW30 VW20 IN2

1）加法指令

加法指令包括整数加法指令（ADD_I）、双整数加法指令（ADD_DI）和实数加法（ADD_R）指令三种。这三种指令的格式和参数见表 5-26。

表 5-26　ADD_I、ADD_DI、ADD_R 指令的基本格式及参数

名　称		整数加法	双整数加法	实数加法
指令		ADD_I	ADD_DI	ADD_R
指令表格式		+I　IN1，OUT	+D　IN1，OUT	+R　IN1，OUT
梯形图格式		ADD_I EN　ENO IN1　OUT IN2	ADD_DI EN　ENO IN1　OUT IN2	ADD_R EN　ENO IN1　OUT IN2
操作数	IN1/IN2	VW，IW，QW，MW，SW，SMW，LW，AIW，T，C，AC，常数，* VD，* AC，* LD	VD、ID、QD、MD、SD、SMD、LD、AC、HC、常数，* VD，* AC，* LD	VD、ID、QD、MD、SD、SMD、LD、AC、HC、常数，* VD，* AC，* LD
	OUT	VW，IW，QW，MW，SW，SMW，LW，T，C，AC，* VD，* AC，* LD	VD、ID、QD、MD、SD、SMD、LD、AC，* VD，* AC，* LD	VD、ID、QD、MD、SD、SMD、LD、AC，* VD，* AC，* LD

ADD_I 整数加法指令，当 EN 端口执行条件存在时，将 IN1、IN2 端口指定的单字长符号整数相加，产生一个 16 位整数，输出到 OUT 端口指定的字存储单元。

ADD_DI 双整数加法指令，当 EN 端口执行条件存在时，将 IN1、IN2 端口指定的双字长符号整数相加，产生一个 32 位双整数，输出到 OUT 端口指定的双字存储单元。

ADD_R 实数加法指令，当 EN 端口执行条件存在时，将 IN1、IN2 端口指定的双字长实数相加，产生一个 32 位实数，输出到 OUT 端口指定的双字存储单元。

2）减法指令

减法指令包括整数减法指令（SUB_I）、双整数减法指令（SUB_DI）和实数减法（SUB_R）指令三种。这三种指令的格式和参数见表 5-27。

表 5-27　SUB_I、SUB_DI、SUB_R 指令的基本格式及参数

名　称	整数减法	双整数减法	实数减法
指令	SUB_I	SUB_DI	SUB_R
指令表格式	−I　IN1，OUT	−D　IN1，OUT	−R　IN1，OUT
梯形图格式	SUB_I EN　ENO IN1　OUT IN2	SUB_DI EN　ENO IN1　OUT IN2	SUB_R EN　ENO IN1　OUT IN2

续表

名　称		整数减法	双整数减法	实数减法
操作数	IN1/IN2	VW,IW,QW,MW,SW,SMW,LW,AIW,T,C,AC,常数,＊VD,＊AC,＊LD	VD、ID、QD、MD、SD、SMD、LD、AC、HC、常数,＊VD,＊AC,＊LD	VD、ID、QD、MD、SD、SMD、LD、AC、HC、常数,＊VD,＊AC,＊LD
	OUT	VW,IW,QW,MW,SW,SMW,LW,T,C,AC,＊VD,＊AC,＊LD	VD、ID、QD、MD、SD、SMD、LD、AC,＊VD,＊AC,＊LD	VD、ID、QD、MD、SD、SMD、LD、AC,＊VD,＊AC,＊LD

SUB_I 整数减法指令，当 EN 端口执行条件存在时，将 IN1、IN2 端口指定的单字长符号整数相减，产生一个 16 位整数，输出到 OUT 端口指定的字存储单元。

SUB_DI 双整数减法指令，当 EN 端口执行条件存在时，将 IN1、IN2 端口指定的双字长符号整数相减，产生一个 32 位双整数，输出到 OUT 端口指定的双字存储单元。

SUB_R 实数减法指令，当 EN 端口执行条件存在时，将 IN1、IN2 端口指定的双字长实数相减，产生一个 32 位实数，输出到 OUT 端口指定的双字存储单元。

3) 乘法指令

乘法指令包括整数乘法(MUL_I)、完全整数乘法(MUL)、双整数乘法(MUL_DI)和实数乘法(MUL_R)四种。这四种指令的格式和参数见表 5-28。

表 5-28　MUL_I、MUL、MUL_DI、MUL_R 指令的基本格式及参数

名　称		整数乘法	完全整数乘法	双整数乘法	实数乘法
指令		MUL_I	MUL	MUL_DI	MUL_R
指令表格式		＊I IN1,OUT	MUL IN1,OUT	＊D IN1,OUT	＊R IN1,OUT
梯形图格式		MUL_I EN ENO IN1 OUT IN2	MUL EN ENO IN1 OUT IN2	MUL_DI EN ENO IN1 OUT IN2	MUL_R EN ENO IN1 OUT IN2
操作数	IN1/IN2	VW,IW,QW,MW,SW,SMW,LW,AIW,T,C,AC,常数,＊VD,＊AC,＊LD	VW,IW,QW,MW,SW,SMW,LW,AIW,T,C,AC,常数,＊VD,＊AC,＊LD	VD、ID、QD、MD、SD、SMD、LD、AC、HC、常数,＊VD,＊AC,＊LD	VD、ID、QD、MD、SD、SMD、LD、AC、常数,＊VD,＊AC,＊LD
	OUT	VW,IW,QW,MW,SW,SMW,LW,T,C,AC,＊VD,＊AC,＊LD	VD、ID、QD、MD、SD、SMD、LD、AC,＊VD,＊AC,＊LD	VD、ID、QD、MD、SD、SMD、LD、AC,＊VD,＊AC,＊LD	VD、ID、QD、MD、SD、SMD、LD、AC,＊VD,＊AC,＊LD

MUL_I 整数乘法指令，当 EN 端口执行条件存在时，将 IN1、IN2 端口指定的单字长符号整数相乘，产生一个 16 位整数，输出到 OUT 端口指定的字存储单元。运算结果若大于 16 位二

进制表示的范围，则产生溢出。

MUL完全整数乘法指令，当EN端口执行条件存在时，将IN1、IN2端口指定的单字长符号整数相乘，产生一个32位双整数，输出到OUT端口指定的双字存储单元。若IN2与OUT使用相同的存储单元，则OUT指定的存储单元的低16位运算前用于存放被乘数。

MUL_DI双整数乘法指令，当EN端口执行条件存在时，将IN1、IN2端口指定的双字长符号整数相乘，产生一个32位双整数，输出到OUT端口指定的双字存储单元。运算结果若大于32位二进制表示的范围，则产生溢出。

MUL_R实数乘法指令，当EN端口执行条件存在时，将IN1、IN2端口指定的双字长实数相乘，产生一个32位实数，输出到OUT端口指定的双字存储单元。运算结果若大于32位二进制表示的范围，则产生溢出。

4）除法指令

除法指令包括整数除法(DIV_I)、完全整数除法(DIV)、双整数除法(DIV_DI)和实数除法(DIV_R)四种。这四种指令的格式和参数见表5-29。

表5-29　DIV_I、DIV、DIV_DI、DIV_R指令的基本格式及参数

名　称		整数除法	完全整数除法	双整数除法	实数除法
指令		DIV_I	DIV	DIV_DI	DIV_R
指令表格式		/I IN1,OUT	DIV IN1,OUT	/D IN1,OUT	/R IN1,OUT
梯形图格式		DIV_I EN ENO IN1 OUT IN2	DIV EN ENO IN1 OUT IN2	DIV_DI EN ENO IN1 OUT IN2	DIV_R EN ENO IN1 OUT IN2
操作数	IN1/IN2	VW,IW,QW,MW,SW,SMW,LW,AIW,T,C,AC,常数,*VD,*AC,*LD	VW,IW,QW,MW,SW,SMW,LW,AIW,T,C,AC,常数,*VD,*AC,*LD	VD、ID、QD、MD、SD、SMD、LD、AC,HC、常数,*VD,*AC,*LD	VD、ID、QD、MD、SD、SMD、LD、AC,常数,*VD,*AC,*LD
	OUT	VW,IW,QW,MW,SW,SMW,LW,T,C,AC,*VD,*AC,*LD	VD、ID、QD、MD、SD、SMD、LD、AC,*VD,*AC,*LD	VD、ID、QD、MD、SD、SMD、LD、AC,*VD,*AC,*LD	VD、ID、QD、MD、SD、SMD、LD、AC,*VD,*AC,*LD

DIV_I整数除法指令，当EN端口执行条件存在时，将IN1、IN2端口指定的单字长符号整数相除，产生一个16位商，输出到OUT端口指定的字存储单元，不保留余数。

DIV完全整数除法指令，当EN端口执行条件存在时，将IN1、IN2端口指定的单字长符号整数相除，产生一个32位的结果，其中低16位是商，高16位是余数，输出到OUT端口指定的双字存储单元。若IN2与OUT使用相同的存储单元，则OUT指定的存储单元的低16位运算前用于存放被除数。

DIV_DI双整数除法指令，当EN端口执行条件存在时，将IN1、IN2端口指定的双字长符号整数相除，产生一个32位商，输出到OUT端口指定的双字存储单元，不保留余数。

DIV_R 实数除法指令，当 EN 端口执行条件存在时，将 IN1、IN2 端口指定的 32 位实数相除，产生一个 32 位实数商，输出到 OUT 端口指定的双字存储单元。

除法指令的使用中被除数若为 0，则特殊标志位 SM1.3 将被置位，运算不进行，其他状态位如 SM1.0(结果为 0)、SM1.1(溢出)、SM1.2(负值)不变。需要说明的是：加、减、乘指令同样影响 SM1.0、SM1.1、SM1.2 这三个特殊标志位的状态。

5) 常用函数指令

常用函数指令包含了数学计算中常用的平方根(SQRT)、自然对数(LN)、指数(EXP)、三角函数(SIN、COS、TAN)等指令。其运算输入输出数据均为实数，其运算结果如果超过 32 位二进制数表示的范围，则产生溢出。这些指令的格式和参数见表 5-30。

表 5-30　函数指令的基本格式及参数

名称		平方根	自然对数	指数	正弦	余弦	正切
指令		SQRT	LN	EXP	SIN	COS	TAN
指令表格式		SQRT IN,OUT	LN IN,OUT	EXP IN,OUT	SIN IN,OUT	COS IN,OUT	TAN IN,OUT
梯形图格式		SQRT EN ENO IN OUT	LN EN ENO IN OUT	EXP EN ENO IN OUT	SIN EN ENO IN OUT	COS EN ENO IN OUT	TAN EN ENO IN OUT
操作数	IN(实数)	VD、ID、QD、MD、SD、SMD、LD、AC，常数，* VD，* AC，* LD					
	OUT(实数)	VD、ID、QD、MD、SD、SMD、LD、AC，* VD，* AC，* LD					

SQRT 平方根指令，当 EN 端口执行条件存在时，将 IN 端口指定的 32 位实数开平方，得到 32 位实数，结果输出到 OUT 指定的双字存储单元。

LN 自然对数指令，当 EN 端口执行条件存在时，将 IN 端口指定的 32 位实数取自然对数，得到 32 位实数，结果输出到 OUT 指定的双字存储单元。若要求以 10 为底的常用对数时，可以用实数除法指令(DIV_R)将自然对数除 2.302585(LN10≈2.302585)即可。

EXP 指数指令，当 EN 端口执行条件存在时，将 IN 端口指定的 32 位实数取以 e 为底的指数，得到 32 位实数，结果输出到 OUT 指定的双字存储单元。该指令可与自然对数指令配合，完成以任意数为底，任意数为指数的计算。例如，$2^5=32=\mathrm{EXP}(5\times \mathrm{LN2})$

SIN、COS、TAN 正弦指令、余弦指令和正切指令，当 EN 端口执行条件存在时，将 IN 端口指定的 32 位实数取正弦、余弦、正切，得到 32 位实数，结果输出到 OUT 指定的双字存储单元。IN 端口的 32 位实数应为弧度值，若输入为角度值，需要使用实数乘法指令(MUL_R)将该角度值乘以 1/180 转换为弧度值。

2. 逻辑运算指令

PLC 提供了对字节、字、双字的逻辑运算指令，逻辑运算指令是指对无符号数进行“与”、“或”、“异或”和取反的逻辑运算。逻辑运算指令在梯形图编程和指令表编程时对存储单元的要求也是不同的，其执行过程可以参考算术运算指令。本节只以字节的逻辑运算指令为例介绍。

字节的逻辑运算指令包括字节的逻辑“与”指令(WAND_B)、字节的逻辑“或”指令(WOR_B)、字节的逻辑“异或”指令(WXOR_B)和字节的取反指令(INV_B)。这些指令的格式和参数见表 5-31。

表5-31 WAND_B、WOR_B、WXOR_B、INV_B指令的基本格式及参数

名　称		字节“与”	字节“或”	字节“异或”	字节取反
指令		WAND_B	WOR_B	WXOR_B	INV_B
指令表格式		ANDB IN1,OUT	ORB IN1,OUT	XORB IN1,OUT	INVB OUT
梯形图格式		WAND_B EN ENO IN1 OUT IN2	WOR_B EN ENO IN1 OUT IN2	WXOR_B EN ENO IN1 OUT IN2	INV_B EN ENO IN OUT
操作数	IN1/IN2(字节)	VB、IB、QB、MB、SB、SMB、LB、AC,常数,* VD,* AC,* LD			
	OUT(字节)	VB、IB、QB、MB、SB、SMB、LB、AC,* VD,* AC,* LD			

WAND_B字节“与”运算,当EN端口执行条件存在时,将IN1、IN2端口指定的字节按位相“与”,输出到OUT端口指定的字节单元。

WOR_B字节“或”运算,当EN端口执行条件存在时,将IN1、IN2端口指定的字节按位相“或”,输出到OUT端口指定的字节单元。

WXOR_B字节“异或”运算,当EN端口执行条件存在时,将IN1、IN2端口指定的字节按位“异或”,输出到OUT端口指定的字节单元。

INV_B字节取反运算,当EN端口执行条件存在时,将IN端口指定的字节按位取反,输出到OUT端口指定的字节单元。

图5-33所示的程序为逻辑运算指令的应用实例,该程序实现了字与字之间的“与”、“或”、“非”逻辑运算。

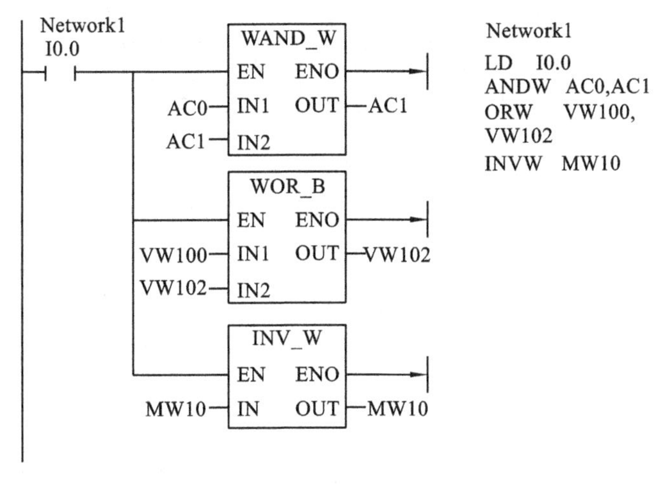

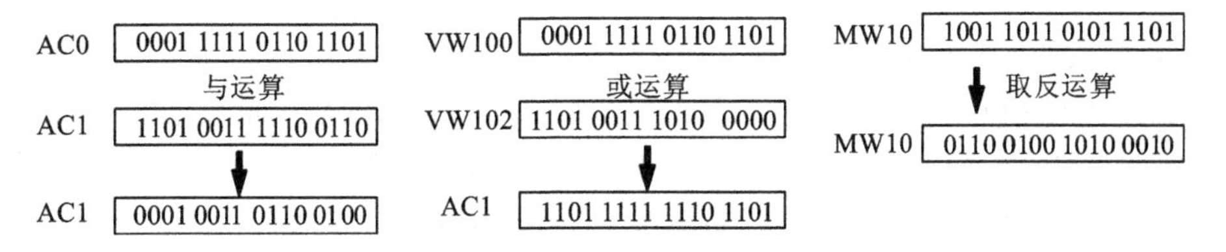

图5-33 逻辑运算指令编程举例

七、数据处理功能指令的应用

某压力检测报警系统的控制要求如下:选用的压力变送器型号是 PCS201-500,其量程是 0～0.5 MPa,对应的输出电流信号范围是 4～20 mA,该变送器检测到的压力信号输入到模拟量输入模块 EM235 的第一个模拟量输入通道,当压力超过 0.2 MPa 时,红灯亮报警;超过 0.3 MPa时,红灯闪烁(0.5 s亮,0.5 s灭)报警;当压力低于 0.1 MPa 时,黄灯亮报警。

在进行程序设计之前,需要介绍一下 S7-200 系列 PLC 对模拟量的处理。

1. S7-200 系列 PLC 的模拟量输入模块

PLC 只能接收数字信号,而模拟量信号是一种连续变化的物理量。为了实现模拟量控制,必须先对模拟量进行模/数(A/D)转换,将模拟信号转换成 PLC 所能接受的数字信号,与 S7-200系列 PLC 配套的模拟量输入模块的功能就是实现模/数(A/D)转换,常用的模拟量输入模块有 EM231、EM235 等。本节以 EM231 为例进行介绍,其硬件接线如图 5-34 所示。

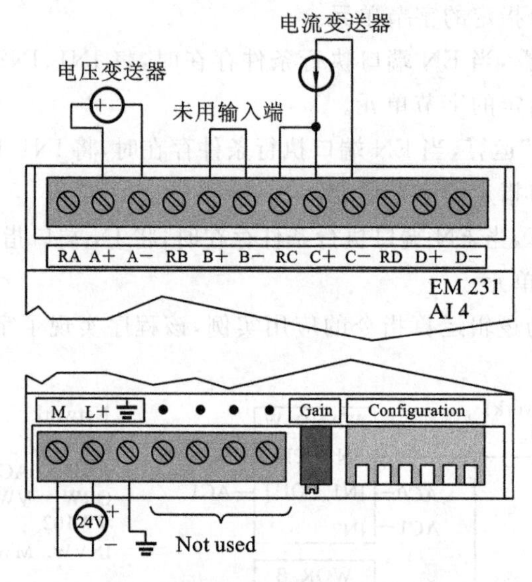

图 5-34　EM231 硬件接线图

模块上部共有 12 个端子,每 3 个点为一组,共 4 组。每组可作为一路模拟量的输入通道(电压信号或电流信号),电压信号用两个端子(A+、A−),电流信号用 3 个端子(RC、C+、C−),其中 RC 与 C+端子短接。未用的输入通道应短接(B+、B−)。该模块需要直流 24 V 供电(M、L+端)。可由 CPU 模块的传感器电源 24 VDC 供电,也可由用户提供外部电源。右端分别是校准电位器 Gain 和配置 DIP 设定开关。

模拟量输入模块(EM231)的 4 个模拟量输入通道的电压输入范围是单极性 0～10 V、0～5 V,双极性±5 V、±2.5 V;电流输入范围是 0～20 mA。每个通道占用存储器 AI 区域 2 个字节,该模拟量模块的输入值为只读数据。

模拟量输入模块(EM231)的输入信号经模数(A/D)转换后的数字量数据值是 12 位二进制数。数据值的最高有效位是符号位:0 表示正值数据,1 表示负值数据,其单极性数据格式(0～10 V、0～5 V、0～20 mA)如图 5-35 所示,这两个字节的存储单元的低 3 位均为 0;数据值 12 位(单极性数据)是存放在第 3～14 位区域,这 12 位数据的最大值应为 $2^{15}-8=32760$,单极性数据格式的全量程范围设置为 0～32000，其差值 32760－32000＝760 则用于偏置/增益，由系统完成；第 15 位为 0，表示是正值数据。

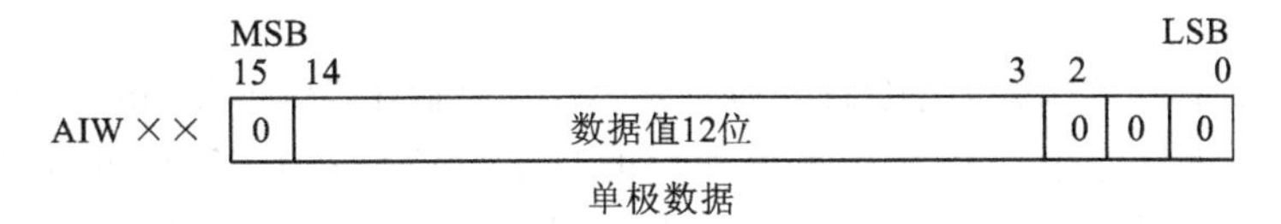

图 5-35 模拟量输入模块的单极性数据格式

EM231 的双极性数据格式（±5 V、±2.5 V）如图 5-36 所示，这两个字节存储单元的低 4 位均为 0，数据值 12 位（双极性数据）是存放在第 4～15 位区域，这 12 位数据的取值范围为－32752～32752，最高有效位是符号位，双极性数据格式的全量程范围设置为－32000～＋32000，差值 32752－32000＝752 用于偏置/增益，由系统完成。

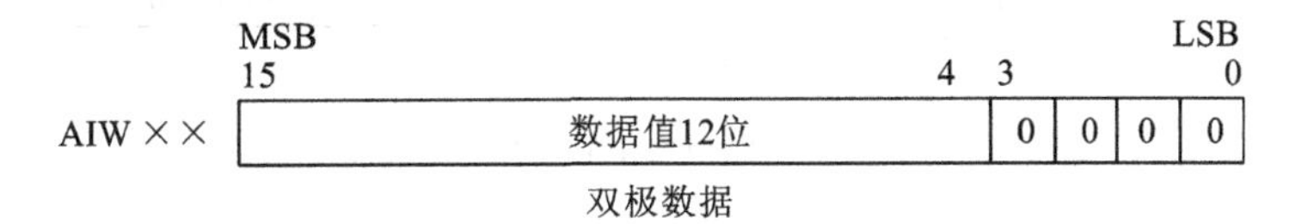

图 5-36 模拟量输入模块的双极性数据格式

模拟量输入模块的分辨率通常以 A/D 转换后的二进制数数字量的位数来表示（12/11 位）。模拟量输入模块将外部输入的模拟量（如温度、电压等）转换成一个字长（16 位）的数字量，存入模拟量输入映像寄存器 AI 区域，其 AI 编址范围：AIW0、AIW2～AIW62，起始地址定义为偶数字节地址，共有 32 个模拟量输入点。

上述由系统处理的差值主要是通过输入校准来完成，具体步骤如下。

（1）切断模块电源，选择需要的输入范围。

（2）接通 CPU 和模块电源，使模块稳定 15 min。

（3）用一个变送器、电压源或电流源，将零值信号加到一个输入端。

（4）读取该输入通道在 CPU 中的测量值。

（5）调节 OFFSET（偏置）电位计，直到读数为零，或所需要的数字数据值。

（6）将一个满刻度值信号接到输入端子中的一个，读出送到 CPU 的值。

（7）调节 GAIN（增益）电位计，直到读数为 32000 或所需要的数据值。

（8）必要时，重复偏置和增益校准过程。

2. S7-200 系列 PLC 的模拟量输出模块

模拟量输出模块用来将模拟量输出映像寄存器 AQ 区域的 1 个字长（16 位）数字值转换为模拟电流或电压输出。AQ 编址范围为 AQW0、AQW2～AQW62，起始地址采用偶数字节地址，共有 32 个模拟量输出点。

本节以 S7-200 系列 PLC 的模拟量输出模块 EM232 为例进行介绍。EM232 的外部接线图如图5-37

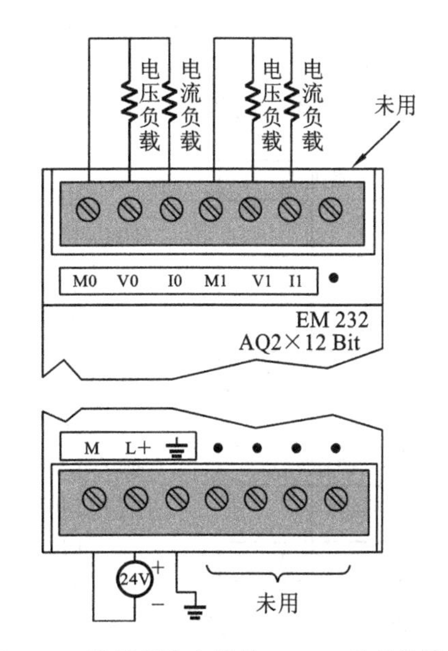

图 5-37 模拟量输出模块 EM232 外部接线图

所示，从左端起的每3个点为一组，共两组，每组可作为一路模拟量输出(电压或电流信号)：第一组V0端接电压负载、I0端接电流负载，M0为公共端；第二组的接法与第一组类同。该模块需要直流24 V供电。

该模块的输出信号范围是：电压输出为±10 V、电流输出为0～20 mA。每个输出通道占用存储器AQ区域两个字节。PLC运算处理后的数字量信号在CPU中的存放格式分电流输出型和电压输出型两种，其最高有效位是符号位：0表示是正值，1表示是负值。

对于电流输出型，其数据存储格式如图5-38所示，两个字节的存储单元的低4位均为0，数据值的11位有效数据存放在第4～14位区域。电流输出数据范围为0～32000。第15位为0，表示是正值数据。

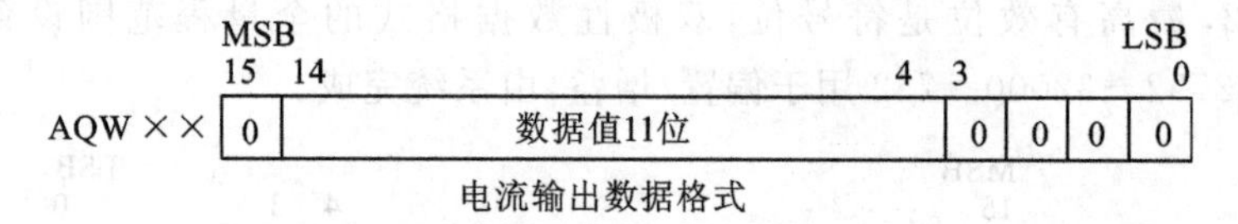

图5-38 模拟量输出模块EM232的电流数据格式

对于电压输出型，其数据存储格式如图5-39所示，两个字节的存储单元的低4位均为0，数据值的12位有效数据存放在第4～15位区域。电压输出数据范围为－32000～＋32000。

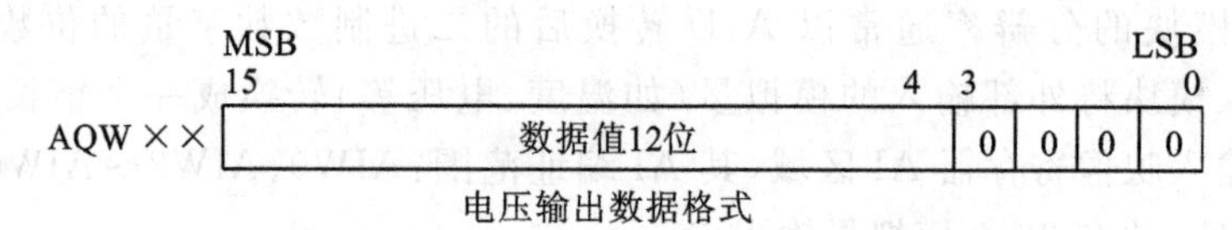

图5-39 模拟量输出模块EM232的电压数据格式

3. 实际模拟量值和A/D转换值的转换

先熟悉两个概念：工程量、标准电信号。

1) 工程量

世间所有的物质都包含了化学特性和物理特性，我们是通过对物质的表观性质来了解和表述物质的自有特性和运动特性，这些表观性质就是常说的质量、温度、速度、压力、电压、电流等用数学语言表述的物理量，在自控领域称为工程量。

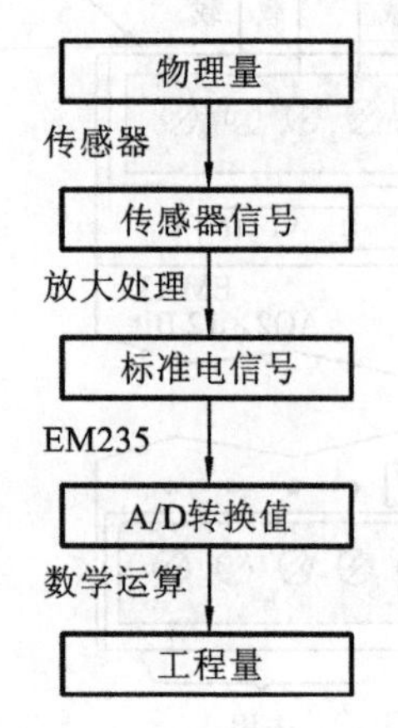

图5-40 物理量到工程量的转换过程

2) 标准电信号

由于大多数传感器得到的信号属于弱信号，因此需要对传感器的信号放大使之成为符合工业传输标准的电信号，如0～5 V、0～10 V、4～20 mA等，这些信号称为标准电信号。

自然界的物理量通过模拟量输入模块(如EM235)转变为工程量的过程如图5-40所示，传感器获取自然界的物理量得到传感器信号并将其放大处理后输出标准电信号，标准电信号输入到模拟量输入模块(如EM235)的输入端，该模块将其转换为PLC的数字量信号，该数字量信号经过相应的数学运算后得到工程量。

以上过程的数学运算的具体转换算法如下。

假定传感器为线性的，其测量范围为$A_{min}-A_{max}$，实时物理量为A；标准电信号的取值范围为$B_{min}-B_{max}$，实时电信号为B；经过模块的A/D转换后数字量D的取值范围为$D_{min}-D_{max}$，实时数值

为 D；由于为线性关系，故函数关系 $A=f(D)$，$B=f(D)$ 可分别表示为

$$A=\frac{(D-D_{min})\times(A_{max}-A_{min})}{D_{max}-D_{min}}+A_{min} \tag{5-1}$$

$$B=\frac{(D-D_{min})\times(B_{max}-B_{min})}{D_{max}-D_{min}}+B_{min} \tag{5-2}$$

上式反推后得到函数关系 $D=f(A)$，$D=f(B)$ 可分别表示为

$$D=\frac{(A-A_{min})\times(D_{max}-D_{min})}{A_{max}-A_{min}}+D_{min} \tag{5-3}$$

$$D=\frac{(B-B_{min})\times(D_{max}-D_{min})}{B_{max}-B_{min}}+D_{min} \tag{5-4}$$

4. 转换举例

温度变送器 SBWZ 的测温范围为−50～150 ℃，输出的电流信号范围为 4～20 mA，该温度变送器通过 EM231 接入 CPU226，请回答以下问题：

(1) 试画出硬件接线图并给出编址地址；

(2) 当温度变送器的输出电流分别为 4 mA 和 20 mA 时，对应的数字量值和温度值分别为多少？

(3) 当外界温度为 100 ℃时，对应的输入电流信号和数字量值分别为多少？

(4) 当 PLC 采集到的数字量值为 12800 时，对应的实际温度值和输入电流值分别为多少？

分析如下。

(1) 根据设计要求画出的硬件系统接线图如图 5-41 所示。

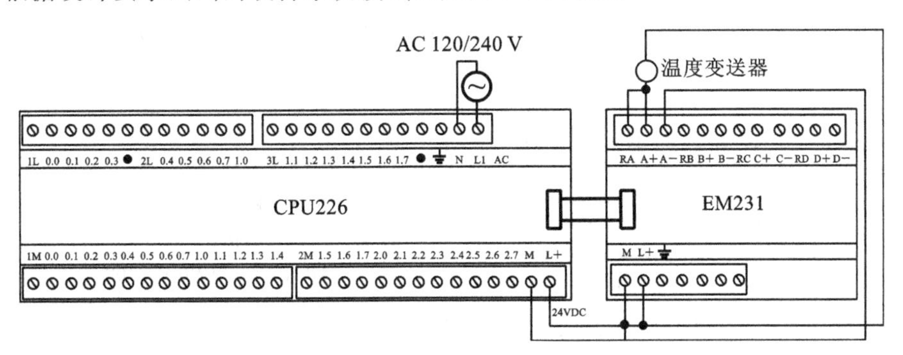

图 5-41　硬件接线图

(2) 知道 B，求 A 和 D。

由于 A 和 B 是线性关系，所以有当温度变送器输出电流分别为 4 mA 和 20 mA 时，对应的温度分别为−50 ℃和 150 ℃，由式(5-4)可以得到相应的 D 值，具体计算如下

$$D\big|_{B=4}=\frac{(4-0)\times(32000-0)}{20-0}+0=6400 \tag{5-5}$$

$$D\big|_{B=20}=\frac{(20-0)\times(32000-0)}{20-0}+0=32000 \tag{5-6}$$

有一点需要注意：B_{min} 为什么不是 4 mA，而是 0 呢？这是因为 EM231 的单极性电流输入范围为 0～20 mA，其单极性数据格式的全量程范围设置为 0～32000，所以 B_{min} 取 0。

(3) 知道 A，求 B 和 D，分作两步：$D=f(A)$，$B=f(D)$。具体计算如下

$$D\big|_{A=100}=\frac{[100-(-50)]\times(32000-6400)}{150-(-50)}+6400=25600 \tag{5-7}$$

$$B\big|_{D=25600}=\left[\frac{(25600-6400)\times(20-4)}{32000-6400}+4\right]\text{mA}=16\ \text{mA} \tag{5-8}$$

(4) 知道 D,求 A 和 B;具体计算如下

$$A\big|_{D=12800}=\left[\frac{(12800-6400)\times(150-(50))}{32000-6400}+(-50)\right]℃=0\ ℃ \tag{5-9}$$

$$B\big|_{D=12800}=\left[\frac{(12800-6400)\times(20-4)}{32000-6400}+4\right]\text{mA}=8\ \text{mA} \tag{5-10}$$

现在回到本小节开头的实例,根据控制要求具体的设计过程如下:

(1) 根据设计要求,选用合适的 CPU 模块并画出硬件系统接线图;

(2) I/O 分配见表 5-32;

表 5-32 压力检测报警系统 I/O 分配表

输入触点	功能说明	输出线圈	功能说明
I0.0	系统启动按钮	Q0.0	红灯输出
I0.1	系统停止按钮	Q0.1	黄灯输出

(3) 计算 0.1 MPa、0.2 MPa、0.3 MPa 对应的数字量各是多少;

按照公式(5-3)分别计算如下

$$D\big|_{A=0.1}=\frac{(0.1-0)\times(32000-6400)}{0.5-0}+6400=11520$$

$$D\big|_{A=0.2}=\frac{(0.2-0)\times(32000-6400)}{0.5-0}+6400=16640$$

$$D\big|_{A=0.3}=\frac{(0.3-0)\times(32000-6400)}{0.5-0}+6400=21760$$

(4) 编写程序。

编写的梯形图程序和指令表程序如图 5-42 所示。

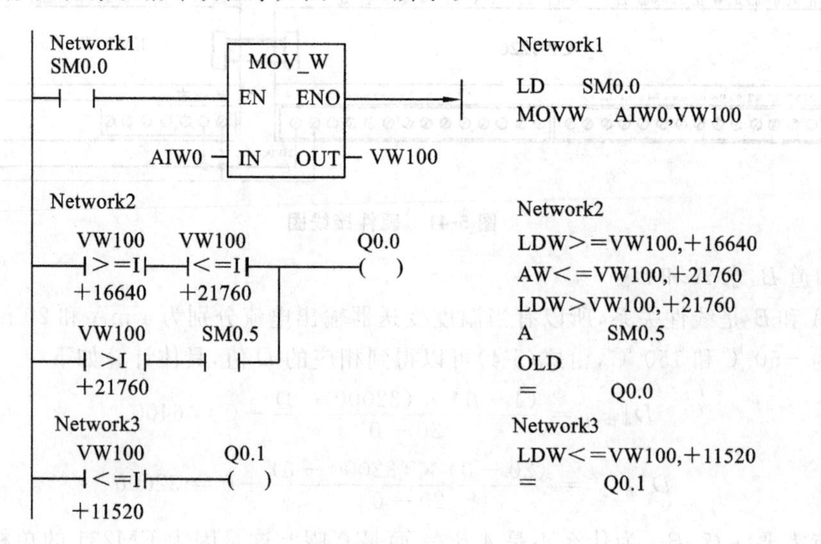

图 5-42 压力检测系统程序

5.6 程序控制指令及其应用

程序控制指令用于程序流转的控制，可以控制程序的结束、分支、循环、子程序或中断程序调用等。通过程序控制指令的合理应用，可以使程序结构灵活、层次分明，增强程序功能。这类指令主要包括：结束、停止、跳转、子程序、循环和顺序控制等指令。

一、结束及暂停指令

1. 结束指令

结束指令分为有条件结束指令(END)和无条件结束指令(MEND)两种。END指令用于在执行条件成立时终止用户程序的执行，返回程序起点。MEND指令则是立即终止用户程序的执行，返回程序起点。结束指令只能在主程序中使用，不能在子程序和中断程序中使用。STEP7-Micro/WIN编程软件会在主程序的结尾处自动生成无条件结束指令，用户不用输入无条件结束指令，否则编译会出错。结束指令的格式见表5-33。

表5-33 END、MEND指令格式

指令名称	有条件结束	无条件结束
指令表格式	END	MEND
梯形图格式	—(END)	├—(END)

2. 停止指令

STOP为停止指令，在执行条件成立时，能够使PLC的运行方式从运行状态(RUN)转为停止状态(STOP)，同时立即终止程序的执行。

STOP指令在程序中常用于处理突发紧急事件，所以其执行条件必须严格选择，既不能干扰程序的正常运行，又要在出现问题时能够起到作用，可以同时并联多个触点作为其执行条件。

STOP指令可以用在主程序、子程序和中断程序中。若在中断程序中执行了STOP指令，则中断处理立即结束，并忽略所有等待的中断，对程序剩余部分进行扫描，在本次扫描结束后，完成将PLC从运行状态(RUN)到停止状态(STOP)的切换。停止指令的格式见表5-34。

表5-34 STOP指令格式

指令名称	暂　停
指令表	STOP
梯形图	—(STOP)

二、程序跳转及循环指令

1. 程序跳转指令

跳转指令(JMP)在使能端输入信号有效时,使程序跳转到N所指定的相应标号处。该指令的梯形图和指令表格式见表5-35,其中N为0～255的常数。LBL跳转地址标号指令标记跳转的目的地位置,由N来标记与哪个JMP指令对应。图5-43所示为该指令的应用实例。

表5-35 JMP、LBL指令的基本格式

名　称	跳　转	标　号
指令	JMP	LBL
指令表格式	JMP　N	LBL　N
梯形图格式	N —(JMP)	N —[LBL]

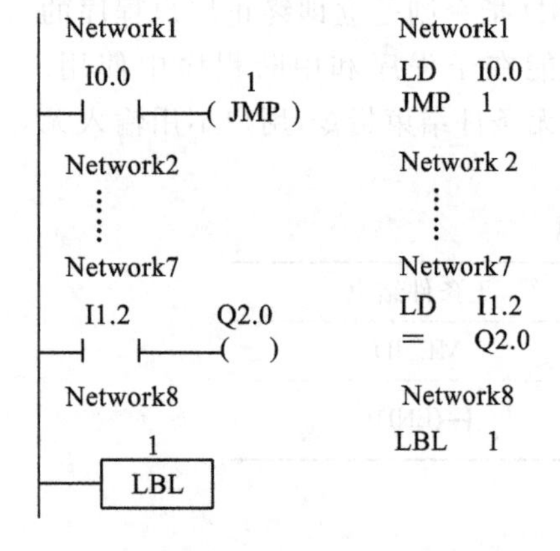

图5-43 JMP、LBL指令应用

该程序的执行过程如下:在I0.0闭合期间,程序会从Network1跳转到Network8的标号1处继续运行。在跳转发生过程中,被跳过的程序段Network2到Network7停止执行。

该指令在具体使用时应该注意以下事宜。

(1) JMP和LBL指令必须成对使用于主程序、子程序或中断程序中。主程序、子程序或中断程序之间不允许相互跳转。

(2) 多条跳转指令可对应同一标号,但不允许一个跳转指令对应多个相同标号,即在程序中不能出现两个相同的标号。

(3) 执行跳转指令时,跳过的程序段中各元件的状态如下。

① 各输出线圈保持跳转前的状态。

② 计数器停止计数,当前值保持跳转之前的计数值。

③ 1 ms、10 ms定时器保持跳转之前的工作状态,原来工作的继续工作,到设置值后可以正常动作,当前值要累计到32767才停止。100 ms定时器在跳转时停止工作,但不会复位,当前值保持不变,跳转结束后若条件允许可继续计时,但已不能准确计时了。

(4) 标号指令LBL一般放置在JMP指令之后,以减少程序执行时间。若要放置在JMP指令之前,则必须严格控制跳转指令的运行时间,否则会引起运行瓶颈,导致扫描周期过长。

2. 循环指令

循环指令的引入为解决重复执行相同功能的程序段提供了极大方便,并且优化了程序结构。循环指令有两条:循环开始指令FOR,用来标记循环体的开始,用指令盒表示。循环结束指令NEXT,用来标记循环体的结束。循环指令的格式及参数见表5-36。

表 5-36 FOR、NEXT 指令的基本格式及参数

名称		循环开始	循环返回
指令		FOR	NEXT
指令表格式		FOR INDX,INIT,FINAL	NEXT
梯形图格式		FOR EN ENO INDX INIT FINAL	(NEXT)
FOR 指令参数	INDX	VW、IW、QW、MW、SW、SMW、LW、T、C、AC、* VD、* AC、* LD	无参数
	INIT	VW、IW、QW、MW、SW、SMW、LW、T、C、AIW、AC、常数、* VD、* AC、* LD	
	FINAL	VW、IW、QW、MW、SW、SMW、LW、T、C、AIW、AC、常数、* VD、* AC、* LD	

FOR 和 NEXT 之间的程序段称为循环体。FOR 指令中 INDX(index value or current loop count)指定当前循环计数器，用于记录循环次数；INIT(starting value)指定循环次数的初值，FINAL(ending value)指定循环次数的终值。当 EN 端口执行条件存在时，开始执行循环体，当前循环计数器从 INIT 指定的初值开始，每执行 1 次循环体，当前循环计数器值增加 1。当前循环计数器值大于 FINAL 指定的终值时，循环结束。

图 5-44 所示为循环指令的应用实例，该程序的执行过程如下。

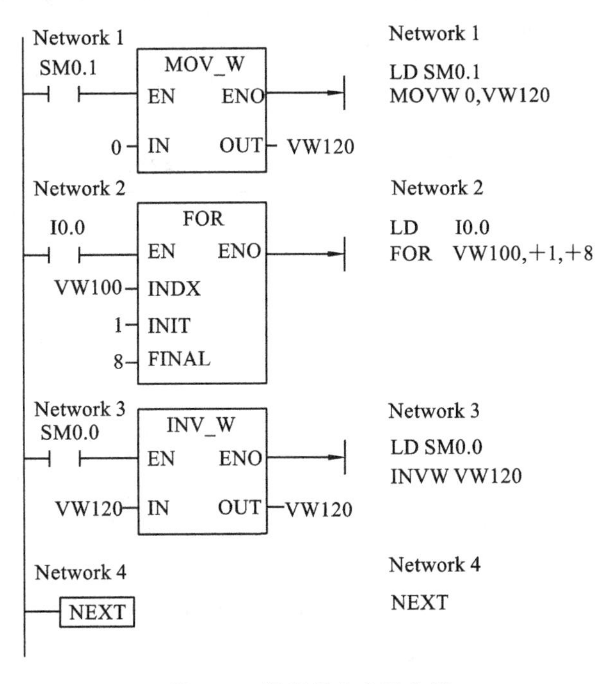

图 5-44 循环指令应用实例

当I0.0接通时，将INIT指定初值放入VW100中，开始执行循环体，VW100中的值从1增加到8，循环体执行8次，VW100中的值变为9(9>8)时，循环结束。

该指令在使用时有以下几点需要注意：

(1) FOR、NEXT指令必须成对使用；

(2) 初值大于终值时，循环指令不被执行；

(3) 每次EN端口执行条件存在时，自动复位各参数，同时将INIT指定初值放入当前循环计数器中，使循环指令可以重新执行；

(4) 循环指令可以进行嵌套编程，最多可嵌套8层，单个循环指令之间不能交叉。

三、子程序指令

子程序是结构化编程的有效工具，它可以把功能独立且需要多次使用的部分程序单独编写并供主程序调用。子程序能够使程序结构清晰、功能明确，并且简单易读。要使用子程序，首先要建立子程序，然后才能调用子程序。

1. 建立子程序

可以选择编程软件“编辑”菜单中的“插入”子菜单下的“子程序”命令来建立一个新的子程序。默认的子程序名为SBR_N，编号N的范围为0～63，从0开始按顺序递增，也可以通过重命名命令为子程序改名。每一个子程序在程序编辑区内都有一个单独的页面，选中该页面后就可以进行编辑了，其编辑方法与主程序完全一样。

2. CALL、CRET指令

CALL、CRET指令的格式见表5-37。CALL子程序调用指令，当EN端口执行条件存在时，将主程序转到子程序入口开始执行子程序。SBR_N是子程序名，标志子程序入口地址。在编辑软件中，SBR_N随着子程序名称的修改而自动改变。

CRET有条件子程序返回指令，在其逻辑条件成立时，结束子程序执行，返回主程序中的子程序调用处继续向下执行。

表5-37 CALL、CRET指令的基本格式

名　　称	子程序调用	子程序条件结束
指令表格式	CALL SBR_N	CRET
梯形图格式	SBR_N —EN	—(RET)

图5-45所示为子程序调用的应用实例，该程序的执行过程如下。

(1) 在I0.0闭合期间，调用子程序SBR_0，子程序所有指令执行完毕，返回主程序调用处，继续执行主程序。每个扫描周期子程序运行一次，直到I0.0断开。在子程序调用期间，若I0.1闭合，则线圈Q0.0接通。

(2) 在M0.0闭合期间，调用子程序DIANJI，执行过程同子程序SBR_0。在子程序DIANJI执行期间，若I0.3闭合，则线圈Q0.1接通；I0.4断开且I0.5闭合，则MOV_B指令执行；若I0.4闭合，则执行有条件子程序返回指令CRET，程序返回主程序继续执行，MOV_B指令不运行。

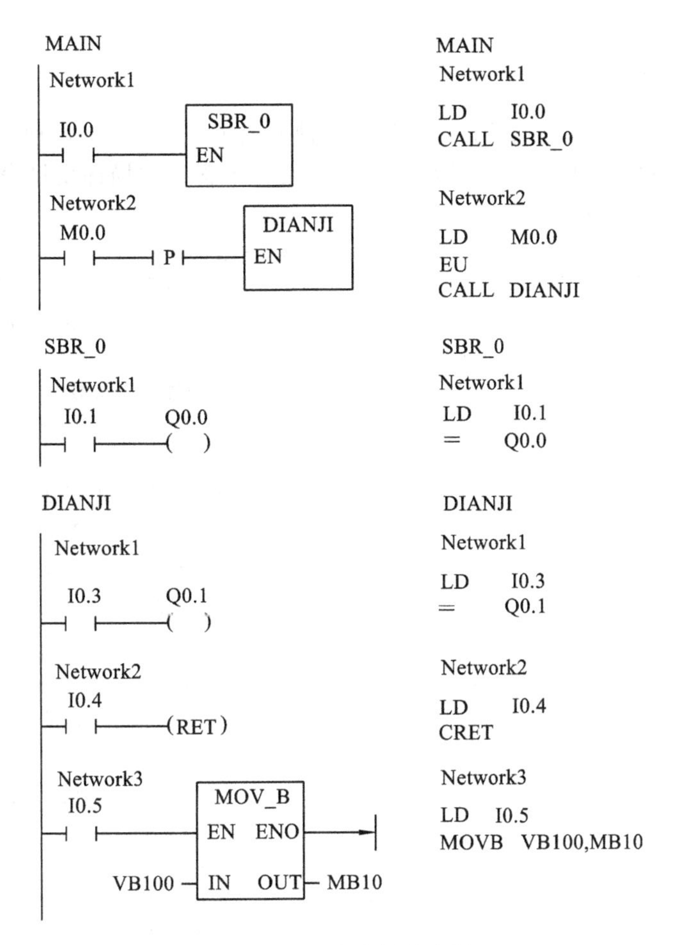

图 5-45 子程序调用实例

3. 子程序指令使用注意事项

子程序指令在使用时，应该注意以下事项。

(1) CRET 多用于子程序内部，在条件满足时起结束子程序的作用。在子程序的最后，编程软件将自动添加子程序无条件结束指令 RET。

(2) 子程序可以嵌套运行，即在子程序内部又对另一子程序进行调用。子程序的嵌套深度最多为 8 层。图 5-46 所示为子程序调用执行过程。在中断程序中仅能有一次子程序调用。可以进行子程序自身的递归调用，但使用时要慎重。

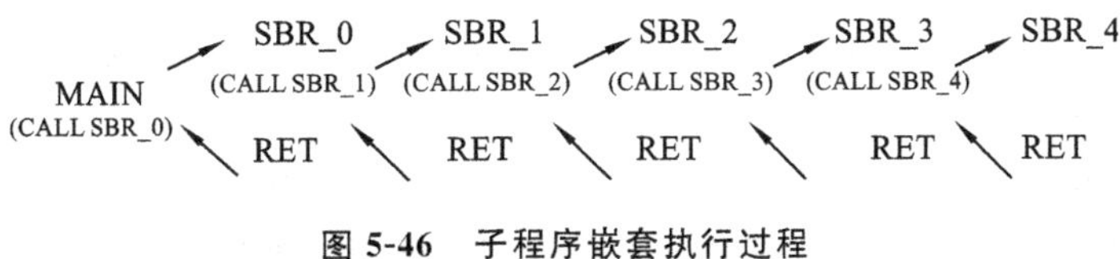

图 5-46 子程序嵌套执行过程

(3) 当一个子程序被调用时，系统自动保存当前的堆栈数据，并把栈顶值置 1，堆栈中的其他值为 0，子程序完全占有控制权。子程序执行结束时，通过子程序结束指令自动恢复原来的逻辑堆栈值，调用程序重新取得控制权。

(4) 累加器 AC 可以在调用程序和被调子程序之间自由传递数据，所以累加器的值在子程序调用时既不保存又不恢复。

4. 带参数的子程序调用

在调用子程序时，可以带参数调用子程序，这种方式扩大了子程序的使用范围，增加了调用的灵活性。子程序中最多可带16个参数。参数定义在子程序的局部变量表中，见表5-38。每个参数都包含变量名、变量类型和数据类型。

表5-38 局部变量参数定义表

局部变量地址	变量名	变量类型	数据类型	说 明
无	EN	IN	BOOL	指令使能输入参数
LB0	INPUT1	IN	BYTE	输入参数，如果参数是直接地址(如VB10)，把指定位置的数值传递给子程序；如果参数是间接地址，(如 * AC1)，则把该间接地址存储的数值传递给子程序；如果参数是数据常数(16#1234)或地址(&VB100)，则把该常数或地址数值传递给子程序
L1.0	INPUT2	IN	BOOL	
LD2	INPUT3	IN	DWORD	
LW6	TRANS	IN_OUT	WORD	将该参数指定位置的数值传递给子程序，同时子程序执行完毕后的结果返回至相同的位置。该参数不允许使用常数(如16#1234)和地址(如&VB100)
LD8	OUTPUT1	OUT	DWORD	子程序的执行结果返回至该参数指定的位置。该参数不允许使用常数(如16#1234)和地址(如&VB100)
LD12	OUTPUT2	OUT	DWORD	
LB16	TEM	TEMP	BYTE	临时变量，只能在程序内部暂时存储数据，不能用于和主程序传递参数

(1) 变量名，最多由8个字符组成，第一字符不能为数字。

(2) 变量类型，子程序中按变量对数据的传递方向规定了三种变量类型。

IN类型：输入子程序参数。所指定参数可以是直接寻址、间接寻址、常数和数据地址值。

IN_OUT类型：输入/输出子程序参数。所指定参数的值传到子程序，子程序运行完毕，其结果被返回相同地址。常数和数据地址值不允许作为该类参数。

OUT类型：输出子程序参数。将子程序的运行结果值返回指定参数位置。常数和数据地址值不允许作为该类参数。

TEMP类型是临时变量，只能在程序内部暂时存储数据，不能用于和主程序传递参数。

(3) 数据类型，局部变量表中必须对每个参数的数据类型进行声明，共有8种数据类型。

能流属于布尔型，仅能对位输入操作，是位逻辑运算的结果。在局部变量表中布尔能流输入必须在第一行，对EN端口进行定义。

布尔型用于单独的位输入和输出。

字节、字、双字型分别声明1个字节、2个字节和4个字节的无符号输入和输出参数。

整数、双整数型分别声明一个2字节或4字节的有符号输入和输出参数。

实型声明一个 32 位浮点参数。

子程序中参数的使用需要遵循以下规则。

① 常数作为参数调用子程序时，必须对常数作数据类型说明，否则常数可能会被当成不同类型使用。如对 INPUT3 参数，若以十六进制常数 123456 作为参数，则需要声明为 16＃123456。

② 参数传递中没有数据类型自动转换功能。如局部变量表中声明一个实型参数，而在调用时程序中使用的是双字，则子程序中的值就是双字。

③ 子程序调用时，输入参数值被复制到子程序的局部存储器中；当子程序运行结束，则从局部存储器中复制输出参数值到指定的输出参数地址。

④ 局部存储器定义好后，若在梯形图编辑方式下，则子程序指令盒自动生成参数设置端口。若在指令表编辑方式下，则参数一定要按照输入参数、输入输出参数、输出参数的顺序排列。带参数的子程序调用其梯形图和指令表的格式如图 5-47 所示。

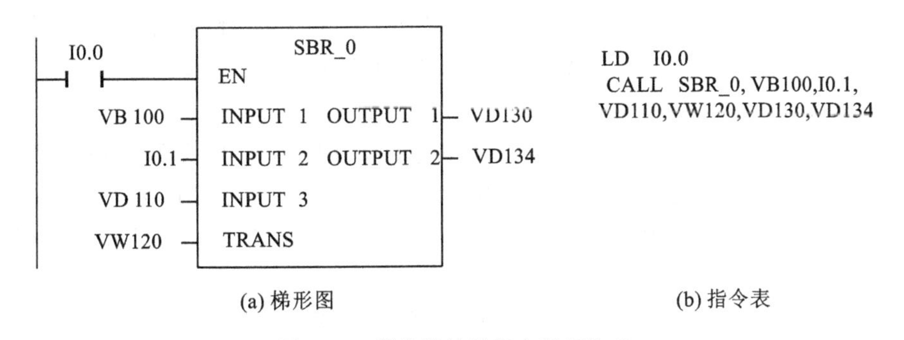

(a) 梯形图　　(b) 指令表

图 5-47　带参数的子程序调用格式

四、中断指令

中断技术是计算机应用中不可缺少的内容，主要用在设备的通信连接、联网、处理随机的紧急事件等应用中。中断主要由中断源和中断服务程序构成，而中断控制指令又可分为中断允许、中断禁止指令和中断连接、分离指令。中断程序控制的最大特点是响应迅速，在中断源触发后，它可以立即中止程序的执行过程，转而执行中断程序，而不必等到本次扫描周期结束。在中断服务程序执行完后重新返回原程序继续运行。

1. 中断源和中断程序

1）中断源及其优先级

中断源即引起中断的信号。S7-200 系列 PLC 最多具有 34 个中断源，系统为每个中断源都分配了一个编号用以识别，称为中断事件号。不同 CPU 模块其可用中断源有所不同，具体情况见表 5-39。

表 5-39　不同 CPU 模块可用中断源

CPU 模块	CPU221、CPU222	CPU224	CPU226
可用中断事件号（中断源）	0～12，19～23，27～33	0～23，27～33	0～33

这 34 个中断源主要分为三大类，即通信中断、I/O 中断和时基中断。

（1）通信中断是指在自由口通信模式下，用户可以通过接收中断和发送中断来控制串行口通信。可以设置通信的波特率、每个字符位数、起始位、停止位及奇偶校验。

(2) I/O中断包含上升沿和下降沿中断、高速计数器中断、高速脉冲输出中断。上升沿和下降沿中断只能用于I0.0~I0.3,这四个输入点可以捕捉上升沿或下降沿事件,用于连接某些值得注意的外部事件(如故障等);高速计数器中断可以响应当前值与预置值相等、计数方向的改变、计数器外部复位等事件所引起的中断;高速脉冲输出中断可以响应给定数量脉冲输出完毕所引起的中断。

(3) 时基中断包括定时中断和定时器中断:定时中断可以设置一个周期性触发的中断响应,通常可以用于模拟量的采样周期或执行一个PID控制。周期时间以1 ms为增量单位,周期可以设置为5~255 ms。S7-200系列PLC提供了两个定时中断,定时中断0,周期时间值要写入SMB34;定时中断1,周期时间值要写入SMB35。当定时中断被允许,则定时中断相关定时器开始计时,在定时时间值与设置周期值相等时,相关定时器溢出,开始执行定时中断连接的中断程序。每次重新连接时,定时中断功能能够清除前一次连接时的各种累计值,并用新值重新开始计时。定时器中断使用且只能使用1 ms定时器T32和T96对一个指定时间段产生中断。T32和T96使用方法同其他定时器,只是在定时器中断被允许时,一旦定时器的当前值和预置值相等,则执行被连接的中断程序。

中断优先级指多个中断事件同时发出中断请求时,CPU对各中断源的响应先后次序。优先级高的先执行,优先级低的后执行。以CPU226为例,表5-40列出了该PLC支持的中断事件及其优先级,可以看出中断优先级由高到低的顺序是:通信中断、输入输出中断、时基中断,并且同类中断中也有优先次序的区别,具体顺序见表5-40。

表5-40 CPU226中的中断事件及其优先级

中断事件号	中断描述	组内类型	组优先级	组内优先级
8	通信口0:接收字符	通信接口0中断	通信中断(最高级)	0
9	通信口0:发送完成			0
23	通信口0:接收信息完成			0
24	通信口1:接收信息完成	通信接口1中断		1
25	通信口1:接收字符			1
26	通信口1:发送完成			1
19	PTO 0:脉冲串输出完成中断	高速脉冲输出中断	输入输出中断(次高级)	0
20	PTO 1:脉冲串输出完成中断			1
0	I0.0上升沿中断	外部输入中断		2
2	I0.1上升沿中断			3
4	I0.2上升沿中断			4
6	I0.3上升沿中断			5
1	I0.0下降沿中断			6
3	I0.1下降沿中断			7
5	I0.2下降沿中断			8

续表

中断事件号	中断描述	组内类型	组优先级	组内优先级
12	HSC0 当前值等于预置值中断	高速计数器中断	输入输出中断（次高级）	10
27	HSC0 输入方向改变中断			11
28	HSC0 外部复位中断			12
13	HSC1 当前值等于预置值中断			13
14	HSC1 输入方向改变中断			14
15	HSC1 外部复位中断			15
16	HSC2 当前值等于预置值中断			16
17	HSC2 输入方向改变中断			17
18	HSC2 外部复位中断			18
32	HSC3 当前值等于预置值中断			19
29	HSC4 当前值等于预置值中断			20
30	HSC4 输入方向改变中断			21
31	HSC4 外部复位中断			22
33	HSC5 当前值等于预置值中断			23
10	定时中断 0	定时中断	时基中断(最低级)	0
11	定时中断 1			1
21	T32 当前值等于预置值中断	定时器中断		2
22	T96 当前值等于预置值中断			3
7	I0.3 下降沿中断			9

在 PLC 中，CPU 按中断源出现的先后次序响应中断请求，某一中断程序一旦执行，就一直执行到结束为止，不会被高优先级的中断事件所打断。CPU 在任一时刻只能执行一个中断程序。中断程序执行过程中若出现新的中断请求，则按照优先级排队等候处理。中断队列可保存的最大中断数是有限的，如果超出队列容量，则产生溢出，某些特殊标志存储器位被置位。S7-200系列 PLC 各 CPU 模块最大中断数及溢出标志位见表 5-41。

表 5-41　各 CPU 模块最大中断数及溢出标志位

中 断 队 列	CPU221、CPU222、CPU224	CPU226、CPU226XM	溢出标志位
通信中断队列	4	8	SM4.0
输入输出中断队列	16	16	SM4.1
时基中断队列	8	8	SM4.2

2）中断程序

中断程序是为处理中断事件而事先编好的程序。中断程序不是由程序调用，而是在中断事件发生时由操作系统调用。在中断程序中不能改写其他程序使用的存储器,最好使用局部变量。中断程序应实现特定的任务,应"越短越好",中断程序由中断程序号开始,以无条件返回指令(CRETI)结束。在中断程序中禁止使用DISI、ENI、HDEF、LSCR和END指令。

建立中断程序的方法有以下三种。

方法一:从"编辑"菜单→选择"插入"(Insert)→选择"中断"(Interrupt)。

方法二:从指令树,用鼠标右键单击"程序块"图标并从弹出菜单→选择"插入"(Insert)→选择"中断"(Interrupt)。

方法三:从"程序编辑器"窗口,从弹出菜单用鼠标右键选择"插入"(Insert)→选择"中断"(Interrupt)。

默认的中断程序名(标号)为INT_N,编号N的范围为0~127,从0开始按顺序递增,也可以通过"重命名"命令为中断程序改名。每一个中断程序在程序编辑区内都有一个单独的页面,选中该页面后就可以进行编辑了。

中断程序名INT_N标志着中断程序的入口地址,所以可通过中断程序名在中断连接指令中将中断源和中断程序连接。

中断程序可用有条件中断返回指令(CRETI)和无条件中断返回指令(RETI)来标志结束:CRET有条件中断返回指令在其逻辑条件成立时结束中断程序的执行并返回主程序中继续执行,该指令可由用户编程实现;RETI无条件中断返回指令由编程软件在中断程序末尾自动添加。

中断程序名与中断返回指令之间的所有指令都属于中断程序。

2. 中断连接ATCH和分离DTCH指令

中断连接(ATCH)指令将中断事件(EVENT)与中断程序(INT)相关联起来。中断事件发生后,若全局性中断被启用,PLC检查中断事件有没有与之关联的中断程序,若有则在中断中执行中断程序,否则继续执行当前程序。

中断分离指令(DTCH)截断中断事件和中断程序之间的联系,以单独禁止中断事件。中断分离指令(DTCH)使中断回到不激活或无效状态。中断连接ATCH和分离DTCH指令的梯形图和指令表格式见表5-42。

表5-42 ATCH、DTCH指令的基本格式

名　称	中断连接	中断分离
指令表格式	ATCH INT,EVENT	DTCH EVENT
梯形图格式	ATCH EN ENO INT EVNT	DTCH EN ENO EVNT

ATCH中断连接指令,当EN端口执行条件存在时,将一个中断源和一个中断程序建立响应联系,并允许该中断事件。INT端口指定中断程序入口地址,即中断程序名称,在建立联系后,若中断程序名改变,则INT端口指定名称也随之改变。EVNT端口指定与中断程序相联系的中断源,即表5-41中的中断事件号。

DTCH 中断分离指令，当 EN 端口执行条件存在时，单独截断一个中断源和所有中断程序的联系，并禁止该中断事件。EVNT 端口指定被禁止的中断源。

3. 中断允许 ENI 和禁止 DISI 指令

ENI 中断允许指令，在其逻辑条件成立时，全局地允许所有被连接的中断事件。DISI 中断禁止指令，在其逻辑条件成立时，全局地禁止处理所有的中断事件。中断允许 ENI 和禁止 DISI 指令的梯形图和指令表格式见表 5-43。

表 5-43 ENI、DISI 指令的基本格式

名　　称	中 断 允 许	中 断 禁 止
指令表格式	ENI	DISI
梯形图格式	—(ENI)	—(DISI)

4. 中断指令应用实例

图 5-48 所示为中断指令的应用实例，其中 a 为外部输入中断，b 为定时中断。该程序的执行过程如下：当检测到 I0.0 的上升沿时触发中断号为 0 的中断，PLC 进入中断程序 INT_1 中执行相应的中断程序；当检测到 I0.1 的上升沿时触发中断号为 2 的中断，PLC 进入中断程序 INT_2 中执行相应的中断程序；中断号为 10 的中断为定时中断 0，本例设置了一个周期为 100 ms 的周期性触发的定时中断，PLC 每隔 100 ms 进入中断程序 INT_0 中执行相应的中断程序。

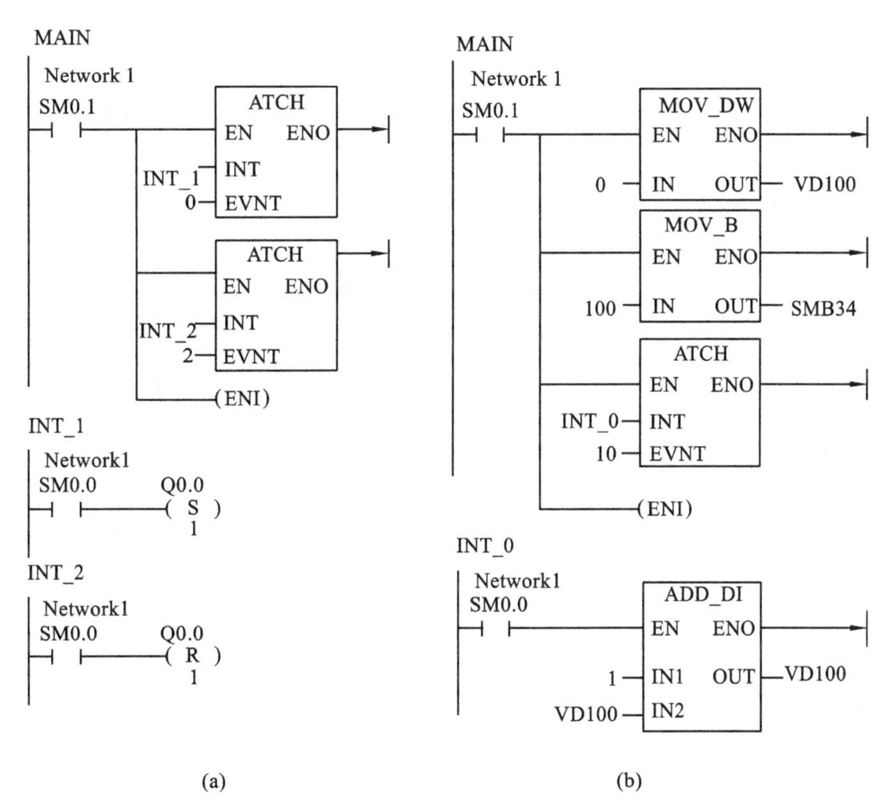

图 5-48 外部中断及定时中断应用

5. 中断指令应用注意事项

中断指令在使用时应该注意以下事项。

(1) PLC系统每次切换到RUN状态时,自动关闭所有中断事件。可以通过编程,在RUN状态时,使用ENI指令开放所有中断。若用DISI指令关闭所有中断,则中断程序不能被激活,但允许发生的中断事件等候,直到重新允许中断。

(2) 多个中断事件可以调用同一个中断程序,但同一个中断事件不能同时连接多个中断服务程序。

(3) 中断程序的编写规则是短小、简单,执行时不能延时过长。

(4) 在中断程序中不能使用DISI、ENI、HDEF、LSCR和END指令。

(5) 中断程序的执行影响触点、线圈和累加器状态,所以系统在执行中断程序时,会自动保存和恢复逻辑堆栈、累加器及指示累加器和指令操作状态的特殊存储器标志位(SM)以保护现场。

(6) 中断程序中可以嵌套调用一个子程序,累加器和逻辑堆栈在中断程序和子程序中是共用的。

五、程序控制指令编程举例

彩灯控制程序设计,设计一彩灯控制程序实现如下功能。

(1) 前64 s,16个输出(Q0.0～Q1.7),初态为Q0.0闭合,其他断开,依次从最低位到最高位移位闭合,循环4次。

(2) 后64 s,16个输出(Q0.0～Q1.7),初态为Q1.7和Q1.6闭合,其他断开,依次从最高位到最低位两两移位闭合,循环8次。

程序设计过程如下。

(1) 根据设计要求列出的I/O分配表见表5-44;

表5-44 彩灯控制I/O分配表

输入触点	功能说明	输出线圈	功能说明
I0.0	启动开关	Q0.0～Q1.7	彩灯控制输出,每个彩灯占用一位输出

(2) 根据输入输出的点数选择相应的S7-200系列PLC中的一种便可,注意输出点数符合要求;

(3) 程序如图5-49所示。程序的执行过程如下:前64 s循环4次,一次循环要16 s,因此可以采用内部SM0.5控制(Q0.0～Q1.7)移位,1 s循环左移1次,一次循环共移位16次。后64 s循环8次,也可采用内部SM0.5控制移位,1 s循环右移2次,一次循环共移位8次。程序中,T38=0时,为前64 s,调子程序SBR_1(每秒左移一位),T38=1时,为后64 s,调子程序SBR_2(每秒右移两位),周而复始进行。

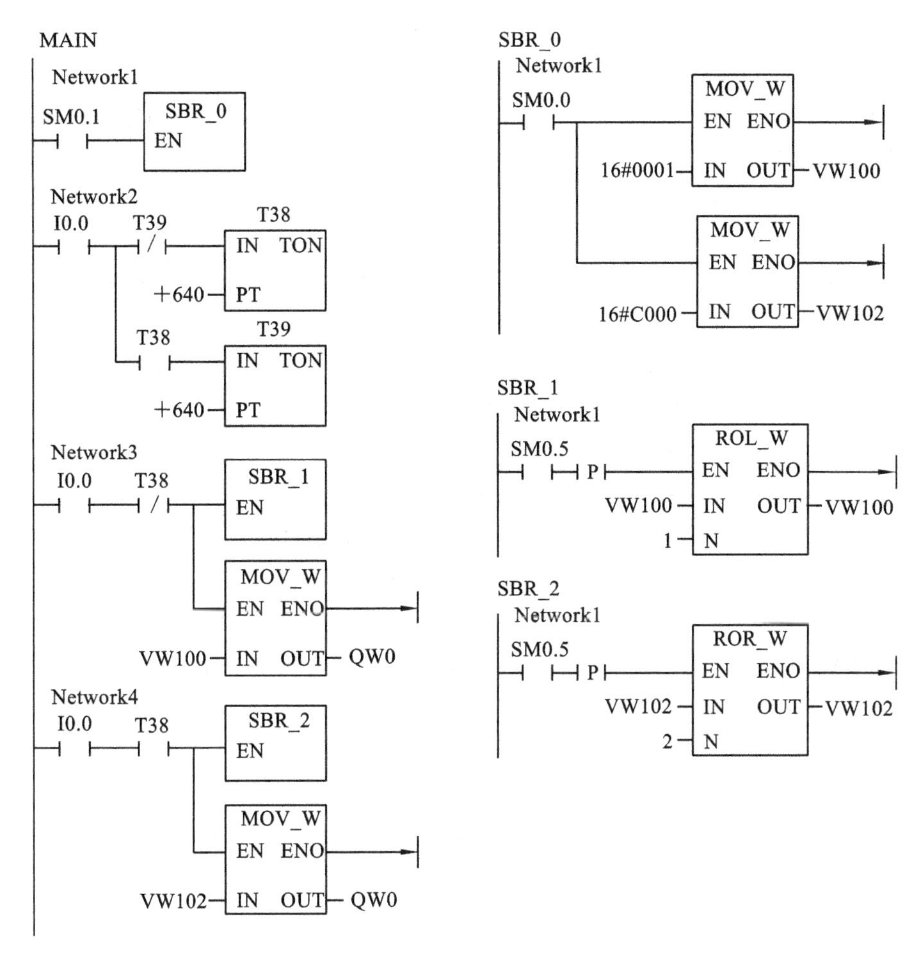

图 5-49 彩灯控制程序

习 题 5

一、选择题

1. 图 5-50 所示是循环指令的实际应用，当 EN 条件满足时，循环体执行了(   )次。

A. 20 B. 1 C. VW10 D. 19

2. 如图 5-51 所示，设 VD10 中存有数据 123.9，现执行以下指令，则指令的执行结果是(   )。

A. 123.5 B. 124 C. 120 D. 123

3. 双字整数的加减法指令的操作数都采用(   )寻址方式。

图 5-50　　图 5-51

A. 字　　B. 双字　　C. 字节　　D. 位

4. 若整数的乘/除法指令的执行结果是零则影响(　　)位。

A. SM1.0　　B. SM1.1　　C. SM1.2　　D. SM1.3

5. 中断分离指令是(　　)。

A. DISI　　B. ENI　　C. ATCH　　D. DTCH

6. 以下(　　)不属于PLC的中断事件类型。

A. 通信口中断　　B. I/O中断　　C. 时基中断　　D. 编程中断

7. 计数器的编号范围为(　　)。

A. C1～C256　　B. C0～C64　　C. C0～C128　　D. C0～C255

8. S7-200系列PLC最多支持(　　)种中断源。

A. 33　　B. 30　　C. 31　　D. 34

9. S7-200系列PLC的开中断和关中断指令分别是(　　)。

A. RETI、DISI　　B. ENI、DTCH　　C. RETI、CRET　　D. ENI、DISI

10. S7-200系列PLC的子程序SBR_N的N的数据范围是(　　)。

A. 0～127　　B. 0～33　　C. 0～255　　D. 0～63

11. 指令"MOVR　IN,OUT"中操作数IN和OUT的数据类型是(　　)。

A. 字节　　B. 字　　C. BOOL型　　D. 双字

12. 移位指令的最后一次移出位保存在标志位(　　)中。

A. SM1.0　　B. SM1.1　　C. SM1.2　　D. SM1.3

13. 若VB0中原存储的数据为16#01,则执行指令"SLB　VB0,1"后,VB0中的数据为(　　)。

A. 16#02　　B. 16#00　　C. 16#80　　D. 16#08

二、填空题

1. 子程序可以嵌套,嵌套深度最多为________层。

2. 字移位指令的最大移位位数为________。

3. PLC运行时总是ON的特殊存储器位是________。

4. 定时器的计时过程采用时间脉冲计数的方式,其时基(分辨率)分别为________、________和________三种。

5. 计数器具有________、________和________三种类型。

6. S7-200系列CPU的中断源可以分为________、________和________三类。

7. 在PLC运行的第一个扫描周期为ON的特殊存储器位是________。

三、程序转换题

1. 已知某PLC程序的语句表形式如图5-52所示,请将其转换为梯形图形式。

2. 已知某PLC程序的梯形图形式如图5-53所示,请将其转换为语句表形式。

四、程序设计题

1. 利用T32定时中断编写程序,要求产生占空比为50%,周期为4 s的方波信号。

2. 用数据类型转换指令实现将cm转换为inch。已知1 inch=2.54 cm。

3. 已知VB10=18,VB20=30,VB21=33,VB32=98。将VB10、VB30、VB31、VB32中的数据分别送到AC1、VB200、VB201、VB202中。写出梯形图及语句表程序。

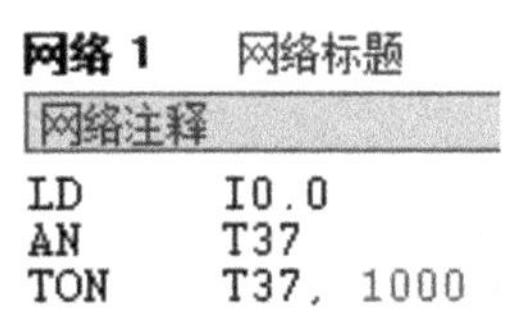

网络 2

```
LD      T37
LD      Q0.0
CTU     C10, 360
```

网络 3

```
LD      C10
O       Q0.0
=       Q0.0
```

图 5-52

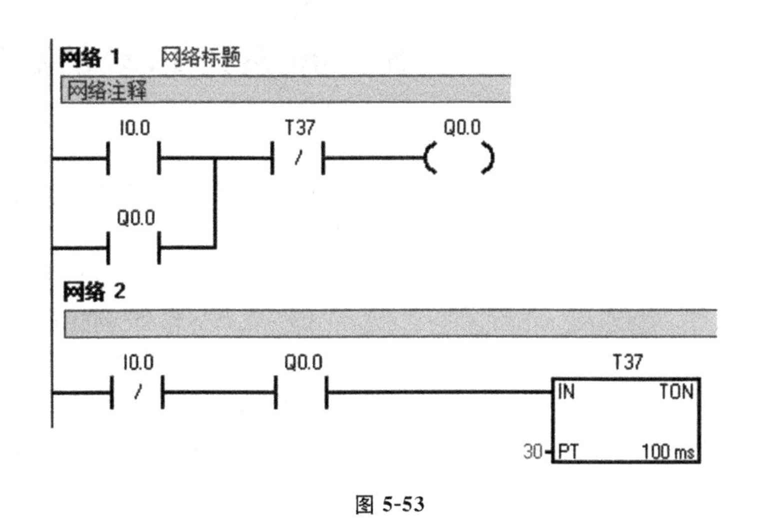

图 5-53

4. 用传送指令控制输出的变化，要求控制 Q0.0～Q0.7 对应的 8 个指示灯，在 I0.0 接通时，使输出隔位接通，在 I0.1 接通时，输出取反后隔位接通。

5. 利用数学函数变换指令求 $\sin 30^{\circ}$、2^{3}、$\sqrt[3]{27}$的值。

第6章
S7-200 系列 PLC 的高级应用

本章学习重点

(1) 重点掌握 S7-200 系列 PLC 的高速脉冲和高速计数器指令。

(2) 重点掌握 S7-200 系列 PLC 的 PID 指令。

(3) 重点掌握 S7-200 系列 PLC 的 PPI 通信。

(4) 了解并掌握 S7-200 系列 PLC 与组态软件构成的监控系统的设计方法及应用。

(5) 了解并掌握 S7-200 系列 PLC 应用系统设计的常用方法。

PLC 为了实现比较复杂的控制功能,除前面介绍过的基本操作指令外还具有特殊功能指令,特殊功能指令是指令系统中实现特殊控制的指令。合理正确的使用这些指令,对提高应用系统的功能、简化复杂问题的处理都有着非常重要的作用。本章介绍 PLC 中执行特殊功能的部分指令,这部分指令是 PLC 为了适应工业发展的需要而逐渐增加的,限于篇幅,主要介绍用于电动机定位控制的高速计数及高速脉冲指令、用于过程控制的 PID 回路控制指令。

在大多数控制系统中,仅仅实现控制是不够的,在许多情况下需要监控界面对工艺过程和参数进行监控。本章在简要介绍力控组态软件的基础上,通过一个设计实例详细介绍了力控组态软件与 S7-200 系列 PLC 构成监控系统的设计方法。

在了解了 PLC 的基本工作原理和指令系统之后,本章结合生产线自动装箱控制系统的工程实际,从硬件设计和软件设计两个方面详细介绍了 PLC 控制系统的设计方法。

6.1 S7-200 系列 PLC 的特殊功能指令

本节介绍 PLC 中执行特殊功能的部分指令，这部分指令是 PLC 为适应工业发展需要而逐渐增加的，限于篇幅，本节将介绍用于电动机定位控制的高速计数及高速脉冲指令、用于过程控制的 PID 回路控制指令。

一、高速计数器指令

在工业应用中，电动机的调速、测速及定位是常见的控制方式。为实现电动机的精确控制，经常使用编码器将电动机的转速转换为高频脉冲信号反馈至 PLC，通过 PLC 对高频脉冲的计数和相关编程实现对电动机的各种控制。PLC 中普通计数器受到扫描周期的影响，对高速脉冲的计数可能会出现脉冲丢失现象，导致计数不准确，也就不能实现精确控制。

PLC 提供的高速计数器 HSC(high speed counter)独立于扫描周期之外，可以对脉宽小于扫描周期的高速脉冲准确计数，高速脉冲频率最高可达 30 kHz。高速计数器是通过在一定的条件下产生的中断事件完成预定的操作。

1. S7-200 高速计数器

不同型号的 PLC 主机，其高速计数器的数量不同，使用时每个高速计数器都有地址编号 HCn，其中 HC(或 HSC)表示该编程元件是高速计数器，n 为地址编号。S7-200 系列中 CPU221 和 CPU222 支持四个高速计数器，它们是 HC0、HC3、HC4 和 HC5；CPU224 和 CPU226 支持六个高速计数器，它们是 HC0～HC5。每个高速计数器包含有两方面的信息：计数器位和计数器当前值。高速计数器的当前值为双字长的有符号整数，且为只读值。

2. 中断事件类型

高速计数器的计数和动作可采用中断方式进行控制。不同型号的 PLC 采用高速计数器的中断事件有 14 个，大致可分为三种类型：计数器当前值等于预设值中断、计数输入方向改变中断、外部复位中断。

所有高速计数器都支持当前值等于预设值中断，但并不是所有的高速计数器都支持三种类型，高速计数器产生的中断源、中断事件号及中断源优先级见表 6-1。

3. 工作模式和输入点的连接

1) 工作模式

每种高速计数器有多种功能不同的工作模式，高速计数器的工作模式与中断事件密切相关。使用任何一个高速计数器，首先要定义高速计数器的工作模式(可用 HDEF 指令来进行设置)。

在指令中，高速计数器使用 0～11 表示 12 种工作模式。

不同的高速计数器有不同的模式，见表 6-2 和表 6-3。工作模式举例如下。

表 6-1　中断事件号及优先级

中断事件号	中断源描述	优先级	组内优先级
12	HSC0　CV=PV(当前值=预置值)	I/O中断（中等）	10
27	HSC0 输入方向改变		11
28	HSC0 外部复位		12
13	HSC1　CV=PV(当前值=预置值)		13
14	HSC1 输入方向改变		14
15	HSC1 外部复位		15
16	HSC2　CV=PV(当前值=预置值)		16
17	HSC2 输入方向改变		17
18	HSC2 外部复位		18
32	HSC3　CV=PV(当前值=预置值)		19
29	HSC4　CV=PV(当前值=预置值)		20
30	HSC4 输入方向改变		21
31	HSC4 外部复位		22
33	HSC5　CV=PV(当前值=预置值)		23

表 6-2　HSC0、HSC3、HSC4、HSC5 工作模式

计数器名称	HSC0			HSC3	HSC4			HSC5
计数器工作模式	I0.0	I0.1	I0.2	I0.1	I0.3	I0.4	I0.5	I0.4
0:带内部方向控制的单向计数器	计数			计数	计数			计数
1:带内部方向控制的单向计数器	计数		复位		计数		复位	
2:带内部方向控制的单向计数器								
3:带外部方向控制的单向计数器	计数	方向			计数	方向		
4:带外部方向控制的单向计数器	计数	方向	复位		计数	方向	复位	
5:带外部方向控制的单向计数器								
6:增、减计数输入的双向计数器	增计数	减计数			增计数	减计数		
7:增、减计数输入的双向计数器	增计数	减计数	复位		增计数	减计数	复位	
8:增、减计数输入的双向计数器								
9:A/B相正交计数器(双计数输入)	A相	B相			A相	B相		
10:A/B相正交计数器(双计数输入)	A相	B相	复位		A相	B相	复位	
11:A/B相正交计数器(双计数输入)								

表 6-3 HSC1、HSC2 工作模式

计数器名称	HSC1				HSC2			
计数器工作模式	I0.6	I0.7	I1.0	I1.1	I1.2	I1.3	I1.4	I1.5
0:带内部方向控制的单向计数器	计数				计数			
1:带内部方向控制的单向计数器	计数		复位		计数		复位	
2:带内部方向控制的单向计数器	计数		复位	启动	计数		复位	启动
3:带外部方向控制的单向计数器	计数	方向			计数	方向		
4:带外部方向控制的单向计数器	计数	方向	复位		计数	方向	复位	
5:带外部方向控制的单向计数器	计数	方向	复位	启动	计数	方向	复位	启动
6:增、减计数输入的双向计数器	增计数	减计数			增计数	减计数		
7:增、减计数输入的双向计数器	增计数	减计数	复位		增计数	减计数	复位	
8:增、减计数输入的双向计数器	增计数	减计数	复位	启动	增计数	减计数	复位	启动
9:A/B相正交计数器(双计数输入)	A相	B相			A相	B相		
10:A/B相正交计数器(双计数输入)	A相	B相	复位		A相	B相	复位	
11:A/B相正交计数器(双计数输入)	A相	B相	复位	启动	A相	B相	复位	启动

例如,模式0(单向计数器):一个计数输入端,计数器HSC0、HSC1、HSC2、HSC3、HSC4、HSC5可以工作在该模式。HSC0～HSC5计数输入端分别对应为I0.0、I0.6、I1.2、I0.1、I0.3、I0.4。

例如,模式11(正交计数器):两个计数输入端,只有计数器HSC1、HSC2可以工作在该模式,HSC1计数输入端为I0.6(A相)和I0.7(B相),所谓正交即指:当A相计数脉冲超前B相计数脉冲时,计数器执行增计数;当A相计数脉冲滞后B相计数脉冲时,计数器执行减计数。

2) 输入点的连接

在使用一个高速计数器时,除了要定义它的工作模式外,还必须注意系统定义的固定输入点的连接。如HSC0的输入连接点有I0.0(计数)、I0.1(方向)、I0.2(复位);HSC1的输入连接点有I0.6(计数)、I0.7(方向)、I1.0(复位)、I1.1(启动)。

使用时必须注意:高速计数器输入点、输入/输出中断的输入点都在一般逻辑量输入点的编号范围内。一个输入点只能作为一种功能使用,即一个输入点可以作为逻辑量输入或高速计数输入或外部中断输入,但不能重叠使用。

4. 高速计数器控制字、状态字、当前值及设定值

1) 控制字

在设置高速计数器的工作模式后,可通过编程控制计数器的操作要求,如启动和复位计数器、计数器计数方向等参数。

S7-200系列PLC为每一个计数器提供一个控制字节存储单元,并对单元的相应位进行参数控制定义,这一定义称其为控制字。编程时,只需要将控制字写入相应计数器的存储单元即可。控制字定义格式及各计数器使用的控制字存储单元见表6-4。

表6-4 高速计数器控制字格式

	计数器名称	HSC0	HSC1	HSC2	HSC3	HSC4	HSC5
位地址	控制字节各位功能	SM37	SM47	SM57	SM137	SM147	SM157
0	复位电平控制:0—高电平,1—低电平	SM37.0	SM47.0	SM57.0		SM147.0	
1	启动控制:0—高电平启动,1—低电平启动	SM37.1	SM47.1	SM57.1		SM147.1	
2	正交速率:1—1倍速率,0—4倍速率	SM37.2	SM47.2	SM57.2		SM147.2	
3	计数方向:0—减计数,1—增计数	SM37.3	SM47.3	SM57.3	SM137.3	SM147.3	SM157.3
4	计数方向改变:0—不能改变,1—改变	SM37.4	SM47.4	SM57.4	SM137.4	SM147.4	SM157.4
5	写入预设值允许:0—不允许,1—允许	SM37.5	SM47.5	SM57.5	SM137.5	SM147.5	SM157.5
6	写入当前值允许:0—不允许,1—允许	SM37.6	SM47.6	SM57.6	SM137.6	SM147.6	SM157.6
7	HSC指令允许:0—禁止HSC,1—允许HSC	SM37.7	SM47.7	SM57.7	SM137.7	SM147.7	SM157.7

例如,选用计数器HSC0工作在模式3,要求复位和启动信号为高电平有效、1倍计数速率、减方向不变、允许写入新值、允许HSC指令,则其控制字节为SM37=2#11100100。

2) 状态字

每个高速计数器都配置一个8位字节单元,每一位用来表示这个计数器的某种状态,在程序运行时自动使某些位置位或清零,这个8位字节称其为状态字。HSC0～HSC5配备相应的状态字节单元为特殊存储器SM36、SM46、SM56、SM136、SM146、SM156。

各字节的0～4位未使用;第5位表示当前计数方向(1为增计数);第6位表示当前值是否等于预设值(0为不等于,1为等于);第7位表示当前值是否大于预设值(0为小于等于,1为大于),在设计条件判断程序结构时,可以读取状态字判断相关位的状态,来决定程序应该执行的操作(具体内容可以参看S7-200用户手册中特殊存储器部分)。

3) 当前值

各高速计数器均设一个32位特殊存储器字单元为计数器当前值(有符号数),计数器HSC0～HSC5的当前值对应的存储器为SMD38、SMD48、SMD58、SMD138、SMD148、SMD158。

4) 预设值

各高速计数器均设一个32位特殊存储器字单元为计数器预设值(有符号数),计数器HSC0～HSC5预设值对应的存储器为SMD42、SMD52、SMD62、SMD142、SMD152、SMD162。

5. 高速计数指令

高速计数指令有HDEF和HSC两条,其指令格式和功能见表6-5。在具体使用时有以下注意事项。

(1) 每个高速计数器都有固定的特殊功能存储器与之配合,完成高速计数功能。这些特殊功能寄存器包括8位状态字节、8位控制字节、32位当前值、32位预设值。

(2) 对于不同的计数器,其工作模式是不同的。

(3) HSC的EN是使能控制,不是计数脉冲,外部计数输入端见表6-2、表6-3。

表 6-5　高速计数指令的格式、功能

LAD	STL	功能及参数
HDEF EN ENO HSC MODE	HDEF　HSC,MODE	高速计数器定义指令： 使能输入有效时，为指定的高速计数器分配一种工作模式； HSC-输入高速计数器编号（0～5）； MODE-输入工作模式（0～11）
HSC EN ENO N	HSC　N	高速计数器指令： 使能输入有效时，根据高速计数器特殊存储器的状态，并按照 HDEF 指令指定的模式，设置高速计数器并控制其工作； N-高速计数器编号（0～5）

6. 高速计数器初始化程序

1）高速计数器初始化程序过程

使用高速计数器必须编写初始化程序，其编写步骤如下。

（1）人工选择高速计数器、确定工作模式。

根据计数的功能要求，选择 PLC 主机型号，如 S7-200 中，CPU222 有四个高速计数器（HC0、HC3、HC4 和 HC5）；CPU224 有六个高速计数器（HC0～HC5），由于不同的计数器其工作模式是不同的，故主机型号和工作模式应统筹考虑。

（2）编程写入设置的控制字。

根据控制字（8 位）的格式，设置控制计数器操作的要求，并根据选用的计数器号将其通过编程指令写入相应的 SMBxx 中（见表 6-4）。

（3）执行高速计数器定义指令 HDEF。

在该指令中，输入参数为所选计数器的号值（0～5）及工作模式（0～11）。

（4）编程写入计数器当前值和预设值。

将 32 位的计数器当前值和 32 位的计数器的预设值写入与计数器相应的 SMDxx 中，初始化设置当前值是指计数器开始计数的初值。

（5）执行中断连接指令 ATCH。

在该指令中，输入参数为中断事件号 EVENT 和中断处理程序 INTn，建立 EVENT 与 INTn 的联系（一般情况下，可根据计数器的当前值与预设值的比较条件是否满足产生中断）。

（6）执行全局开中断指令 ENI。

（7）执行 HSC 指令，在该指令中，输入计数器编号，在 EN 信号的控制下，开始对计数器对应的计数输入端脉冲计数。

2）高速计数器初始化程序举例

高速计数器设计要求如下：带外部方向控制的单向计数器、增计数、外部低电平复位、外部低电平启动、允许更新当前值、允许更新预设值、初始计数值＝0、预设值＝50、1 倍计数速率、当计数器当前值（CV）等于预设值（PV）时，响应中断事件（中断事件号为 13），连接（执行）中断处理程序 INT_0。

具体的编程步骤如下。

(1) 根据题中要求,选用高速计数器 HSC1,定义为工作模式 5。

(2) 控制字(节)为 16#FC 写入 SMB47。

(3) HDEF 指令定义计数器:HSC=1,MODE=5。

(4) 当前值(初始计数值=0)写入 SMD48;预设值 50 写入 SMD52。

(5) 执行中断连接指令 ATCH-INT=INT_0,EVENT=13。

(6) 执行 ENI 指令。

(7) 执行 HSC 指令,N=1。

中断处理程序 INT_0 的设计略。初始化程序如图 6-1 所示。

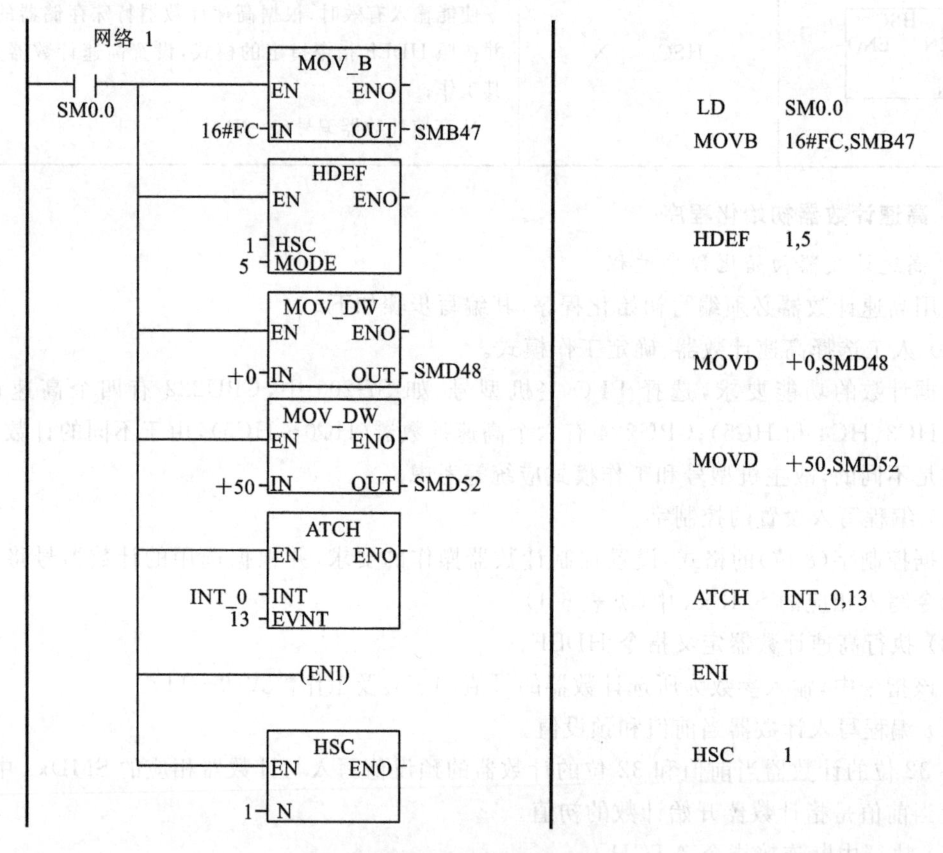

图 6-1 高速计数器初始化程序

7. 高速计数器应用实例

图 6-2 所示为使用高速计数器指令、变频器及光电码盘实现三相异步电动机的启动及二级减速自动定位控制系统的示意图。由于高速运行的交流电动机转动惯量较大,所以在高速下定位精度很低,必须采用减速的方式减小转动惯量,最后在低速运行时实现准确定位。在本例的控制中,电动机每次启动后运行距离均相等,所以使用光电码盘反馈方式进行二级减速及定位控制。控制程序如图 6-3 所示,其 I/O 分配见表 6-6。

程序的具体说明如下。

(1) 使用 SM0.1 调用了一个初始化子程序 INIT,在该子程序中,定义了高速计数器 HSC0 的模式为 0,并且装入了预置值 52000,启动了 HSC0 当前值等于预置值中断 EQUAL1。

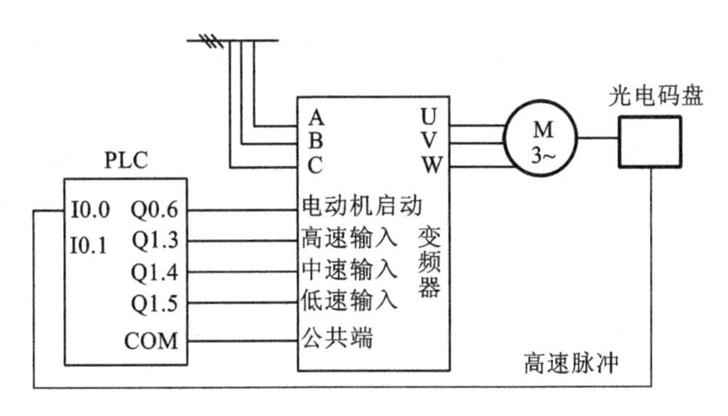

图6-2 三相异步电动机定位控制系统示意图

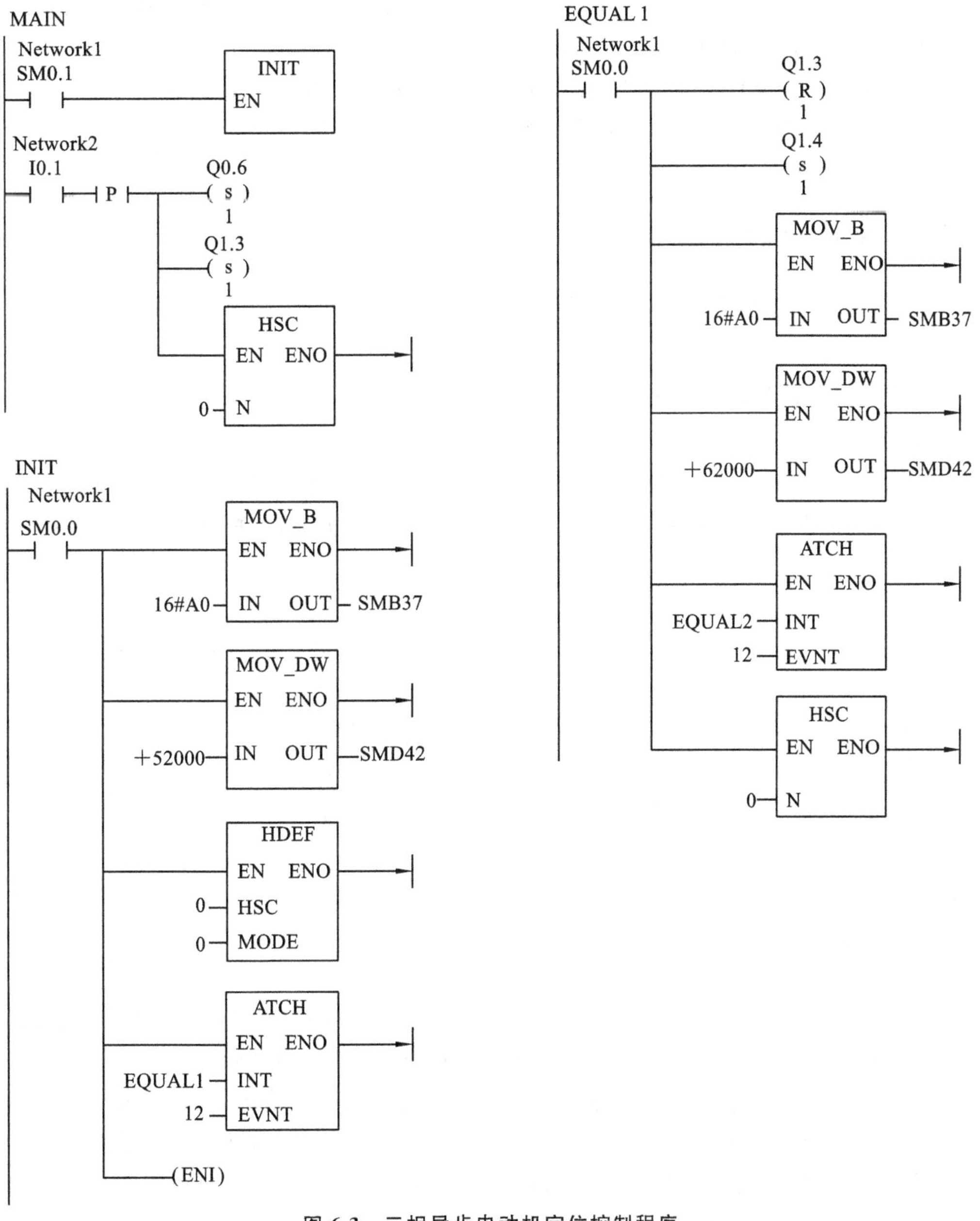

图6-3 三相异步电动机定位控制程序

表6-6　三相异步电动机定位控制系统I/O分配表

输入触点	功能说明	输出线圈	功能说明
I0.0	光电码盘脉冲输入	Q0.6	电动机运行驱动输出
I0.1	电动机启动按钮	Q1.3	高速运行输出
		Q1.4	中速运行输出
		Q1.5	低速运行输出

(2) 启动电动机时，直接使其进入高速运行状态，同时启动高速计数。

(3) 在中断程序EQUAL1中，使电动机运行在中速状态(Q1.3复位，Q1.4置位)，并修改预置值为62000，同时使HSC0当前值等于预置值中断指向中断程序EQUAL2。读者可根据EQUAL1写出中断程序EQUAL2和EQUAL3。

(4) 在中断程序EQUAL2中，使电动机运行在低速状态(Q1.4复位，Q1.5置位)，并修改预置值为70000，同时使HSC0当前值等于预置值中断指向中断程序EQUAL3。

(5) 在中断程序EQUAL3中，停止电动机，并使低速运行控制位Q1.5复位。

二、高速脉冲输出指令

高速脉冲输出功能是在PLC的某些输出端产生高速脉冲，用来驱动负载实现高速输出和精确控制。

1. 高速脉冲的输出方式和输出端子的连接

1) 高速脉冲的输出方式

高速脉冲输出可分为：高速脉冲串输出(PTO)和宽度可调脉冲输出(PWM)两种方式。

(1) 高速脉冲串输出(PTO)主要是用来输出指定数量的方波，用户可以控制方波的周期和脉冲数，其参数如下。

占空比：50%。

周期变化范围：50～65535 μs或2～65535 ms(16位无符号数据)，编程时周期值一般设置为偶数。

脉冲串的个数范围：1～4294967295之间(双字长无符号数)。

(2) 宽度可调脉冲输出(PWM)主要用来输出占空比可调的高速脉冲串，用户可以控制脉冲的周期和脉冲宽度，PWM的周期或脉冲宽度以μs或ms为单位，周期变化范围同高速脉冲串PTO。

周期设置时，设置值应为偶数，若设为奇数会引起输出波形占空比的轻微失真。周期设置值应大于2，若设置值小于2，系统将默认为2。

2) 输出端子的连接

每个CPU有两个PTO/PWM发生器产生高速脉冲串或脉冲宽度可调的波形，系统为其分配两个位输出端Q0.0和Q0.1。PTO/PWM发生器和输出映像寄存器共同使用Q0.0和Q0.1，但一个位输出端在某一时刻只能使用一种功能，在执行高速输出指令中使用了Q0.0和Q0.1，则这两个位输出端就不能作为通用输出使用，或者说其他操作及指令对其操作无效。如果Q0.0或Q0.1设定为PTO或PWM功能输出但未执行其输出指令时，仍然可以将Q0.0和Q0.1作为通用输出使用，但一般是通过操作指令将其设置为PTO或PWM输出时的起始电位0。

2. 高速脉冲输出所对应的特殊标志寄存器

为定义和监控高速脉冲输出，系统提供了控制字节、状态字节和参数设置寄存器。各寄存器分配见表6-7。

表6-7 高速脉冲输出指令的特殊寄存器分配

Q0.0对应寄存器	Q0.1对应寄存器	功能描述
SMB66	SMB76	状态字节，PTO方式下，监控脉冲串的运行状态
SMB67	SMB77	控制字节，定义PTO/PWM脉冲的输出格式
SMW68	SMW78	设置PTO/PWM脉冲的周期值，范围：2～65535
SMW70	SMW80	设置PWM的脉冲宽度值，范围：0～65535
SMD72	SMD82	设置PTO脉冲串的输出脉冲数，范围：1～4294967295
SMB166	SMB176	设置PTO多段操作时的段数
SMW168	SMW178	设置PTO多段操作时包络表的起始地址，使用从变量寄存器V0开始的字节偏移表示

每个高速脉冲输出都有一个状态字节，监控并记录程序运行时某些操作的相应状态，可以通过编程来读取相关位状态。表6-8是具体状态字节功能。

通过对控制字节的设置，可以选择高速脉冲输出的时间基准、具体周期、输出模式（PTO/PWM）、更新方式等，是编程时初始化操作中必须完成的内容。表6-9是各控制位具体功能。

表6-8 高速脉冲输出状态字节功能

状态位功能	Q0.0	Q0.1
不用位	SM66.0～SM66.3	SM76.0～SM76.3
PTO包络由于增量计算错误终止：0（无错误）；1（终止）	SM66.4	SM76.4
PTO包络由于用户命令终止：0（无错误）；1（终止）	SM66.5	SM76.5
PTO管线上溢/下溢：0（无溢出）；1（溢出）	SM66.6	SM76.6
PTO空闲：0（执行中）；1（空闲）	SM66.7	SM76.7

表6-9 高速脉冲输出控制位功能

控制位功能	Q0.0	Q0.1
PTO/PWM周期更新允许：0（不更新）；1（允许更新）	SM67.0	SM77.0
PWM脉冲宽度值更新允许：0（不更新）；1（允许更新）	SM67.1	SM77.1
PTO脉冲数更新允许：0（不更新）；1（允许更新）	SM67.2	SM77.2
PTO/PWM时间基准选择：0（1 μs/时基）；1（1 ms/时基）	SM67.3	SM77.3
PWM更新方式：0（异步更新）；1（同步更新）	SM67.4	SM77.4
PTO单/多段选择：0（单段管线）；1（多段管线）	SM67.5	SM77.5
PTO/PWM模式选择：0（PTO模式）；1（PWM模式）	SM67.6	SM77.6
PTO/PWM脉冲输出允许：0（禁止脉冲输出）；1（允许脉冲输出）	SM67.7	SM77.7

3. 脉冲输出指令

脉冲输出指令可以输出两种类型的方波信号，在精确位置控制中有很重要的应用，其指令格式见表6-10。

表6-10　脉冲输出指令的格式

LAD	STL	功　能
PLS EN　ENO Q0.X	PLS　　Q	脉冲输出指令，当使能端输入有效时，检测用程序设置的特殊功能寄存器位，激活由控制位定义的脉冲操作。从Q0.0或Q0.1输出高速脉冲

PLS脉冲输出指令，在EN端口执行条件存在时，检测脉冲输出特殊存储器的状态，然后激活所定义的脉冲操作，从Q端口指定的数字输出端口输出高速脉冲，在使用时需要注意以下几点。

(1) 脉冲串输出PTO和宽度可调脉冲输出都由PLC指令来激活输出。

(2) 输入数据Q必须为字型常数0或1。

(3) 脉冲输出PTO可采用中断方式进行控制，而宽度可调脉冲输出PWM只能由指令PLS来激活。

4. 高速脉冲输出指令应用实例

本例以宽度可调脉冲输出(PWM)为例介绍脉冲输出的设置过程及应用实例。

1) PWM脉冲输出设置

以Q0.1为脉冲输出端的PWM脉冲输出的设置步骤如下。

(1) 使用初始化脉冲触点SM0.1调用PWM脉冲输出初始化操作子程序SBR_0。这个结构可以使系统在后续的扫描过程中不再调用这个子程序，从而减少了扫描时间，且程序更为结构化。

(2) 在初始化子程序SBR_0中，将16#D3(2#11010011)写入SMB77控制字节中。设置内容为：脉冲输出允许、选择PWM方式、使用同步更新、选择以微秒为增量单位、可以更新脉冲宽度和周期。

(3) 向SMW78中写入希望的周期值。

(4) 向SMD80中写入希望的脉冲宽度。

(5) 执行PLS指令，开始输出脉冲。

(6) 若要在后续程序运行中只允许修改脉冲宽度，则向SMB77中写入16#D2(2#11010010)，即可以改变脉冲宽度，但不允许改变周期值，再次执行PLS指令。

在上面初始化子程序的基础上，若要改变脉冲宽度，则执行以下步骤。

(1) 调用一子程序，把所需脉冲宽度写入SMD80中。

(2) 执行PLS指令。

2) 应用实例

编写实现脉冲宽度调制PWM的程序，要求脉冲周期为10000 ms，通过Q0.1输出。根据要求控制字节为(SMB77)=16#DB，设计程序如图6-4所示。

三、PID回路指令

在工业生产中，常需要用闭环控制方式来实现温度、压力、流量等连续变化的模拟量控制。无论使用模拟控制器的模拟控制系统，还是使用计算机(包括PLC)的数字控制系统，PID控制

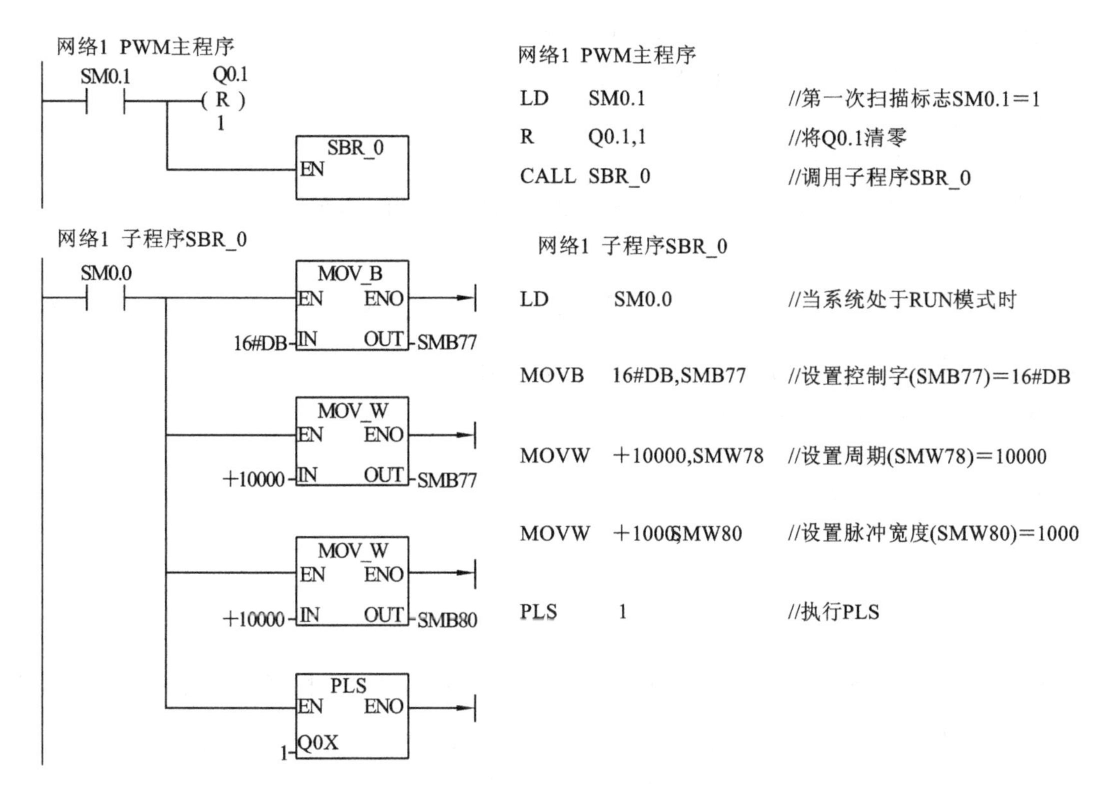

图 6-4 PWM 控制程序

都得到了广泛的应用。PID 控制器是比例—积分—微分控制的简称，具有以下优点：

(1) 不需要精确的控制系统数学模型；

(2) 有较强的灵活性和适应性；

(3) 结构典型、程序设计简单、工程上易于实现、参数调整方便。

积分控制可以消除系统的静差，微分控制可以改善系统的动态特性，比例、积分、微分三者有效地结合可以满足不同的控制要求。

1. PID 控制算法基础

1) PID 算法简介

PID 控制算法在过程控制领域中的闭环控制中得到了广泛的应用。图 6-5 所示为带 PID 控制器的闭环控制系统框图。

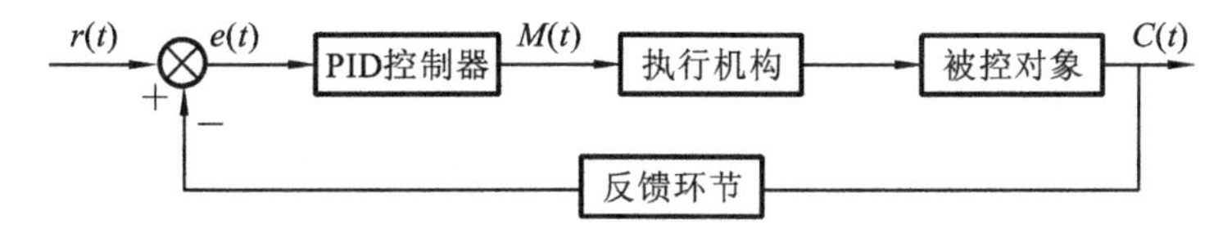

图 6-5 带 PID 控制器的闭环控制系统框图

PID 控制器可调节回路输出，使系统达到稳定状态。在一般情况下，控制系统主要针对被控参数 PV(又称过程变量)与期望值 SP(又称给定值)之间产生的偏差 e 进行 PID 运算。其数学函数表达式为

$$M(t) = K_c e + K_c\int_0^t e\mathrm{d}t + K_c \mathrm{d}e/\mathrm{d}t + M_{\mathrm{initial}} \tag{6-1}$$

式中：$M(t)$——PID运算的输出，是时间 t 的函数；

e——控制回路偏差，PID运算的输入参数；

K_c——PID回路系数(增益)；

$M_{initial}$——PID回路初始值。

数字计算机处理这个函数关系式，必须将连续函数离散化，对偏差周期采样后，计算输出值。式(6-2)是式(6-1)的离散形式，具体公式为

$$M_n = K_c e_n + K_i \sum_{i=1}^{n} e_i + K_d (e_n - e_{n-1}) + M_{initial} \tag{6-2}$$

式中：M_n——在第 n 个采样时刻PID回路输出的计算值；

K_c——PID回路系数(增益)；

K_i——积分运算系数(增益)；

K_d——微分运算系数(增益)；

e_n——在第 n 个采样时刻的偏差值；

e_{n-1}——在第 $n-1$ 个采样时刻的偏差值(偏差前值)；

$M_{initial}$——PID回路初始值。

式(6-2)中，积分项 $K_i \sum_{i=1}^{n} e_i$ 是包括从第1个采样周期到当前采样周期的所有误差的累积值。计算中，没有必要保留所有采样周期的误差项，只需保留积分项前值 MX 即可。CPU实际上是使用式(6-3)的改进形式的PID算法，具体公式为

$$M_n = K_c e_n + K_i e_n + MX + K_d (e_n - e_{n-1}) = MP_n + MI_n + MD_n \tag{6-3}$$

式中：MX——积分项前值(在第 $n-1$ 采样时刻的积分项)；

MP_n——第 n 个采样时刻的比例项；

MI_n——第 n 个采样时刻的积分项；

MD_n——第 n 个采样时刻的微分项。

(1) 比例项。

比例项 MP_n 是增益 K_c(决定输出对偏差的灵敏度)和偏差 e_n 的乘积。增益为正的回路为正作用回路，反之为反作用回路。选择正、反作用回路的目的是使系统处于负反馈控制。CPU采用式(6-4)来计算 MP_n，具体公式为

$$MP_n = K_c e_n = K_c (SP_n - PV_n) \tag{6-4}$$

式中：SP_n——第 n 个采样时刻的给定值；

PV_n——第 n 个采样时刻的过程变量值。

(2) 积分项。

积分项 MI_n 与偏差的和成正比，是各次积分项的累积值。CPU采用式(6-5)来计算 MI_n，具体公式为

$$MI_n = K_i e_n + MX = K_c T_s / T_i (SP_n - PV_n) + MX \tag{6-5}$$

式中：T_s——采样周期；

T_i——积分时间常数。

积分项前值 MX 是第 n 采样周期前所有积分项之和。在每次计算出 MI_n 之后，都要用 MI_n 去更新 MX。第一次计算时，MX 的初值被设置为 $M_{initial}$(初值)。采样周期 T_s 是每次采样的时间间隔，而积分时间常数 T_i 控制积分项在控制量计算中的作用程度。

（3）微分项。

微分项 MD_n 与偏差的变化成正比，具体公式为

$$MD_n = K_d(e_n - e_{n-1}) = \frac{K_c T_d}{T_s}[(SP_n - PV_n) - (SP_{n-1} - PV_{n-1})] \tag{6-6}$$

为了避免给定值变化的微分作用而引起的跳变，可设置给定值不变（$SP_n = SP_{n-1}$）。那么计算公式可简化为式(6-7)，具体公式为

$$MD_n = \frac{K_c T_d}{T_s}(SP_n - PV_n - SP_{n-1} + PV_{n-1}) = \frac{K_c T_d}{T_s}(PV_{n-1} - PV_n) \tag{6-7}$$

式中：T_d——微分时间常数；

SP_{n-1}——第 $n-1$ 采样时刻的给定值；

PV_{n-1}——第 $n-1$ 采样时刻的过程变量值。

2）PLC实现PID控制的方式方法

（1）PID过程控制模块。

这种模块的PID控制程序是PLC生产厂家设计的，并存放在模块中，用户使用时要设置一些参数，使用起来非常方便，一个模块可以控制几路甚至几十路闭环回路。

（2）PID功能指令。

现在很多PLC都有供PID控制用的功能指令，如S7-200系列PLC的PID指令。它们实际上是用于PID控制的子程序，与模拟量输入/输出模块一起使用，可以得到类似于使用PID过程控制模块的效果。

（3）用自编的程序实现PID闭环控制。

有的PLC没有PID过程控制模块和PID控制用的功能指令，在这种情况下需要用户自己编制PID控制程序。

本书以西门子S7-200系列PLC为例，说明其PID功能指令的使用及控制功能的实现。

2. PID回路指令

1）指令格式及梯形图

PID回路指令的梯形图和指令表格式见表6-11。

表6-11 PID回路指令的基本格式

名　称	PID运算	
指令表格式	PID TBL，LOOP	
梯形图格式	PID EN ENO TBL LOOP	
操作数	TBL	VB(BYTE型)
	LOOP	常数(0～7)

2）指令功能

PID指令当EN端口的执行条件存在时，运用回路表中的输入信息和组态信息进行PID运算。该指令有两个操作数：TBL和LOOP。其中TBL是回路表的起始地址，操作数限用VB区域；LOOP是回路号，可以是0～7的整数。在程序中最多可以用8条PID指令，PID回路指令

不可重复使用同一个回路号(即使这些指令的回路表不同),否则会产生不可预料的结果。

回路表包含9个参数,用来控制和监视PID运算。这些参数分别是过程变量当前值PV_n、过程变量前值PV_{n-1}、给定值SP_n、输出值M_n、增益K_c、采样时间T_s、积分时间T_i、微分时间T_d和积分项前值MX。36个字节的回路表格式见表6-12。若要以一定的采样频率进行PID运算,采样时间必须输入到回路表中,且PID指令必须编入定时发生的中断程序中,或者在主程序中由定时器控制PID指令的执行频率。

表6-12 PID指令回路表

偏移地址	变量名	数据类型	变量类型	描述
0	过程变量(PV_n)	实数	输入	必须在0.0~1.0之间
4	给定值(SP_n)	实数	输入	必须在0.0~1.0之间
8	输出值(M_n)	实数	输入/输出	必须在0.0~1.0之间
12	增益(K_c)	实数	输入	比例常数,可正可负
16	采样时间(T_s)	实数	输入	单位为s,必须是正数
20	积分时间(T_i)	实数	输入	单位为min,必须是正数
24	微分时间(T_d)	实数	输入	单位为min,必须是正数
28	积分项前值(MX)	实数	输入/输出	必须在0.0~1.0之间
32	过程变量前值(PV_{n-1})	实数	输入/输出	最近一次PID运算的过程变量值,必须在0.0~1.0之间

对于PID回路的控制,有些控制系统只需要比例、积分、微分其中的一种或两种控制类型。通过设置相关参数即可选择所需的回路控制类型。

如只需要比例、微分回路控制,可以把积分时间常数设为无穷大(INF),此时积分项为初值,也就是说即使没有积分运算,积分项的数值也可能不为零。

只需要比例、积分回路控制,可以把微分时间常数置为0。

只需要积分或微分回路,则可以把回路增益K_c设为0.0,在计算积分项和微分项时,系统把回路增益K_c当成1.0。

一般情况下,比例、积分回路控制应用较多。微分控制的作用不宜过强,否则易引起系统的不稳定。

3) PID回路指令控制方式

S7-200系列PLC中,PID回路指令没有控制方式的设置,只要EN端有效就可以执行PID指令。PID指令执行称为“自动”方式,PID指令不运行称为“手动”的方式。当EN端口检测到一个正跳变(从0~1)信号,PID回路就从手动方式切换到自动方式。为达到无扰动切换,必须用手动方式将当前输入值填入回路表中的M_n栏,用来初始化输出值M_n,同时PID指令对回路表中的数值执行下列运算,以确保当检测到0~1使能位转换时从手动控制顺利转换成自动控制:

$$置给定值\ SP_n = 过程变量\ PV_n$$

$$置过程变量前值\ PV_{n-1} = 过程变量当前值\ PV_n$$

$$置积分项前值\ MX = 输出值\ M_n$$

4) 回路输入输出变量的数值转换及其范围

PID控制有两个输入量:给定值(SP_n)和过程变量(PV_n)。多数工艺要求给定值是固定的值，例如，加热炉温度的给定值。过程变量是经 A/D 转换和计算后得到的被控量的实测值，如加热炉温度的测量值。给定值与过程变量都是与被控对象有关的值，对于不同的系统，它们的大小、范围与工程单位有很大的区别，S7-200 系列 PLC 的 PID 指令对这些量进行运算之前，必须将其转换成标准化的浮点数（实数）。同样，对于 PID 指令的输出，在将其送给 D/A 转化器之前，也需进行转换。

（1）回路输入变量的转换和归一化处理。

每个 PID 回路有两个输入变量，给定值 SP 和过程变量 PV。给定值通常是一个固定的值，如温度控制中温度的给定值，过程变量 PV 则与 PID 回路输出有关，并反映了控制的效果，比如在温度控制系统中，测量并转换为标准信号的温度值就是过程变量。

给定值和过程变量一般都是实际工程物理量，其数值大小、范围和测量单位都可能不一样，执行 PID 指令前必须把它们转换成标准的浮点型实数。

① 回路输入变量的数据转换。

把 A/D 模拟量单元输出的整数值转换成浮点型实数值，程序如下：

```
XORD   AC0,AC0          //将 AC0 初始化清零
ITD    AIW0,AC0         //将输入值转换成双整数
DTR    AC0,AC0          //将 32 位双整数转换成实数
```

② 实数值的归一化处理。

将实数值进一步归一化为 0.0～1.0 之间的实数，归一化的公式为

$$R_{noum}=(R_{raw}/S_{pan}+Off_{set}) \tag{6-8}$$

式中：R_{noum}——标准化的实数值；

R_{raw}——未标准化的实数值；

Off_{set}——补偿值或偏置，单级性为 0.0，双极性为 0.5；

S_{pan}——值域大小，为最大允许值减去最小允许值，单极性为 32000（典型值），双极性为 64000（典型值）。

双极性实数标准化的程序如下：

```
/R        64000.0,AC0      //累加器值进行标准化
+R        0.5,AC0          //加上偏置，使其落在 0.0～1.0 之间
MOVR      AC0,VD100        //标准化的值存入回路表的过程变量 PVn 中
```

（2）回路输出变量的数据转换。

回路输出变量是用来控制外部设备的，例如，控制水泵的速度。PID 运算的输出值是0.0～1.0 之间的标准化了的实数值，在输出变量传送给 D/A 模拟量单元之前，必须把回路输出变量转换成相应的整数。这一过程是实数值标准化的逆过程。

① 回路输出变量的刻度化。

把回路输出的标准化实数转换成实数，公式如下

$$R_{scal}=(M_n-Off_{set})S_{pan} \tag{6-9}$$

式中：R_{scal}——回路输出的刻度实数值；

M_n——回路输出的标准化实数值；

Off_{set}、S_{pan} 定义同式(6-8)。

回路输出变量的刻度化的程序如下。

```
MOVR      VD108,AC0        //将回路输出值放入累加器
```

```
-R        0.5,AC0          //对双极性输出,要减0.5的偏置(单极性无此句)
*R        64000.0,AC0      //得到回路输出的刻度值
```

② 将实数转换为整数(INT)。

把回路输出变量的刻度值转换成整数(INT)的程序为

```
ROUND     AC0,AC0          //实数转换为32位整数
MOVW      AC0,AQW0         //将输出值输出到模拟量输出寄存器
```

(3) 变量的范围。

过程变量和给定值是PID运算的输入变量,因此在回路表中这些变量只能被回路指令读取而不能改写。

输出变量是由PID运算产生的,在每一次PID运算完成之后,需要把新输出值写入回路表以供下一次PID运算使用。输出值应为0.0~1.0之间的实数。

如果使用积分控制,积分项前值MX要根据PID运算结果更新,每次PID运算后更新了的积分项前值要写入回路表,用作下一次运算的输入。若输出值超过范围(>1.0或<0.0),那么积分项前值MX必须根据下列公式进行调整。

当计算输出值$M_n>1.0$时,有

$$MX=1.0-(MP_n-MD_n) \tag{6-10}$$

当计算输出值$M_n<0.0$时,有

$$MX=-(MP_n-MD_n) \tag{6-11}$$

式中:MX——经过调整了的积分项前值;

MP_n——第n次采样时刻的比例项;

MD_n——第n次采样时刻的微分项。

修改回路表中积分项前值时,应保证MX的值在0.0~1.0之间。调整积分项前值后使输出值回到(0.0~1.0)范围,可以提高系统的响应性能。

5) PID指令运行出错条件

PID指令不检查回路表中的值是否在范围之内,所以必须确保过程变量、给定值、输出值、积分项前值、过程变量前值在0.0~1.0之间。如果指令操作数超出范围,CPU会产生编译错误,导致编译失败。

如果PID运算发生错误,那么特殊存储器标志位SM1.1(溢出或非法值)会被置1,并且中止PID指令的执行。要想消除这种错误,单靠改变回路中的输出值是不够的,正确的方法是在下一次执行PID运算之前,改变引起运算错误的输入值,而不是更新输出值。

3. PID指令应用举例

1) 控制要求

某水箱其出水口流量是变化的,进水口流量可通过调节水泵转速控制,水位检测由差压变送器完成。现对水箱进行水位控制,使其水位保持在满水位的75%。以PLC为主控制器,采用EM235模拟量模块实现模拟量和数字量的转换,差压变送器检测出的水位测量值通过模拟量输入通道送入PLC中,PID回路输出值通过模拟量的转化控制变频器实现对水泵转速的调节。

2) 控制程序的实现

在以上控制要求中,水位测量值为过程变量PV,满水位的75%为给定值SP。本例中过程变量PV和回路输出量归一化采用单极性方案。控制方式采用比例、积分控制,PID参数采用

如下设置：$K_c=0.25$，$T_s=0.1$ s，$T_i=30$ min。具体的程序如图 6-6 所示，系统的执行过程如下。

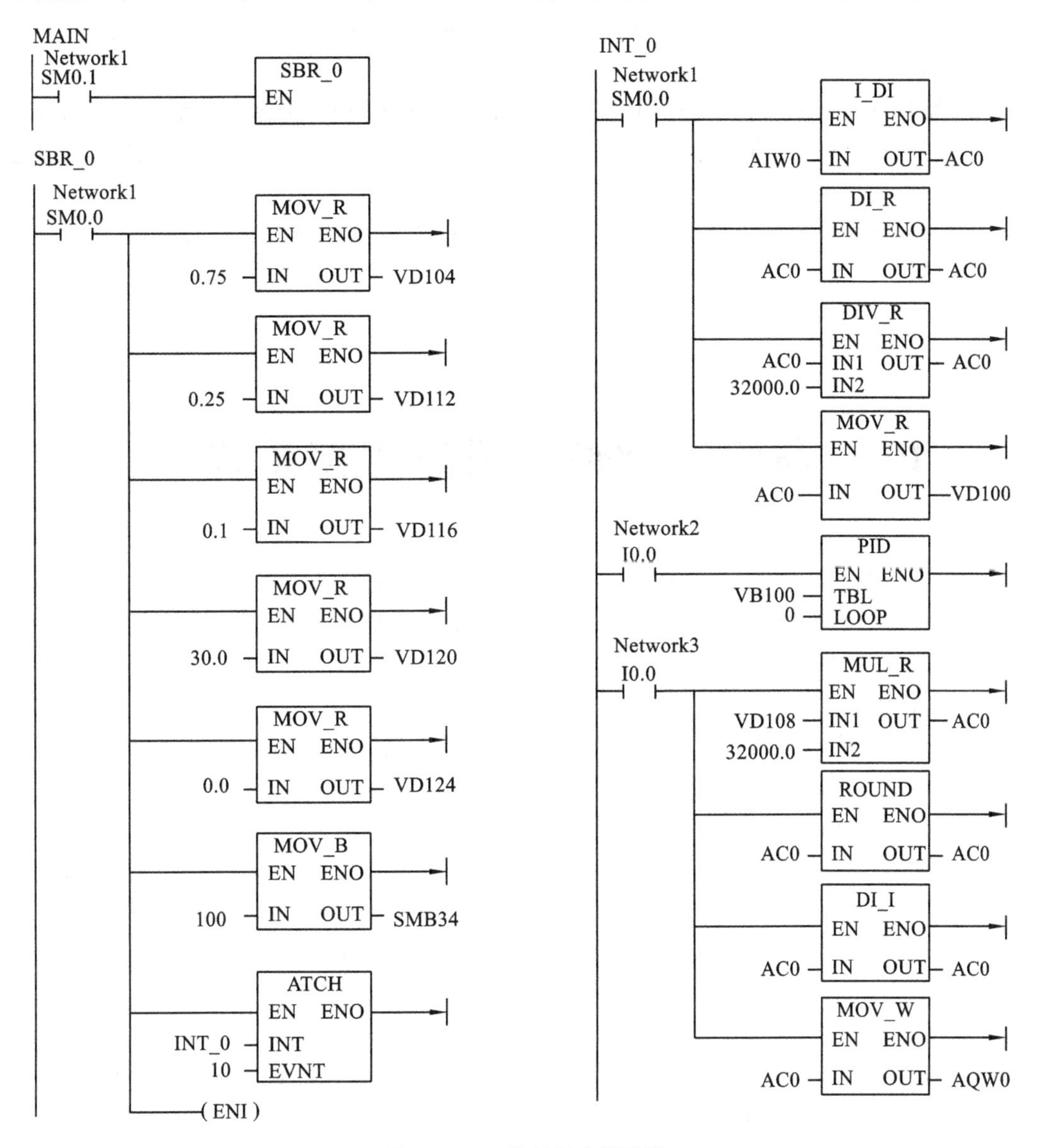

图 6-6 PID 控制程序梯形图

(1) 系统启动时，关闭出水口，用手动方式控制进水，使水位达到满水位的 75%，然后打开出水口，同时将控制方式从“手动”转为“自动”。I0.0 控制 PID 指令的启动，只需提供一个上升沿。

(2) SBR_0 子程序中为 PID 参数设置及定时中断程序的启动。

(3) 定时中断程序 INT_0 中为数据的标准化、PID 指令的执行及控制量的输出。

4. PID 指令使用说明

PID 指令在使用过程中应该注意以下几点。

(1) 采用主程序、子程序、中断程序的程序结构形式，可优化程序结构，减少周期扫描时间。

(2) 在子程序中，先进行组态编程的初始化工作，将五个固定值的参数(SP_n、K_c、T_s、T_i、T_d)填入回路表。然后再设置定时中断，以便周期地执行 PID 指令。

(3) 在中断程序中完成以下三个任务。

① 将由模拟量输入模块提供的过程变量 PV_n 转换成标准化的实数(0.0～1.0之间的实数)并填入回路表。

② 设置PID指令的无扰动切换的条件(如I0.0),并执行PID指令。使系统由手动方式无扰动地切换到自动方式。将参数 M_n、SP_n、PV_{n-1}、MX 先后填入回路表,完成回路表的组态编程,从而实现周期地执行PID指令。

③ 将PID运算输出的标准化实数值 M_n 先刻度化,然后再转换成有符号整数(INT),最后送至模拟量输出模块,以实现对外部设备的控制。

6.2 PLC与组态软件构成的监控系统

在大多数控制系统中,仅仅实现控制是不够的,在许多情况下需要监控界面对工艺过程和参数进行监控。对S7-200系列PLC组成的控制系统进行监控一般有三种方法:组态软件监控、第三方软件编制的监控软件监控、触摸屏监控。

1) 组态软件来监控

使用第三方组态软件编制的监控软件,其功能强大、灵活性好、可靠性高,在复杂控制系统中得到了广泛的应用,但是软件成本较高。

2) 第三方软件编制的监控软件监控

用高级语言(如VC++或Delphi)开发监控系统,其灵活性高、系统投资低、能适用于各种系统,但是开发工作量大、系统可靠性难保证,除了对技术人员的经验和技术水平的要求较高外,还必须购买通信协议软件,在系统资金投资有限,技术人员水平较高的情况下可以采用此方法。

3) 触摸屏监控

这种方法可靠性高、监控实现容易,而且触摸屏的生产厂商已经解决了触摸屏与PLC之间的通信问题,这样可以大大缩短工程周期,但这种方法灵活性较差、功能有限,不能满足复杂控制系统的监控要求,并且价格高,在系统可靠性要求高、工期短的情况下可以采用此方法。

本书介绍第一种方法,由于组态类的软件较多,在此以力控软件为例进行介绍。

一、组态软件概述

1. 组态软件产生的背景

组态(configure)是伴随着集散型控制系统DCS(distributed control system)的出现才开始被广大的生产过程自动化技术人员所熟知的。在工业控制技术的不断发展和应用过程中,PC(包括工控机)相比以前的专用系统具有的优势日趋明显,这些优势主要体现在:PC技术保持了较快的发展速度,各种相关技术已日臻成熟;由PC构建的工业控制系统具有相对较低的成本;PC的软件资源和硬件资丰富,软件之间的互操作性强;基于PC的控制系统易于学习和使用,可以容易地得到技术方面的支持。在PC技术向工业控制领域的渗透中,组态软件占据着非常特殊而且重要的地位。

2. 组态软件的概念

组态的含义是配置、设定、设置，是指用户通过类似“搭积木”的简单方式来完成自己所需要的软件功能，而不需要编写计算机程序，也就是所谓的组态。它有时候也称为二次开发，组态软件就称为二次开发平台。监控(supervisory control)，即监视和控制，是指通过计算机信号对自动化设备或过程进行监视、控制和管理。

组态软件，又称组态监控系统软件，译自英文SCADA(supervisory control and data acquisition)，即数据采集与监视控制。组态软件是指一些数据采集与过程控制的专用软件，它们是在自动控制系统监控层一级的软件平台和开发环境，使用灵活的组态方式，为用户提供快速构建工业自动控制系统监控功能的、通用层次的软件工具。组态软件应该能支持各种工控设备和常见的通信协议，并且通常能提供分布式数据管理和网络功能。对应于原有的人机接口软件(HMI，human machine interface)的概念，组态软件应该是一个使用户能快速建立自己的HMI的软件工具或开发环境。在组态软件出现之前，工控领域的用户通过手工或委托第三方编写HMI应用，开发时间长，效率低，可靠性差；或者购买专用的工控系统，通常是封闭的系统，选择余地小，往往不能满足需求，很难与外界进行数据交互，升级和增加功能都受到严重的限制。组态软件的出现，把用户从这些困境中解脱出来，可以利用组态软件的功能，构建一套最适合自己的应用系统。随着它的快速发展，实时数据库、实时控制、SCADA、通信及联网、开放数据接口、对I/O设备的广泛支持已经成为它的主要内容，随着技术的发展，监控组态软件将会不断被赋予新的内容。

3. 组态软件在我国的发展及国内外主要产品介绍

组态软件产品于20世纪80年代初出现，并在80年代末期进入我国，但在90年代中期之前，组态软件在我国的应用并不普及，究其原因大致有以下几点。

(1) 国内用户缺乏对组态软件的认识，项目中没有组态软件的预算，或宁愿投入人力物力针对具体项目做长周期的繁冗的上位机的编程开发，而不采用组态软件。

(2) 在很长时间里，国内用户的软件意识还不强，面对价格不菲的进口软件(早期的组态软件多为国外厂家开发)，很少有用户愿意去购买正版。

(3) 当时国内的工业自动化和信息技术应用的水平还不高，组态软件提供了对大规模应用、大量数据进行采集、监控、处理并可以将处理的结果生成管理所需的数据，这些需求并未完全形成。

随着工业控制系统应用的深入，在面临规模更大、控制更复杂的控制系统时，人们逐渐意识到原有的上位机编程的开发方式的不足：对项目来说是费时费力、得不偿失；同时管理信息系统(MIS，management information system)和计算机集成制造系统(CIMS，computer integrated manufacturing system)的大量应用，要求工业现场为企业的生产、经营、决策提供更详细和深入的数据，以便优化企业生产经营中的各个环节。因此在1995年以后，组态软件在国内的应用逐渐得到了普及。下面就对几款组态软件分别进行介绍。

1) InTouch

Wonderware的InTouch软件是最早进入我国的组态软件。在20世纪80年代末、90年代初，基于Windows 3.1的InTouch软件曾让我们耳目一新，并且InTouch提供了丰富的图库。但是早期的InTouch软件采用DDE方式与驱动程序通信，性能较差，最新的InTouch 7.0版已经完全基于32位的Windows平台,并且提供了OPC支持。

2) Fix

Intellution公司以Fix组态软件起家,1995年被爱默生收购,现在是爱默生集团的全资子公司,Fix 6.x软件提供工控人员熟悉的概念和操作界面,并提供完备的驱动程序(需单独购买)。Intellution将自己最新的产品系列命名为iFiX,在iFiX中Intellution提供了强大的组态功能,但新版本与以往的6.x版本并不完全兼容。原有的Script语言改为VBA(visual basic for application),并且在内部集成了Microsoft的VBA开发环境。遗憾的是Intellution并没有提供6.1版脚本语言到VBA的转换工具。在iFiX中Intellution的产品与Microsoft的操作系统、网络进行了紧密的集成。Intellution也是OPC(OLE for process control)组织的发起成员之一。iFiX的OPC组件和驱动程序同样需要单独购买。

3) Citech

CiT公司的Citech也是较早进入中国市场的产品。Citech具有简洁的操作方式,但其操作方式更多的是面向程序员,而不是工控用户。Citech提供了类似C语言的脚本语言进行二次开发,但与iFix不同的是,Citech的脚本语言并非是面向对象的,而是类似于C语言,这无疑为用户进行二次开发增加了难度。

4) WinCC

Simens的WinCC也是一套完备的组态开发环境,Simens提供类C语言的脚本,包括一个调试环境。WinCC内嵌OPC支持,并可对分布式系统进行组态,但WinCC的结构较复杂,一般用户需要经过Simens的培训以掌握WinCC的应用。

5) *组态王*

组态王是国内第一家较有影响的组态软件开发公司(更早的品牌多数已经湮灭)。组态王KingView由北京亚控科技发展有限公司开发,该公司成立于1997年,目前在国产软件市场中占据着一定地位。组态王提供了资源管理器式的操作主界面,并且提供了以汉字作为关键字的脚本语言支持。组态王也提供多种硬件驱动程序。

6) ForceControl(*力控*)

由北京三维力控科技有限公司开发的ForceControl(力控)从时间概念上来说也是国内较早就已经出现的组态软件之一。2012年9月该公司推出的全新工业监控组态软件ForceControl V7.0,正式面向市场发行。该产品是力控科技根据当前制造业和信息技术的融合发展日益深化的趋势,总结多年来的行业工程实践经验,以及对行业领军用户需求进行深度分析的基础上设计开发的自动化软件产品。该产品可以广泛应用于油气、化工、煤炭、电力、环保、能源管理、智能建筑等行业。与以往的ForceControl监控组态软件产品相比,该产品在图形处理、组件交互、通信机制等方面有突破性提升,全面支持微软32/64位Windows 7及Windows Server 2008操作系统,通过提供可靠、灵活、高性能的监控系统平台,极大地提升了客户的投资回报率。

4. 组态软件的特点

组态软件有强大的数据处理功能,能够对工业现场产生的数据以各种方式进行统计处理,使用户能够在第一时间获得有关现场情况的第一手数据。用户可以通过组态软件与现场情况实现对接,从而通过计算机了解现场的一切情况,也可以通过组态软件来模拟理想的现场状况。组态软件的主要特点如下。

1) *延续性和可扩充性*

用通用组态软件开发的应用程序,当现场(包括硬件设备或系统结构)或用户需求发生改变时，不需作很多修改便可完成软件的更新和升级。

2）封装性

通用组态软件所能完成的功能都用一种方便用户使用的方法封装起来，对于用户，不需掌握太多的编程技术（甚至不需要编程技术），就能很好地完成一个复杂工程所要求的所有功能。

3）通用性

每个用户根据工程实际情况，利用通用组态软件提供的底层设备（PLC、智能仪表、智能模块、板卡、变频器等）的 I/O Driver、开放式的数据库和画面制作工具，就能完成一个具有动画效果、实时数据处理、历史数据和曲线并存、具有多媒体功能和网络功能的工程，不受行业限制。

二、S7-200 系列 PLC 与力控软件组成的监控系统实例

作为应用实例，本书以北京三维力控科技有限公司的产品 ForceControl V6.1 为组态软件，介绍 S7-200 系列 PLC 与力控软件构成的监控系统的设计方法，通过该实例可以初步了解监控软件与 PLC 设备的连接通信；学会在力控软件中组建实时数据库并与 PLC 的连接；学习使用力控软件组建实时监控界面。

1. 实例要求

编制一个电动机基本启停控制的监控系统，具体要求是：PLC 可以单独控制电动机的启停，力控软件编制的上位机监视界面可以实时的监视系统的运行情况并且可以通过上位机控制电动机的启停。

2. 具体设计

1）编写 PLC 程序

先编写一个 PLC 的梯形图程序并在 PLC 上调试运行正常。本实例选用的 PLC 为 CPU226，具体的电动机启停控制的梯形图程序如图 6-7 所示，图中的 M0.0 和 M0.1 为中间继电器位，它作为上位机控制系统运行的中间变量，其 I/O 地址分配表如表 6-13。

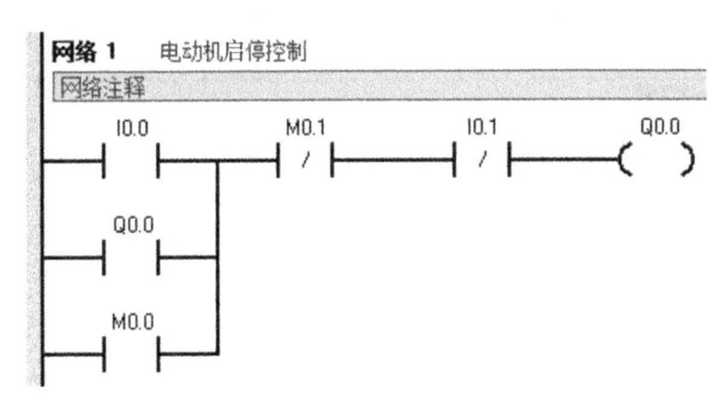

图 6-7 电动机启停控制梯形图

表 6-13 电动机启停控制 I/O 地址分配表

I/O 地址	描　述
I0.0	启动
I0.1	停止
Q0.0	控制电动机运转

2）运行力控软件

双击力控软件的快捷方式运行软件，进入软件界面后出现工程管理器界面如图 6-8 所示，里面有 Demo1、Demo2 的工程示例，分别用于不同分辨率下的显示。可以选择一个，单击“运行”或“开发”按钮进入它的示例。

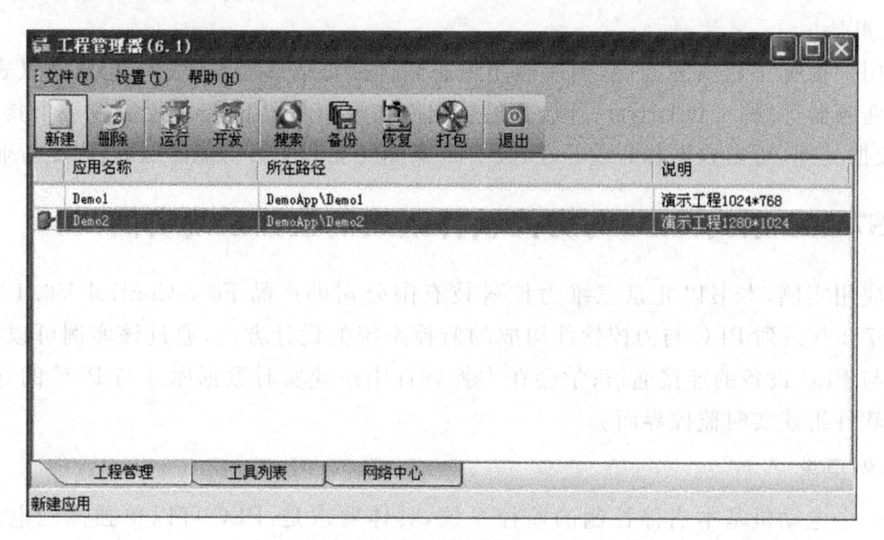

图 6-8 力控软件的工程管理器界面

3）创建工程

选择“新建”图标创建一个工程，弹出对话框如图 6-9 所示，在“项目名称”内输入工程名并选择保存路径后单击“确定”按钮，然后选择刚创建的工程并单击“开发”按钮进入“开发系统”界面，如图 6-10 所示。下面开始工程开发，在此需要提及和说明的是数据库组态和 IO 设备组态的建立。

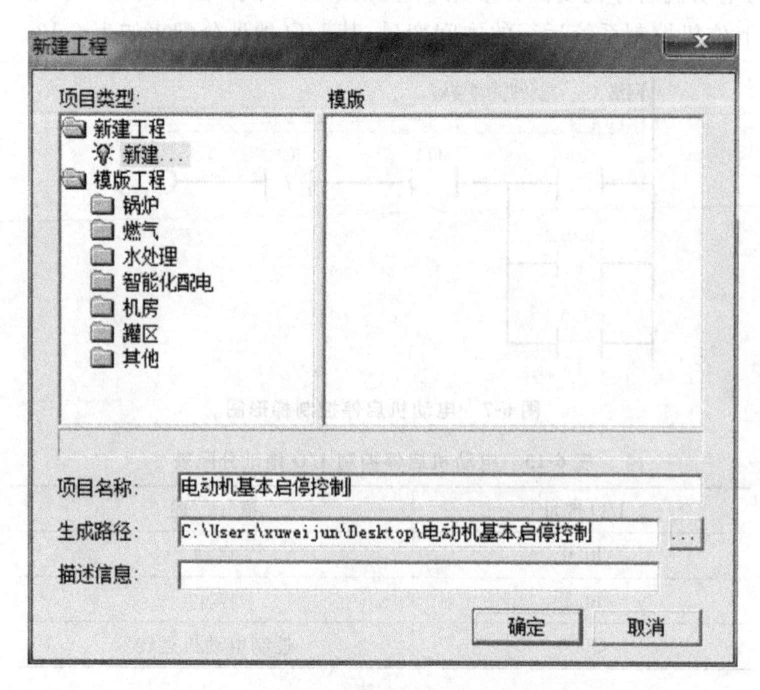

图 6-9 “新建工程”对话框

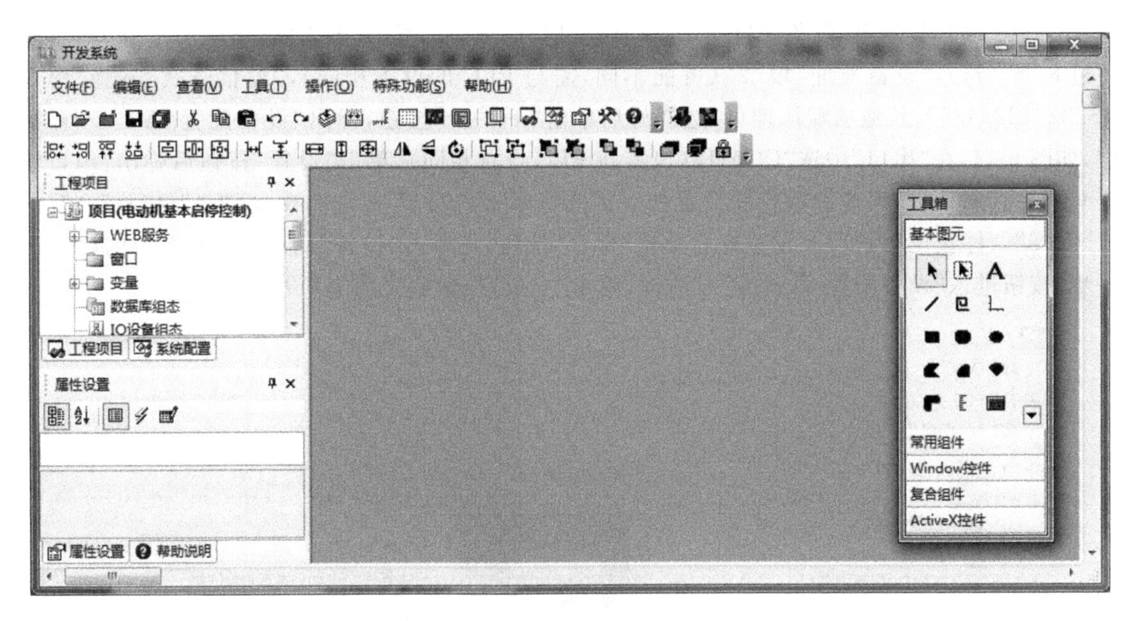

图 6-10 “开发系统”界面

(1) 数据库组态是在创建的工程下定义一些变量与 PLC 编程中需要监控的量一一对应。

(2) IO 设备组态是实现力控软件与 PLC 设备的通信以实现监控效果。

在“开发系统”界面的“工程项目”中找到“窗口”并双击，新建一个窗口，弹出的对话框如图 6-11 所示，在“窗口属性”对话框中键入窗口名字“基本启停控制”，其他设定项可默认，单击“确定”按钮后即可创建一个监控窗口。

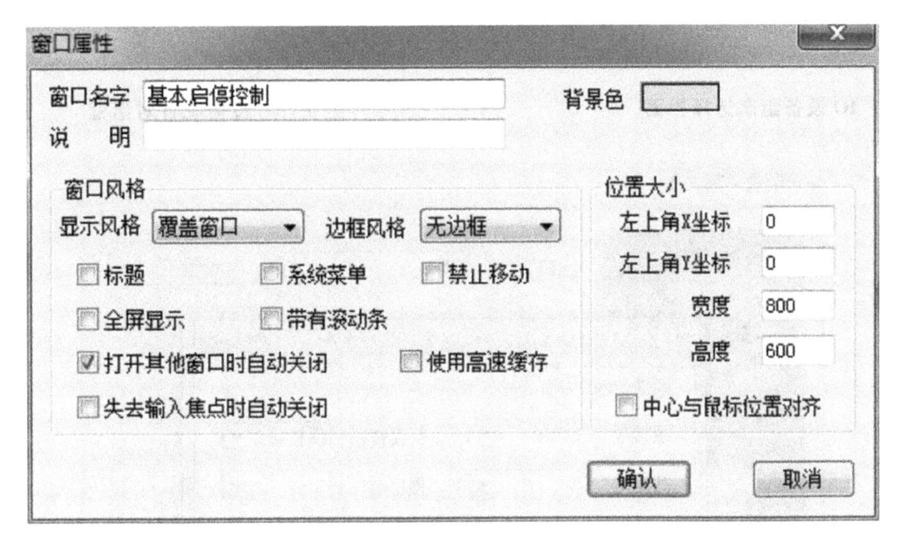

图 6-11 “窗口属性”对话框

4) IO 设备组态

先进行 IO 设备组态，以便事先测试力控软件和 PLC 设备的通信是否正常。具体方法是：在“开发系统”界面的“工程项目”中找到“IO 设备组态”，双击后弹出“IoManager”对话框。由于需要监控的 PLC 设备为西门子 S7-200 系列 PLC，它与计算机的通信方式使用 PPI 线缆连接，所以在“IO 设备”里选择“PLC”并找到西门子 S7-200(PPI)，如图 6-12 所示(注意：要选对)；双击“S7-200(PPI)”,弹出“设备配置-第一步”对话框,如图6-13所示,键入“设备名称”(注意:不能超过8个字符),“设备地址”填“2”(可能不同,需与PLC的设置相同),“通信方式”选择“串口RS232/422/485”,其他项默认即可,选择好后单击“下一步”按钮,弹出“设备配置-第二步”对话框,如图6-14,在“串口”中选“COM1”(也需与PLC设置相同),单击“设置”按钮后弹出“串口设置COM:1”对话框,串口参数各项设置如下:“波特率”为“9600”,“奇偶校验”为“偶校验”,“数据位”为“8”,“停止位”为“1”。设置好后单击“保存”按钮,再单击“设备配置-第二步”对话框的“下一步”按钮进入“设备配置-第三步”对话框,单击“完成”按钮后完成IO设备组态。

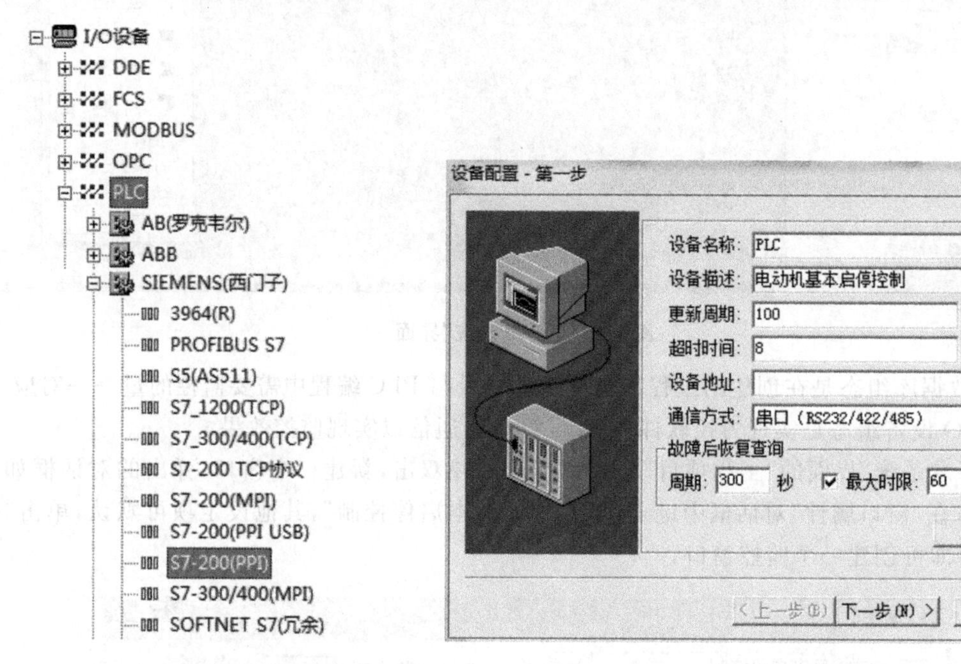

图6-12　IO设备组态选择界面

图6-13　设备配置对话框

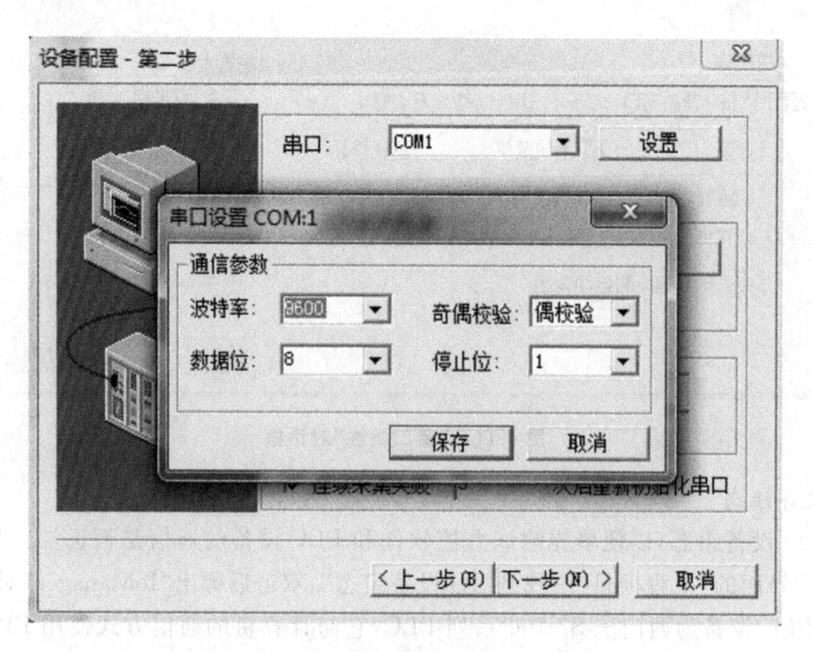

图6-14　串口设置

IO 设备组态完成后在“IoManager”对话框中增加了一条设备组态信息，如图 6-15 所示，在“IoManager”对话框中选择刚建好的设备，可更改刚才的设置或进行通信测试。通信测试测试上位机与 PLC 的通信是否正常，具体方法是：选中设备单击右键后选“测试”，在弹出的“IOTester”窗口中选择刚才建立 PLC 后单击“运行”按钮，设备状态显示为正常后方可进行后续的操作，通信测试界面如图 6-16 所示，若不能通信需查看设置是否正确并确保通信测试正常。

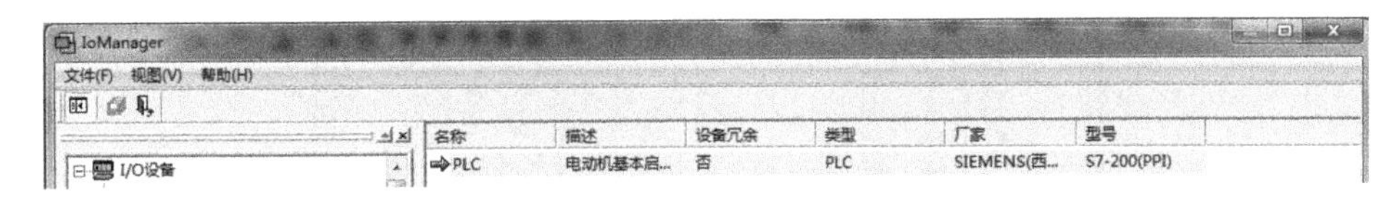

图 6-15 IO 设备组态完成

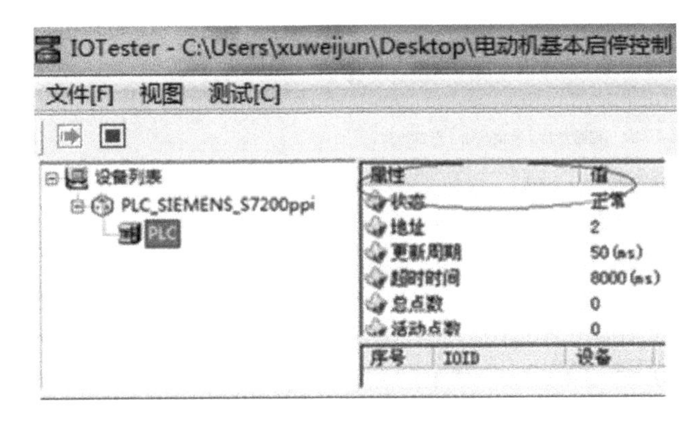

图 6-16 通信测试界面

5）数据库组态

数据库组态的具体方法是：在“开发系统”界面的“工程项目”中找到“数据库组态”，双击后弹出“DbManager”对话框，如图 6-17 所示，在“Name”栏双击后弹出“请指定区域、点类型”对话框，如图 6-18 所示，选择“区域…00”中的“数字 I/O 点”并单击“继续”按钮，弹出“新增”对话框，如图 6-19 所示，在“基本参数”选项卡中为该点起名字，如“RUN”，然后单击该对话框的“数据连接”选项卡中的“新增”按钮，在弹出的“设备组点对话框”中设置 I/O，如图 6-20 所示。

按照上述方法设置其他的数据组态，设置完成的数据库组态如图 6-21 所示。

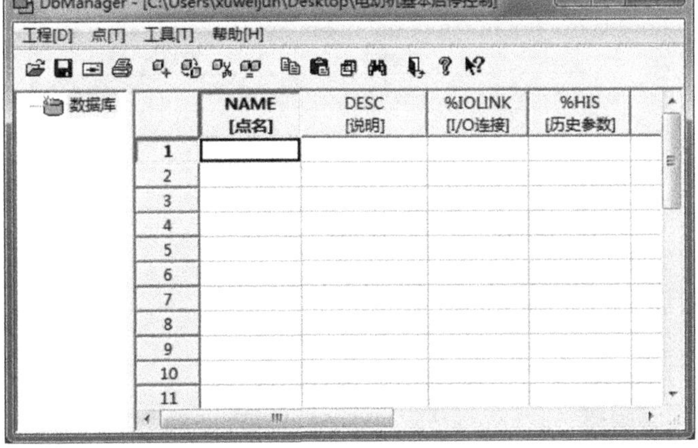

图 6-17 数据库组态对话框

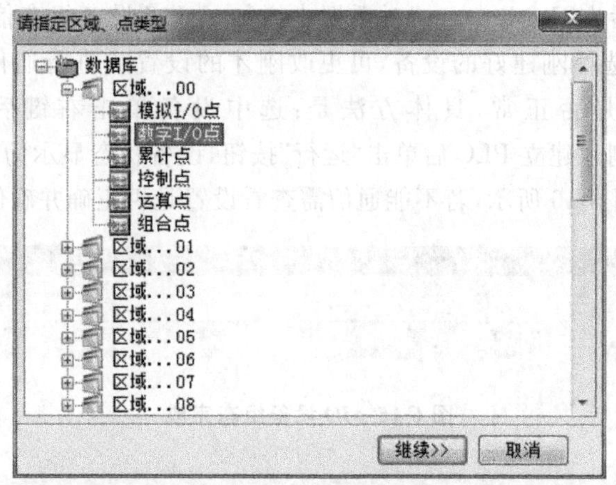

图 6-18　点类型选择

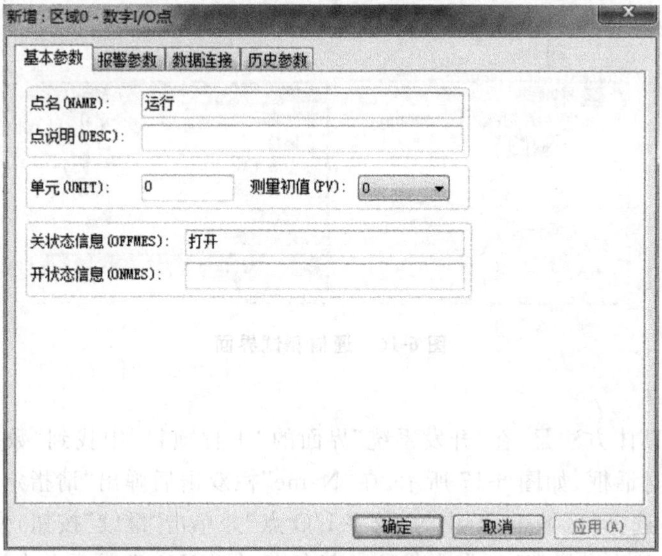

图 6-19　新增点连接属性设置

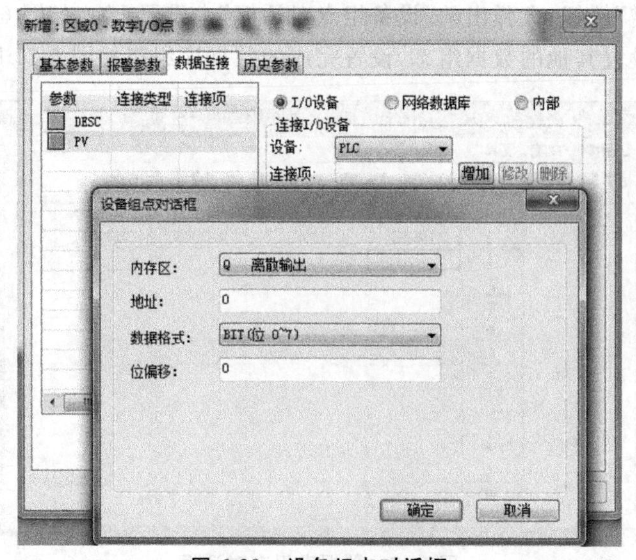

图 6-20　设备组点对话框

DbManager - [C:\Users\xuweijun\Desktop\电动机基本启停控制]

工程[D] 点[T] 工具[T] 帮助[H]

数据库
区域...00
数字I/O点

	NAME [点名]	DESC [说明]	%IOLINK [I/O连接]
1	RUN	电动机运转状态	PV=PLC:Q 离散输出|0|BIT|0
2	Start	上位机控制电动机启动	PV=PLC:M 内部内存位|0|BIT|0
3	Stop	上位机控制电动机停止	PV=PLC:M 内部内存位|0|BIT|1

图 6-21 建立的数据库组态信息

6）创建图形对象

在“开发系统”界面的“工程项目”中找到建立的“基本启停控制”窗口，接着在“工程项目”中找到“图库”并双击，弹出“图库”对话框，在该对话框的下拉列表中找到“电机”，选择一个合适的电动机图形，单击并拖放到窗口中，如图 6-22 所示。按照上述方法再选择两个“增强性按钮”对象、一个“指示灯”对象和三个“文本”对象，并设置各个对象的属性，调整各个对象的相对位置，最终的图形窗口如图 6-23 所示。

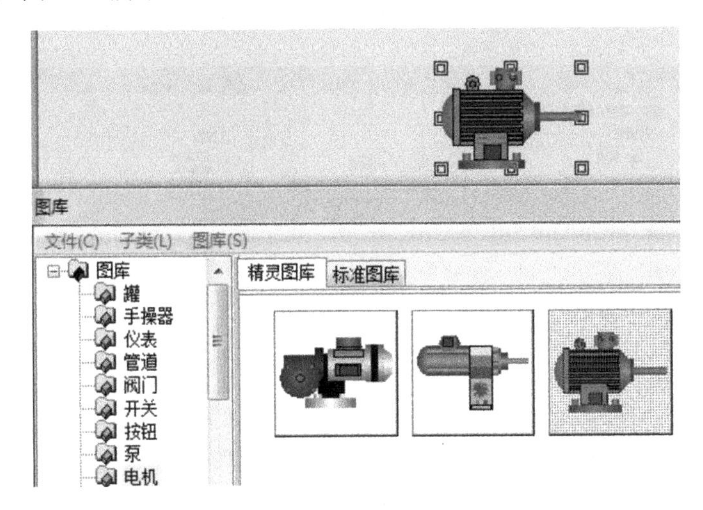

图 6-22 图形对象的建立

图 6-23 创建好的图形窗口

7）制作动画连接

至此我们已经做了很多事情，包括：I/O 设备组态、制作显示画面、创建数据库组态并与I/O设备中的过程数据连接，接下来将要回到开发环境的“窗口”中，通过制作动画连接使图形在画面上随过程数据的变化而活动起来。

动画连接是将画面中的图形对象与变量之间建立某种关系，当变量的值发生变化时，图形对象以动态变化的方式体现变量值的改变。具体制作过程如下。

(1) 电动机对象的动画连接。

双击窗口中的“电动机”对象,弹出图6-24所示对话框,单击“表达式”后的选择按钮,弹出“变量选择”对话框,如图6-25所示,在该对话框中选择相应的点和参数并单击“选择”按钮,最后单击“确定”即可。经过上述设置,当电动机运行时显示绿色,停止时显示红色。

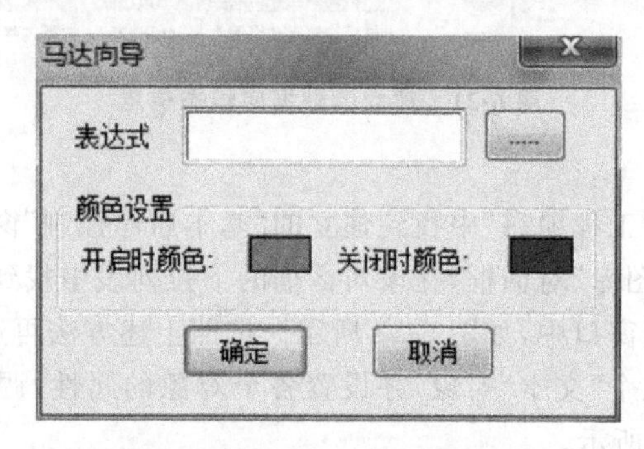

图6-24 电动机对象的动画连接

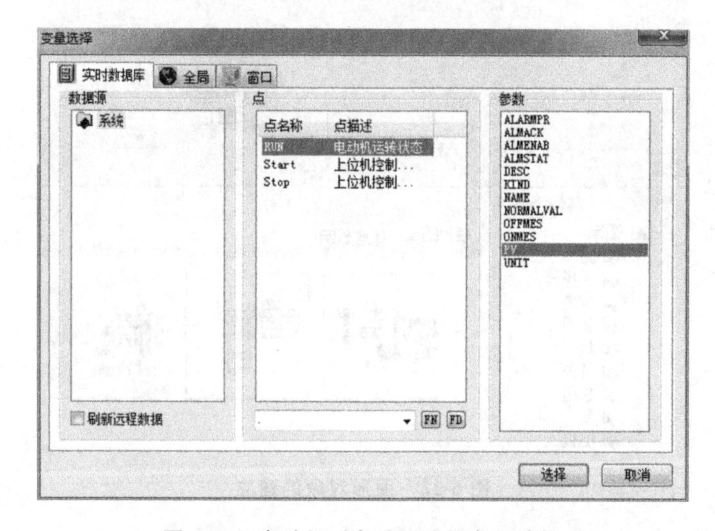

图6-25 电动机对象动画连接参数选择

(2) 指示灯(报警灯)对象的动画连接。

为了更为直观地显示电动机运转的状态,在窗口中特别设置一个报警灯来动态地显示电动机的状态,其动画设置过程是:双击窗口中的“报警灯”对象,弹出图6-26所示对话框,选中“允许闪烁”复选框,选择闪烁速度为“中速”,单击下边的变量选择按钮,弹出“变量选择”对话框,如图6-25所示,在该对话框中选择相应的点和参数并单击“选择”按钮,最后单击“确定”按钮即可。

图6-26 指示灯动画连接

(3) 增强性按钮对象的动画连接。

设置两个增强性按钮的主要目的是通过上位机来控制电动机的启动与停止,双击“启动”增强性按钮,弹出图6-27所示的对话框,在“触敏动作”栏中选择“左键动作”后弹出图6-28所示的脚本编辑器,在“按下鼠标”选项卡中键入“Start.

PV＝1;”,在“释放鼠标”选项卡中键入“Start. PV＝0;”,然后保存退出即可。“停止”增强性按钮的设置方法与“启动”增强性按钮的相同,只是在“按下鼠标”选项卡中键入“Stop. PV＝1;”,在“释放鼠标”选项卡中键入“Stop. PV＝0;”。

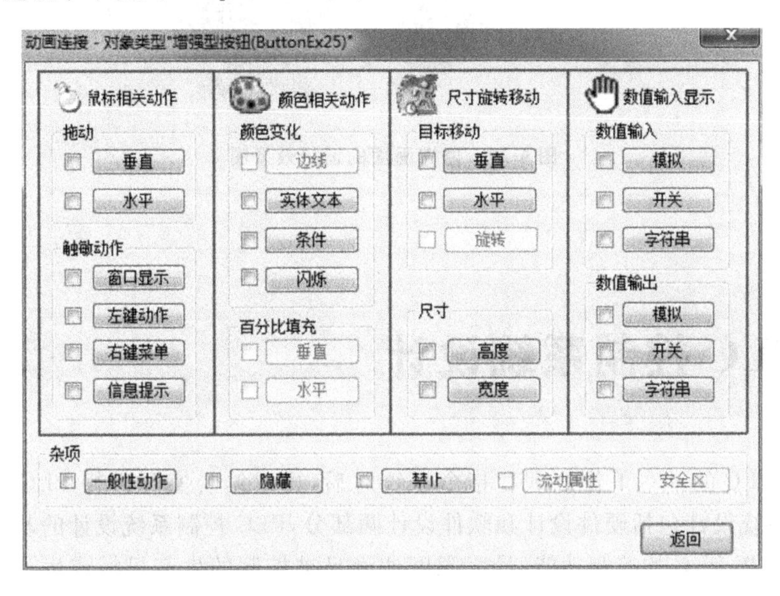

图 6-27 增强性按钮的动画连接

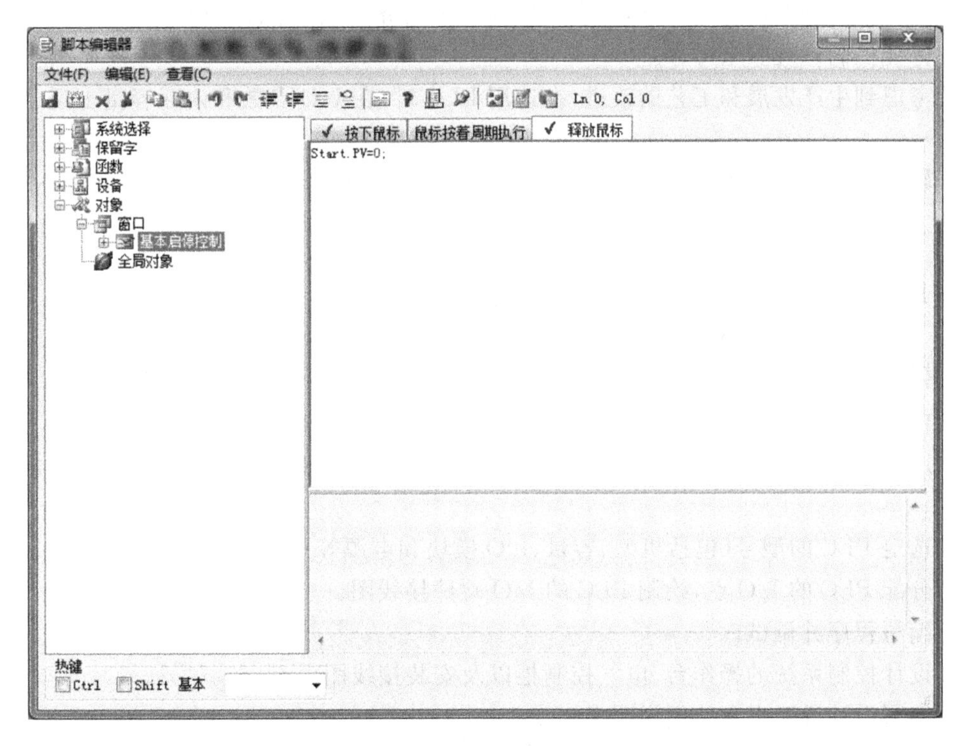

图 6-28 脚本编辑器窗口

至此,我们便完成了动画连接,接下来就可以运行程序以检测实际的运行效果了,该监控程序的执行效果如图 6-29 所示,运行过程中报警灯会随着电动机的运转而闪烁,并且可以通过上位机的两个控制按钮来控制电动机的启动和停止。

图6-29 监控画面的运行效果图

6.3 PLC控制系统设计

在了解了PLC的基本工作原理和指令系统之后，可以结合实际进行PLC的控制系统设计，PLC控制系统设计包括硬件设计和软件设计两部分，PLC控制系统设计的基本原则如下。

(1) 充分发挥PLC的控制功能，最大限度地满足被控制的生产机械或生产过程的控制要求。

(2) 在满足控制要求的前提下，力求使控制系统经济、简单、维修方便。

(3) 保证控制系统安全可靠。

(4) 考虑到生产发展和工艺的改进，在选用PLC时，在I/O点数和内存容量上适当留有余地。

(5) 软件设计主要是指编写程序，要求程序结构清楚、可读性强、程序简短、占用内存少、扫描周期短。

一、PLC控制系统的设计内容及设计步骤

1. 设计内容

(1) 根据设计任务书，进行工艺分析，并确定控制方案，它是设计的依据。

(2) 选择输入设备(如按钮、开关、传感器等)和输出设备(如继电器、接触器、指示灯等执行机构)。

(3) 选定PLC的型号(包括机型、容量、I/O模块和电源等)。

(4) 分配PLC的I/O点，绘制PLC的I/O硬件接线图。

(5) 编写程序并调试。

(6) 设计控制系统的操作台、电气控制柜以及安装接线图。

(7) 编写设计说明书和使用说明书。

2. 设计步骤

1) 工艺分析

深入了解控制对象的工艺过程、工作特点、控制要求，并划分控制的各个阶段，归纳各个阶段的特点，和各阶段之间的转换条件，画出控制流程图或功能流程图。

2）选择合适的 PLC 类型

在选择 PLC 机型时，主要考虑下面几点。

（1）功能的选择。

对于小型的 PLC 主要考虑 I/O 扩展模块、A/D 与 D/A 模块以及指令功能（如中断、PID 等）。

（2）I/O 点数的确定。

统计被控制系统的开关量、模拟量的 I/O 点数，并考虑以后的扩充（一般加上 10%～20% 的备用量），从而选择 PLC 的 I/O 点数和输出规格。

（3）内存的估算。

用户程序所需的内存容量主要与系统的 I/O 点数、控制要求、程序结构长短等因素有关。一般可按下式估算：存储容量＝开关量输入点数×10＋开关量输出点数×8＋模拟通道数×100＋定时器/计数器数量×2＋通信接口个数×300＋备用量。

3）分配 I/O 点

分配 PLC 的输入/输出点，编写输入/输出分配表或画出输入/输出端子的接线图，接着就可以进行 PLC 程序设计，同时进行控制柜或操作台的设计和现场施工。

4）程序设计

对于较复杂的控制系统，根据生产工艺要求，画出控制流程图或功能流程图，然后设计出梯形图，再根据梯形图编写语句表程序清单，对程序进行模拟调试和修改，直到满足控制要求为止。

5）控制柜或操作台的设计和现场施工

设计控制柜及操作台的电器布置图及安装接线图；设计控制系统各部分的电气互锁图；根据图纸进行现场接线，并检查。

6）应用系统整体调试

如果控制系统由几个部分组成，则应先作局部调试，然后再进行整体调试；如果控制程序的步骤较多，则可先进行分段调试，然后连接起来总调。

7）编制技术文件

技术文件应包括：可编程控制器的外部接线图等电气图纸、电器布置图、电器元件明细表、顺序功能图、带注释的梯形图和说明。

二、PLC 的软硬件设计及调试

1. PLC 的硬件设计

PLC 硬件设计包括：PLC 及外围线路的设计、电气线路的设计和抗干扰措施的设计等。

选定 PLC 的机型和分配 I/O 点后，硬件设计的主要内容就是电气控制系统的原理图的设计，电气控制元器件的选择和控制柜的设计。电气控制系统的原理图包括主电路和控制电路。控制电路中包括 PLC 的 I/O 接线和自动、手动部分的详细连接等。电器元件的选择主要是根据控制要求选择按钮、开关、传感器、保护电器、接触器、指示灯、电磁阀等。

2. PLC 的软件设计

软件设计包括系统初始化程序、主程序、子程序、中断程序、故障应急措施和辅助程序的设计，小型开关量控制一般只有主程序。首先应根据总体要求和控制系统的具体情况，确定程序的基本结构，画出控制流程图或功能流程图，简单的可以用经验法设计，复杂的系统一般用顺序控制设计法设计。

3. 软硬件的调试及联调

软硬件调试分模拟调试和联机调试。

软件设计好后一般先作模拟调试。模拟调试可以通过仿真软件来代替 PLC 硬件在计算机上调试程序。如果有 PLC 的硬件，可以用小开关和按钮模拟 PLC 的实际输入信号（如启动、停止信号）或反馈信号（如限位开关的接通或断开），再通过输出模块上各输出位对应的指示灯，观察输出信号是否满足设计的要求。需要模拟量信号 I/O 时，可用电位器和万用表配合进行。在编程软件中可以用状态图或状态图表监视程序的运行或强制某些编程元件。

硬件部分的模拟调试主要是对控制柜或操作台的接线进行测试。可在操作台的接线端子上模拟 PLC 外部的开关量输入信号，或操作按钮的指令开关，观察对应 PLC 输入点的状态。用编程软件将输出点强制 ON/OFF，观察对应的控制柜内 PLC 负载（指示灯、接触器等）的动作是否正常，或对应的接线端子上的输出信号的状态变化是否正确。

联机调试时，把编制好的程序下载到现场的 PLC 中。调试时主电路一定要断电，只对控制电路进行联机调试。通过现场的联机调试，还会发现新的问题或对某些控制功能的改进。

三、PLC 程序设计常用的方法

PLC 程序设计常用的方法主要有经验设计法、继电器控制电路转换为梯形图法、逻辑设计法、顺序控制设计法等。

1. 经验设计法

经验设计法即在一些典型的控制电路程序的基础上，根据被控制对象的具体要求，进行选择组合，并多次反复调试和修改梯形图，有时需增加一些辅助触点和中间编程环节，才能达到控制要求。这种方法没有规律可遵循，设计所用的时间和设计质量与设计者的经验有很大的关系，所以称为经验设计法。经验设计法用于较简单的梯形图设计。应用经验设计法必须熟记一些典型的控制电路，如启保停电路、脉冲发生电路等，这些电路在前面的章节中已经介绍过。

2. 继电器控制电路转换为梯形图法

继电器接触器控制系统经过长期的使用，已有一套能完成系统要求的控制功能并经过验证的控制电路图，而 PLC 控制的梯形图与继电器接触器控制电路很相似，因此可以直接将经过验证的继电器接触器控制电路图转换成梯形图。主要步骤如下。

（1）熟悉现有的继电器控制线路。

（2）对照 PLC 的 I/O 端子接线图，将继电器电路图上的被控器件（如接触器线圈、指示灯、电磁阀等）换成接线图上对应的输出点的编号，将电路图上的输入装置（如传感器、按钮开关、行程开关等）触点都换成对应的输入点的编号。

（3）将继电器电路图中的中间继电器、时间继电器，用 PLC 的辅助继电器、定时器来代替。

（4）画出全部梯形图，并予以简化和修改。

这种方法对简单的控制系统是可行的，比较方便，但对较复杂的控制电路就不适用了。

图 6-30 所示为电动机 Y/△减压启动控制主电路和电气控制的原理图，应用继电器控制电路转换为梯形图的方法将其控制电路转换为 PLC 程序，具体过程分析如下。

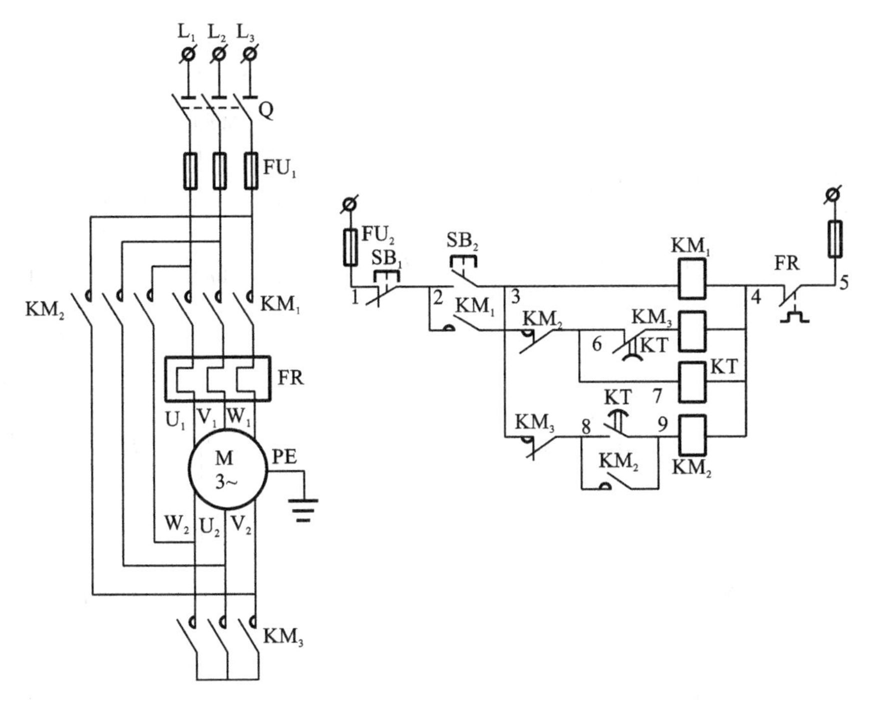

图 6-30 电动机 Y/△减压启动控制主电路和电气控制的原理图

1）工作原理描述

按下启动按钮 SB_2，KM_1、KM_3、KT 通电并自锁，电动机接成 Y 形启动，2 s 后，KT 动作，使 KM_3 断电，KM_2 通电吸合，电动机接成△形运行。按下停止按钮 SB_1，电动机停止运行。

2）I/O 分配

根据设计要求分配的 I/O 地址分配表见表 6-14。

表 6-14 电动机 Y/△减压启动控制 I/O 分配表

输入触点	功能说明	输出线圈	功能说明
I0.0	停止按钮 SB_1	Q0.0	接触器线圈 KM_1
I0.1	启动按钮 SB_2	Q0.1	接触器线圈 KM_2
I0.2	过载保护 FR	Q0.2	接触器线圈 KM_3

3）梯形图程序

转换后的梯形图程序如图 6-31 所示。按照梯形图语言中的语法规定简化和修改梯形图。为了简化电路，当多个线圈都受某一串并联电路控制时，可在梯形图中设置该电路控制的存储器的位，如 M0.0，简化后的程序如图 6-32 所示。

3. 逻辑设计法

逻辑设计法是以布尔代数为理论基础，根据生产过程中各工步之间的各个检测元件（如行程开关、传感器等）状态的变化，列出检测元件的状态表，确定所需的中间记忆元件，再列出各执行元件的工序表，然后写出检测元件、中间记忆元件和执行元件的逻辑表达式，再转换成梯形图。该方法在单一的条件控制系统中非常好用，相当于组合逻辑电路，但在与时间有关的控制系统中就很复杂。下面将以一个 PLC 控制的交通信号灯电路为例进行介绍。

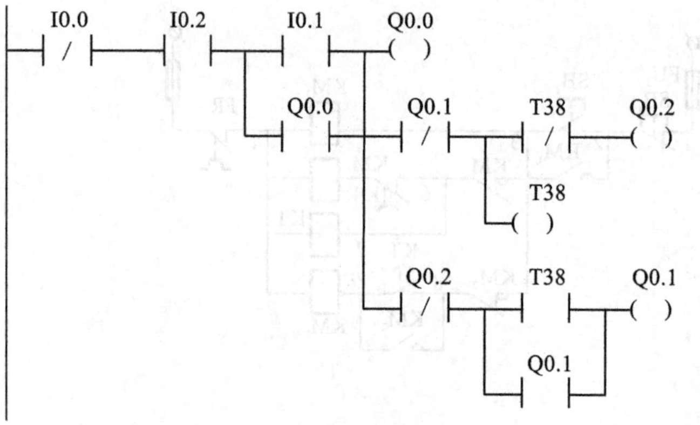

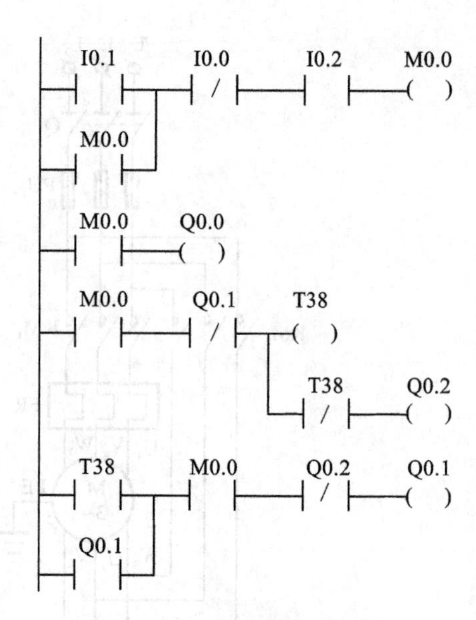

图 6-31　梯形图程序

图 6-32　简化后的梯形图程序

1）系统控制要求

图 6-33 所示为交通信号灯运行示意图。启动后南北红灯亮并维持 25 s。在南北红灯亮的同时，东西绿灯也亮 1 s 后，东西车灯即甲亮，到 20 s 时，东西绿灯闪亮，3 s 后熄灭，在东西绿灯熄灭后东西黄灯亮，同时甲灭，黄灯亮 2 s 后灭并且东西红灯亮；与此同时，南北红灯灭，南北绿灯亮，1 s 后，南北车灯即乙亮，南北绿灯亮了 25 s 后闪亮，3 s 后熄灭，同时乙灭，黄灯亮 2 s 后熄灭，南北红灯亮，东西绿灯亮，如此进行循环。

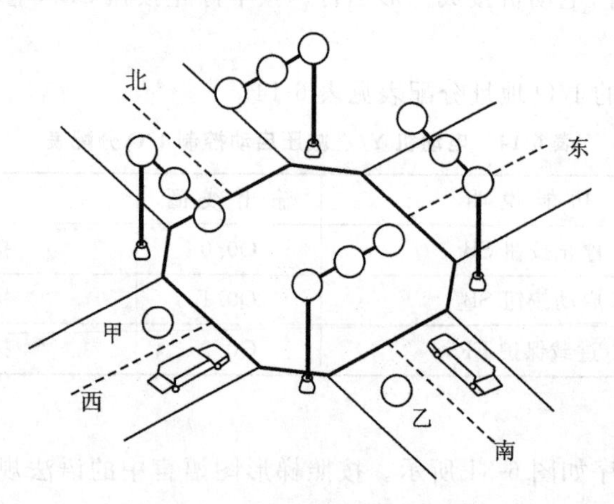

图 6-33　交通信号灯运行示意图

2）I/O 分配

系统的 I/O 分配表见表 6-15。

表 6-15　交通信号灯控制 I/O 分配表

输入触点	功能说明	输出线圈	功能说明
I0.0	启动按钮	Q0.0	南北红灯
输出线圈	功能说明	Q0.1	南北黄灯

续表

输入触点	功能说明	输出线圈	功能说明
Q0.5	东西绿灯	Q0.2	南北绿灯
Q0.6	南北车灯	Q0.3	东西红灯
Q0.7	东西车灯	Q0.4	东西黄灯

3）程序设计

根据控制要求首先画出十字路口交通信号灯的时序图，如图 6-34 所示。

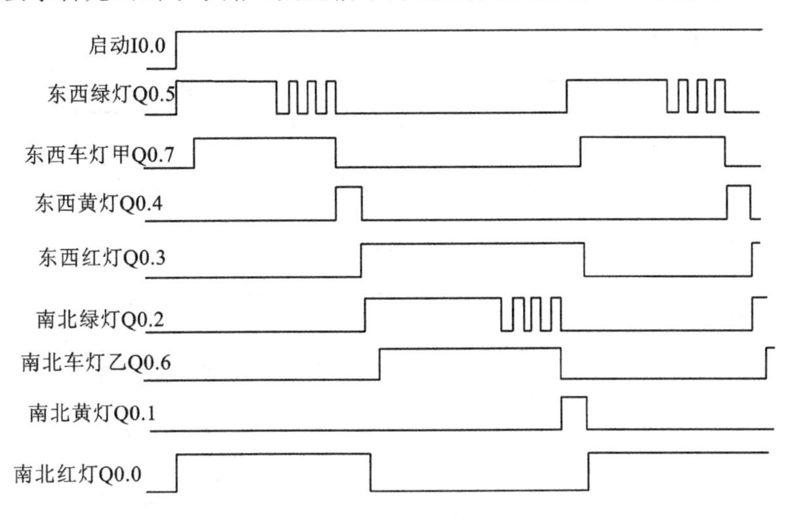

图 6-34　十字路口交通信号灯的时序图

根据十字路口交通信号灯的时序图，用基本逻辑指令设计的信号灯控制的梯形图如图 6-35 所示。分析如下。

首先，找出南北方向和东西方向灯的关系：南北红灯亮（灭）的时间＝东西红灯灭（亮）的时间，南北红灯亮 25 s（T37 计时）后，东西红灯亮 30 s（T41 计时）后。

其次，找出东西方向的灯的关系：东西红灯亮 30 s 后灭（T41 复位）→东西绿灯平光亮 20 s（T43 计时）后→东西绿灯闪光 3 s（T44 计时）后，绿灯灭→东西黄灯亮 2 s（T42 计时）。

再次，找出南北向灯的关系：南北红灯亮 25 s（T37 计时）后灭→南北绿灯平光 25 s（T38 计时）后→南北绿灯闪光 3 s（T39 计时）后，绿灯灭→南北黄灯亮 2 s（T40 计时）。

最后，找出车灯的时序关系：东西车灯是在南北红灯亮后开始延时 1 s（T49 计时）后，东西车灯亮，直至东西绿灯闪光灭（T44 延时到）；南北车灯是在东西红灯亮后开始延时 1 s（T50 计时）后，南北车灯亮，直至南北绿灯闪光灭（T39 延时到）。根据上述分析列出各灯的输出控制表达式：

东西红灯：Q0.3＝T37

南北红灯 Q0.0＝M0.0・T37

东西绿灯：Q0.5＝Q0.0・T43＋T43・T44・SM0.5

南北绿灯：Q0.2＝Q0.3・T38＋T38＋T39・SM0.5

东西黄灯：Q0.4＝T44・T42

东西车灯：Q0.7＝T49・T44

南北黄灯 Q0.1＝T39・T40

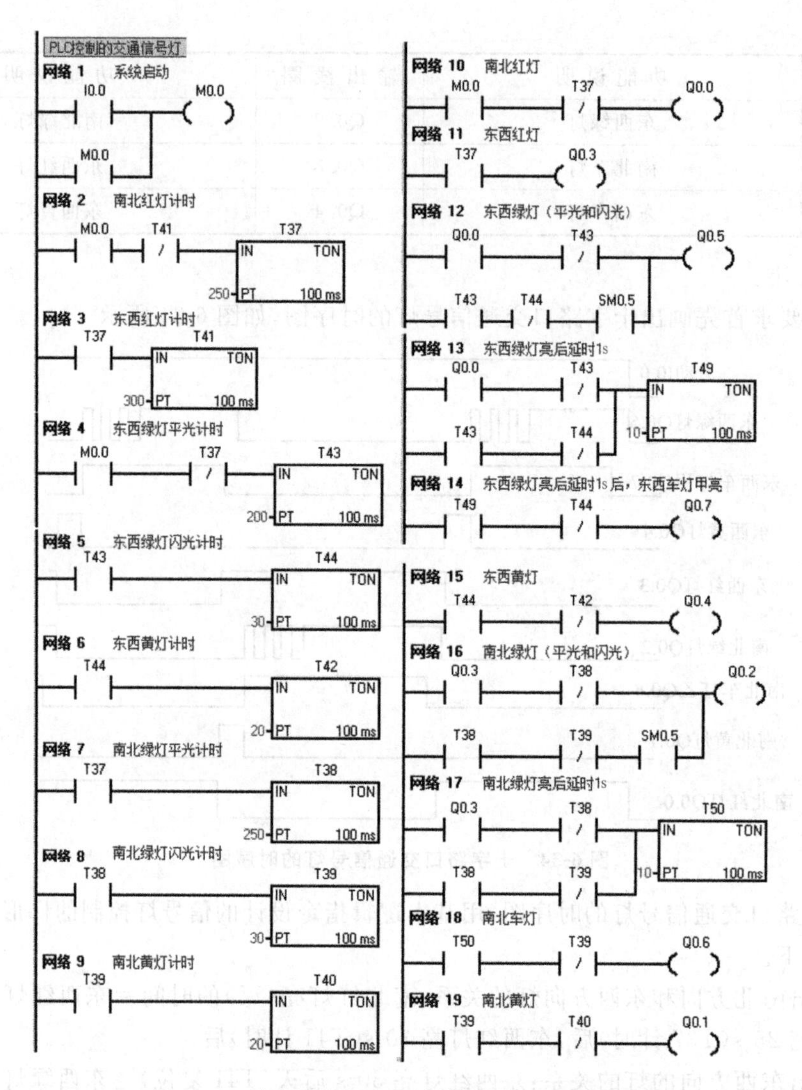

图 6-35　基本逻辑指令设计的信号灯控制的梯形图

南北车灯 Q0.6＝T50・T39

4. 顺序控制设计法

根据功能流程图，以步为核心，从起始步开始一步一步地设计下去，直至完成。此法的关键是画出功能流程图。首先将被控制对象的工作过程按输出状态的变化分为若干步，并指出工步之间的转换条件和每个工步的控制对象，这种工艺流程图集中了工作的全部信息，在进行程序设计时，可以用中间继电器 M 来记忆工步，一步一步地顺序进行，也可以用顺序控制指令来实现。下面将详细介绍功能流程图的种类及编程方法。

1) 单流程及编程方法

功能流程图的单流程结构形式如图 6-36 所示，其特点是：每一步后面只有一个转换，每个转换后面只有一步，各个工步按顺序执行，上一工步执行结束，转换条件成立，立即开通下一工步，同时关断上一工步。本节将重点介绍用中间继电器 M 来记忆工步的编程方法。

在图 6-36 中，当 $n-1$ 为活动步时，转换条件 b 成立，则转换实现，n 步变为活动步，同时 $n-1$ 步关断。由此可见，第 n 步成为活动步的条件是：$X_{n-1}=1, b=1$；第 n 步关断的条件只有一

个 $X_{n+1}=1$。用逻辑表达式表示功能流程图的第 n 步开通和关断条件为

$$X_n = (X_{n-1} \cdot b + X_n) \cdot \overline{X_{n+1}} \tag{6-12}$$

式中：等号左边的 X_n 为第 n 步的状态；

等号右边 X_{n+1} 表示关断第 n 步的条件，X_n 表示自保持信号，b 表示转换条件。

图 6-37 所示为一个控制系统的功能流程图，根据该流程图设计出相应的梯形图程序。为了完成设计要求，我们使用启保停电路模式的编程方法。在梯形图中，为了实现前级步为活动步且转换条件成立时，才能进行步的转换，总是将代表前级步的中间继电器的常开接点与转换条件对应的接点串联，作为代表后续步的中间继电器得电的条件。当后续步被激活，应将前级步关断，所以用代表后续步的中间继电器常闭接点串在前级步的电路中。图 6-37 所示的功能流程图其对应的逻辑状态关系为

$$M0.0 = (SM0.1 + M0.2 \cdot I0.2 + M0.0) \cdot \overline{M0.1}$$
$$M0.1 = (M0.0 \cdot I0.0 + M0.1) \cdot \overline{M0.2}$$
$$M0.2 = (M0.1 \cdot I0.1 + M0.2) \cdot \overline{M0.0}$$
$$Q0.0 = M0.1 + M0.2$$
$$Q0.1 = M0.2$$

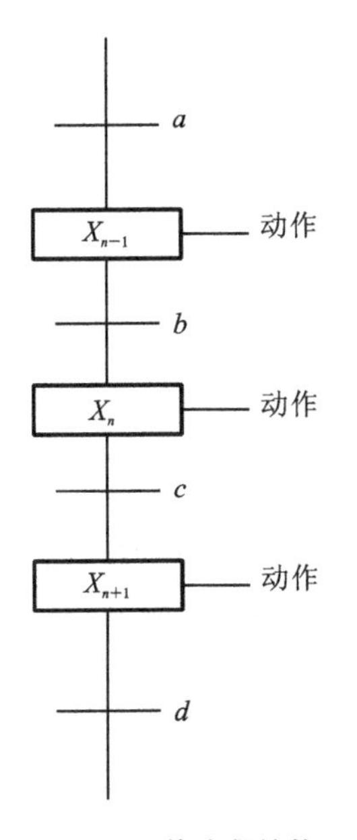

图 6-36 单流程结构

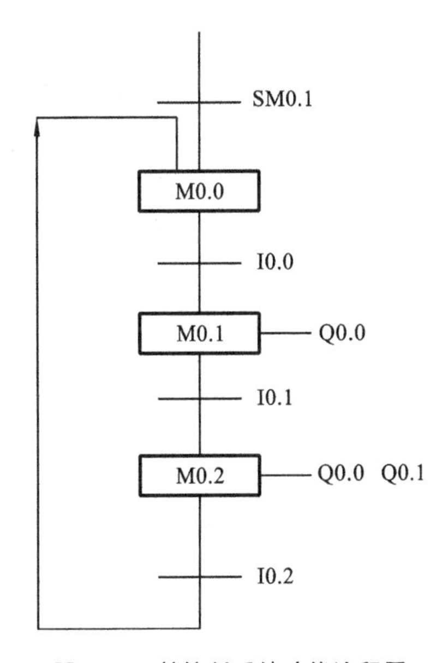

图 6-37 某控制系统功能流程图

对于输出电路的处理应注意：Q0.0 输出继电器在 M0.1、M0.2 步中都被接通，应将 M0.1 和 M0.2 的常开接点并联去驱动 Q0.0；Q0.1 输出继电器只在 M0.2 步为活动步时才接通，所以用 M0.2 的常开接点驱动 Q0.1。使用启保停电路模式编制的梯形图程序如图 6-38 所示。

2）选择分支及编程方法

选择分支分为两种，图 6-39(a)为选择分支开始，图 6-39(b)为选择分支结束。选择分支开始是指一个前级步后面紧接着若干个后续步可供选择，各分支都有各自的转换条件，在图中则表示为代表转换条件的短画线在各自分支中；选择分支结束，又称选择分支合并，是指几个选择分支在各自的转换条件成立时转换到一个公共步上。

在图 6-39(a)中，假设 2 为活动步，若转换条件 $a=1$，则执行工步 3；如果转换条件 $b=1$，则执

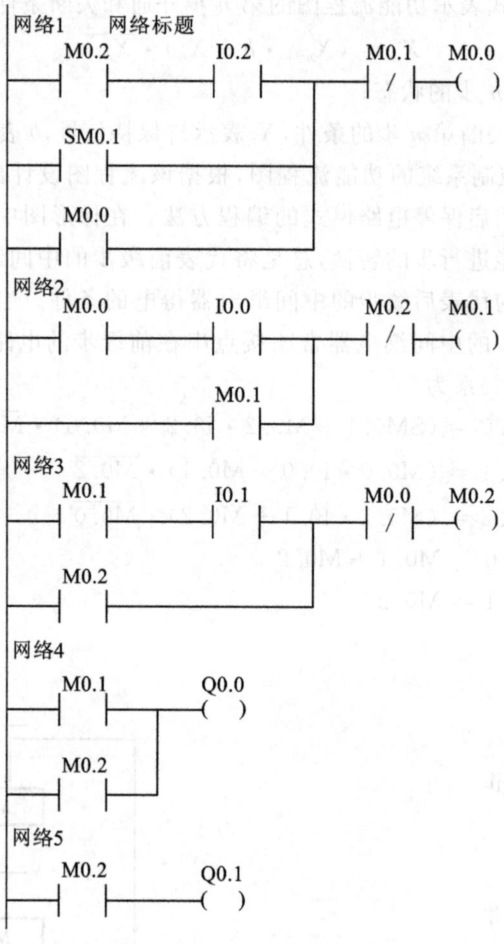

图 6-38 功能流程图的梯形图程序

行工步 4；转换条件 $c=1$，则执行工步 5，即哪个条件满足，则选择相应的分支，同时关断上一步 2，一般只允许选择其中一个分支，在编程时，若图 6-39(a)中的工步 2、3、4、5 分别用 M0.0、M0.1、M0.2、M0.3 表示，则当 M0.1、M0.2、M0.3 之一为活动步时，都将导致 M0.0=0，所以在梯形图中应将 M0.1、M0.2 和 M0.3 的常闭接点与 M0.0 的线圈串联，作为关断 M0.0 步的条件。

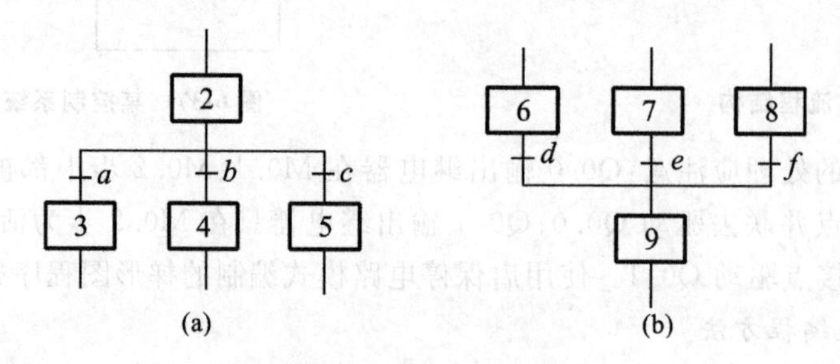

图 6-39 选择性分支结构

在图 6-39(b)中，如果步 6 为活动步，转换条件 $d=1$，则工步 6 向工步 9 转换；如果步 7 为活动步，转换条件 $e=1$，则工步 7 向工步 9 转换；如果步 8 为活动步，转换条件 $f=1$，则工步 8 向工步 9 转换。若图 6-39(b)中的工步 6、7、8、9 分别用 M0.4、M0.5、M0.6、M0.7 表示，则

M0.7(工步 9)的启动条件为 M0.4 • d+M0.5 • e+M0.6 • f。

图 6-40 所示的功能流程图为一个选择性分支结构的功能流程图，根据该图设计出梯形图程序。

分析：使用启保停电路的模式编程，对应的状态逻辑关系为

$$M0.0 = (SM0.1 + M0.3 \cdot I0.4 + M0.0) \cdot \overline{M0.1} \cdot \overline{M0.2}$$

$$M0.1 = (M0.0 \cdot I0.0 + M0.1) \cdot \overline{M0.3}$$

$$M0.2 = (M0.0 \cdot I0.2 + M0.2) \cdot \overline{M0.3}$$

$$M0.3 = (M0.1 \cdot I0.1 + M0.2 \cdot I0.3 + M0.3) \cdot \overline{M0.0}$$

$$Q0.0 = M0.1$$

$$Q0.1 = M0.2$$

$$Q0.2 = M0.3$$

对应的梯形图程序如图 6-41 所示。

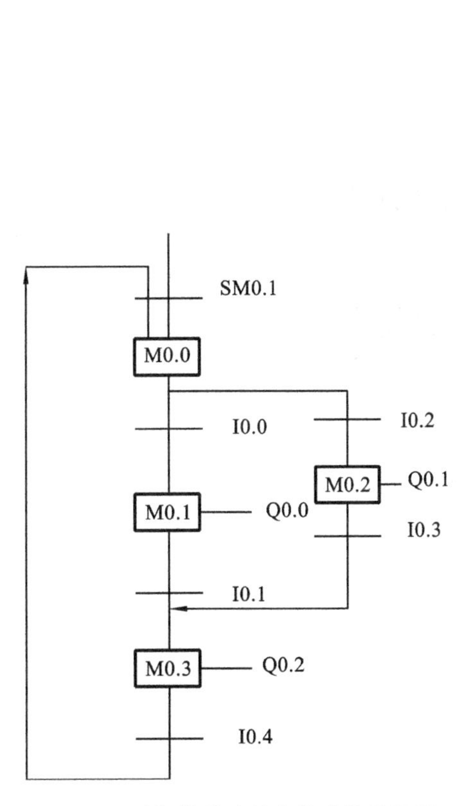

图 6-40 选择性分支结构的功能流程图

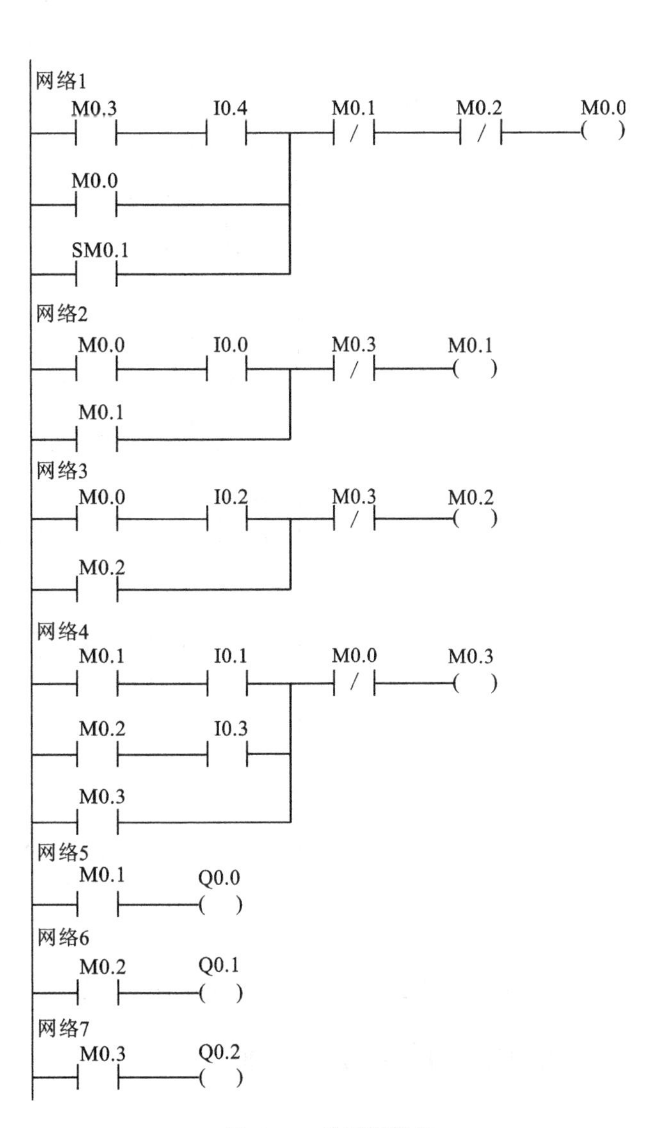

图 6-41 梯形图程序

3）并行分支及编程方法

并行分支也分两种，图 6-42(a)为并行分支的开始，图 6-42(b)为并行分支的结束，也称为合并。并行分支的开始是指当转换条件实现后，同时使多个后续步激活，为了强调转换的同步实现，水平连线用双线表示，在图 6-42(a)中当工步 2 处于激活状态，若转换条件 $e=1$，则工步 3、4、5 同时启动，工步 2 必须在工步 3、4、5 都开启后，才能关断；并行分支的合并是指：当前级步 6、7、8 都为活动步，且转换条件 f 成立时，开通步 9，同时关断步 6、7、8。

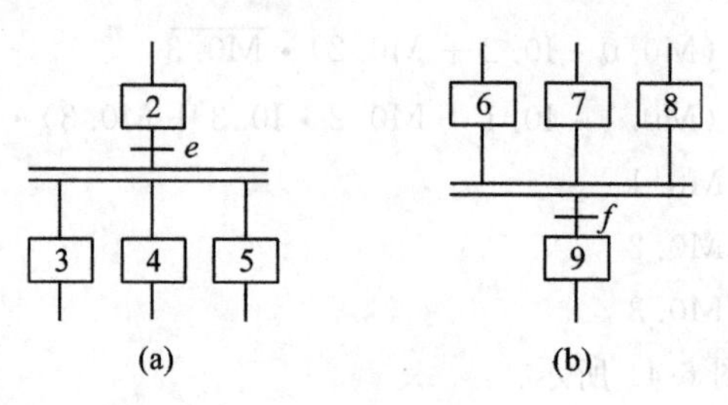

图 6-42　并行分支

图 6-43 所示的功能流程图为并行分支结构，根据该图设计出梯形图程序。

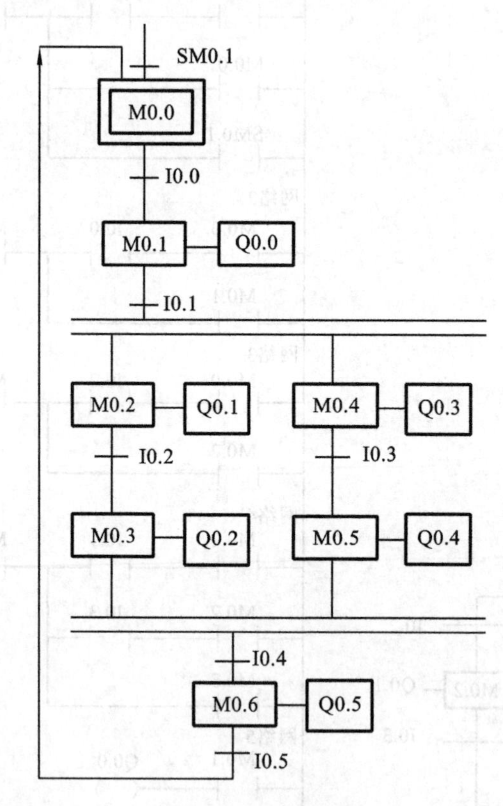

图 6-43　并行分支

使用启保停电路的模式编程，对应的梯形图程序如图 6-44 所示。

四、PLC 程序设计步骤

PLC 程序设计一般分为以下几个步骤。

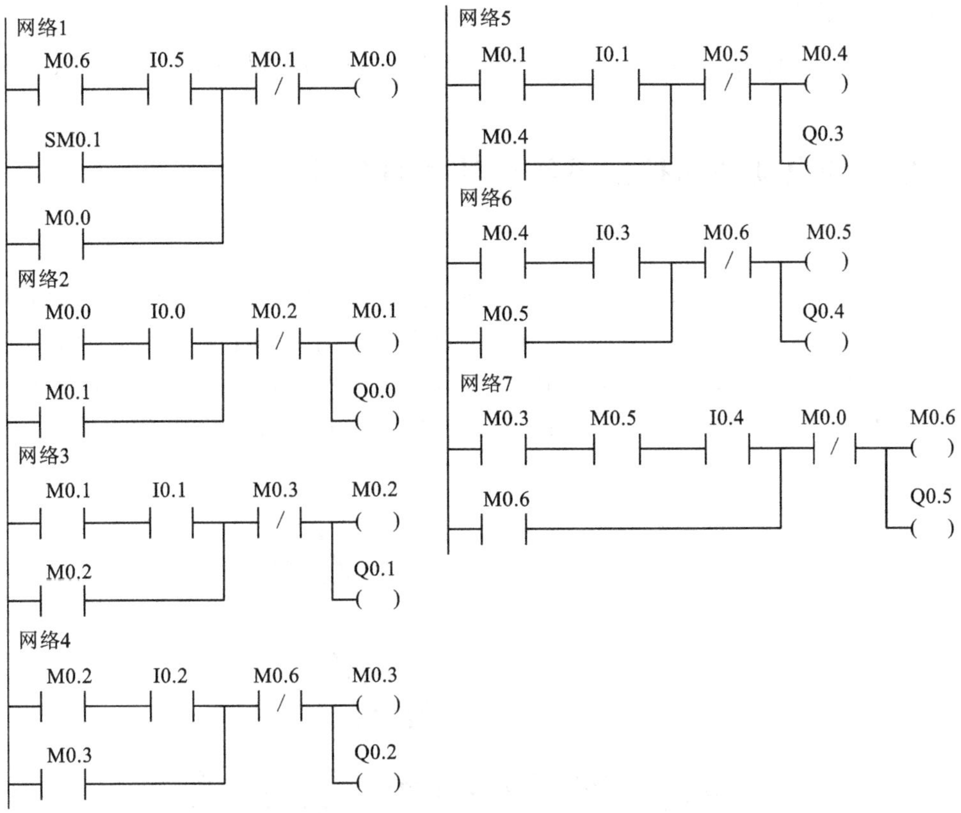

图6-44 用启保停电路模式的编程

1. 程序设计前的准备工作

程序设计前的准备工作就是要了解控制系统的全部功能、规模、控制方式、输入/输出信号的种类和数量、是否有特殊功能的接口、与其他设备的关系、通信的内容与方式等，从而对整个控制系统建立一个整体的概念；接着进一步熟悉被控对象，可把控制对象和控制功能按照响应要求、信号用途或控制区域分类，确定检测设备和控制设备的物理位置，了解每一个检测信号和控制信号的形式、功能、规模及之间的关系。

2. 设计程序框图

根据软件设计规格书的总体要求和控制系统的具体情况，确定应用程序的基本结构、按程序设计标准绘制出程序结构框图，然后再根据工艺要求，绘出各功能单元的功能流程图。

3. 编写程序

根据设计出的框图逐条地编写控制程序。编写过程中要及时给程序加注释。

4. 程序调试

调试时先从各功能单元入手，设定输入信号，观察输出信号的变化情况。各功能单元调试完成后，再调试全部程序，调试各部分的接口情况，直到满意为止。程序调试可以在实验室进行，也可以在现场进行。如果在现场进行测试，需将可编程控制器系统与现场信号隔离，可以切断输入/输出模板的外部电源，以免引起机械设备动作。程序调试过程中先发现错误，后进行纠错。基本原则是“集中发现错误，集中纠正错误”。

5. 编写程序说明书

在说明书中通常对程序的控制要求、程序的结构、流程图等给以必要的说明，并且给出程序的使用说明。

五、生产线自动装箱控制系统设计实例分析

1. 系统要求

生产线自动装箱控制装置示意图如图 6-45 所示，要求对生产线上某种产品自动按指定数量(如 12 个)装箱，产品装箱前及装箱后都由传送带传送，具体控制工艺是：生产的产品由传送带 A 传送并装入由传送带 B 传送的空箱中，每 12 个产品装入一箱，当传送带 A 传送 12 个产品装入一箱后，传送带 B 将该箱产品移走，并传送下一个空箱到指定位置等待传送带 A 传送来的产品。

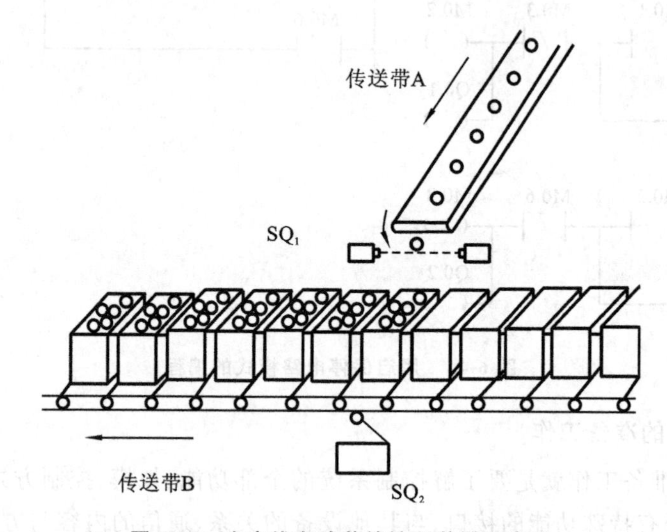

图 6-45　生产线自动装箱控制装置示意图

2. 设计任务和要求

(1) 按下控制装置启动按钮后，传送带 B 先启动运行，拖动空箱体前移至指定位置，达到指定位置后，由位置开关 SQ_2 发出信号，使传送带 B 制动停止。

(2) 传送带 B 停车后，传送带 A 启动运行，产品逐一落入箱内，由光电传感器 SQ_1 检测产品数量，当累计产品数量达到 12 个时，传送带 A 制动停车，传送带 B 启动运行。

(3) 上述过程周而复始进行，直到按下停止按钮，传送带 A 和传送带 B 同时停止。

(4) 应有必要的信号指示，如电源有电、传送带 A 工作和传送带 B 工作等。

(5) 传送带 A 和传送带 B 应有独立点动控制，以便于调试和维修。

以上工序的流程图如图 6-46 所示。

3. 系统硬件设计

根据自动装箱系统的控制要求，系统应有手动控制和自动控制功能，系统主电路如图 6-47 所示，图中的熔断器 FU_1、FU_2、FU_3 为电路提供短路保护，热继电器 FR_1 和 FR_2 为电动机的过载保护；系统的 IO 地址分配表见表 6-16 所示，根据 IO 点数选择的 PLC 为 S7-200 系列的 CPU224，实际的 PLC 外部接线图如图 6-48 所示。

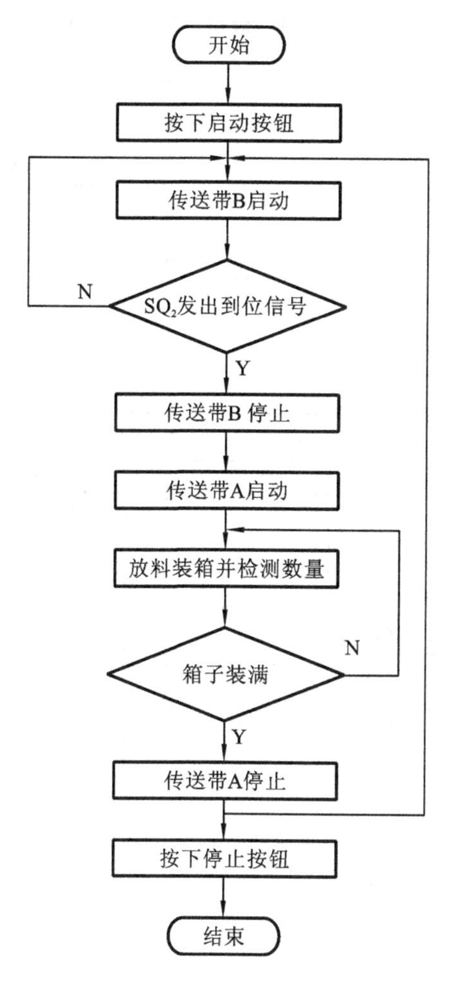

图 6-46 生产线自动装箱流程图

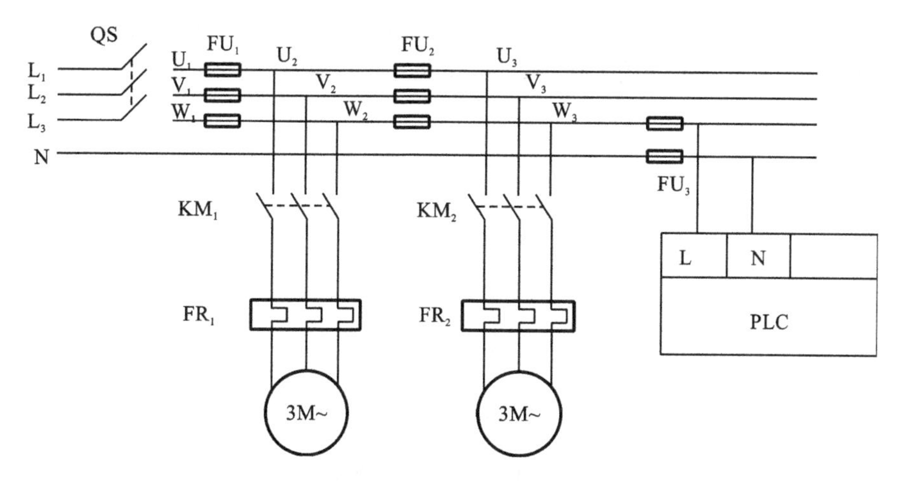

图 6-47 系统主电路原理图

表 6-16 生产线自动装箱控制系统 I/O 分配表

输入触点	功能说明	输出	功能说明
I0.0	启动按钮 SB_1	Q0.0	手动(点动控制)指示灯 L_1
I0.1	停止按钮 SB_2	Q0.1	传送带 A 电动机接触器线圈 KM_1
I0.2	SQ_2 输入	Q0.2	传送带 B 电动机接触器线圈 KM_2
I0.3	SQ_1 输入	Q0.3	装箱指示灯 L_2
I0.4	传送带 B 点动 SB_3	Q0.4	上电指示 L_3
I0.5	传送带 A 点动 SB_4		
I0.6	FR_1、FR_2 过载保护输入		

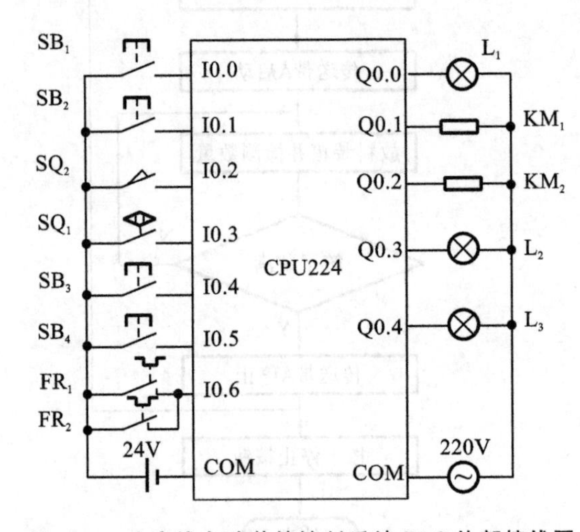

图 6-48 生产线自动装箱控制系统 PLC 外部接线图

4. 控制系统 PLC 程序设计

根据控制系统的设计要求,画出的功能流程图如图 6-49 所示,整个系统分为三个工步:M0、M1 和 M2,M0 表示系统开始工作,M1 表示传送带 B 启动,M2 表示传送带 A 启动。梯形图程序如图 6-50 所示。

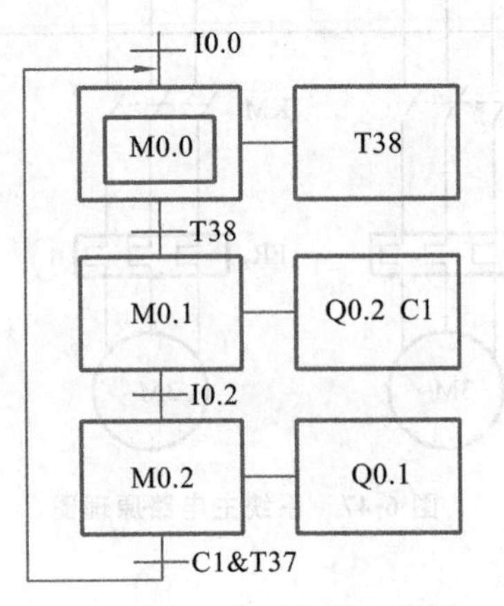

图 6-49 控制系统功能流图

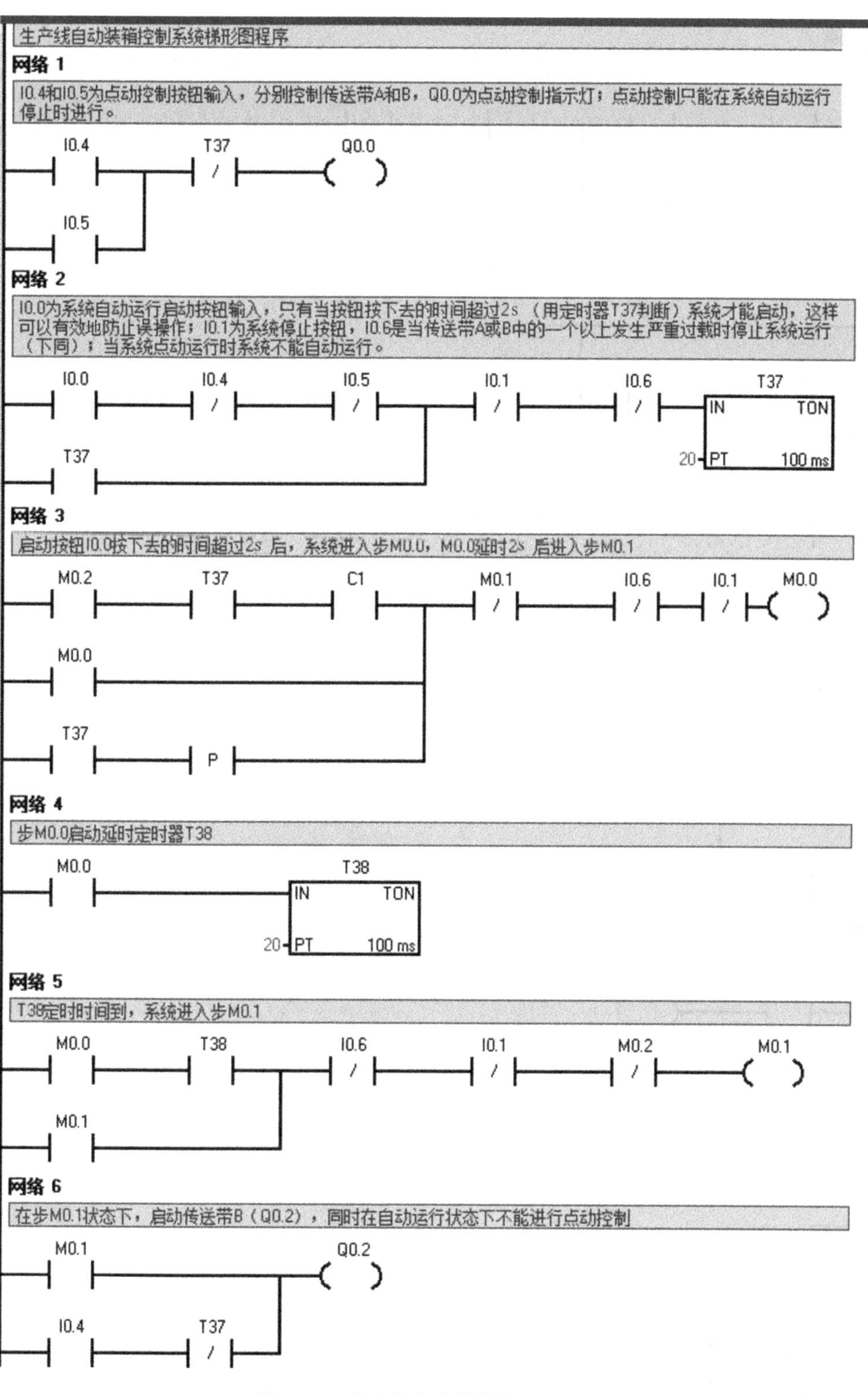

图 6-50　生产线自动装箱控制梯形图

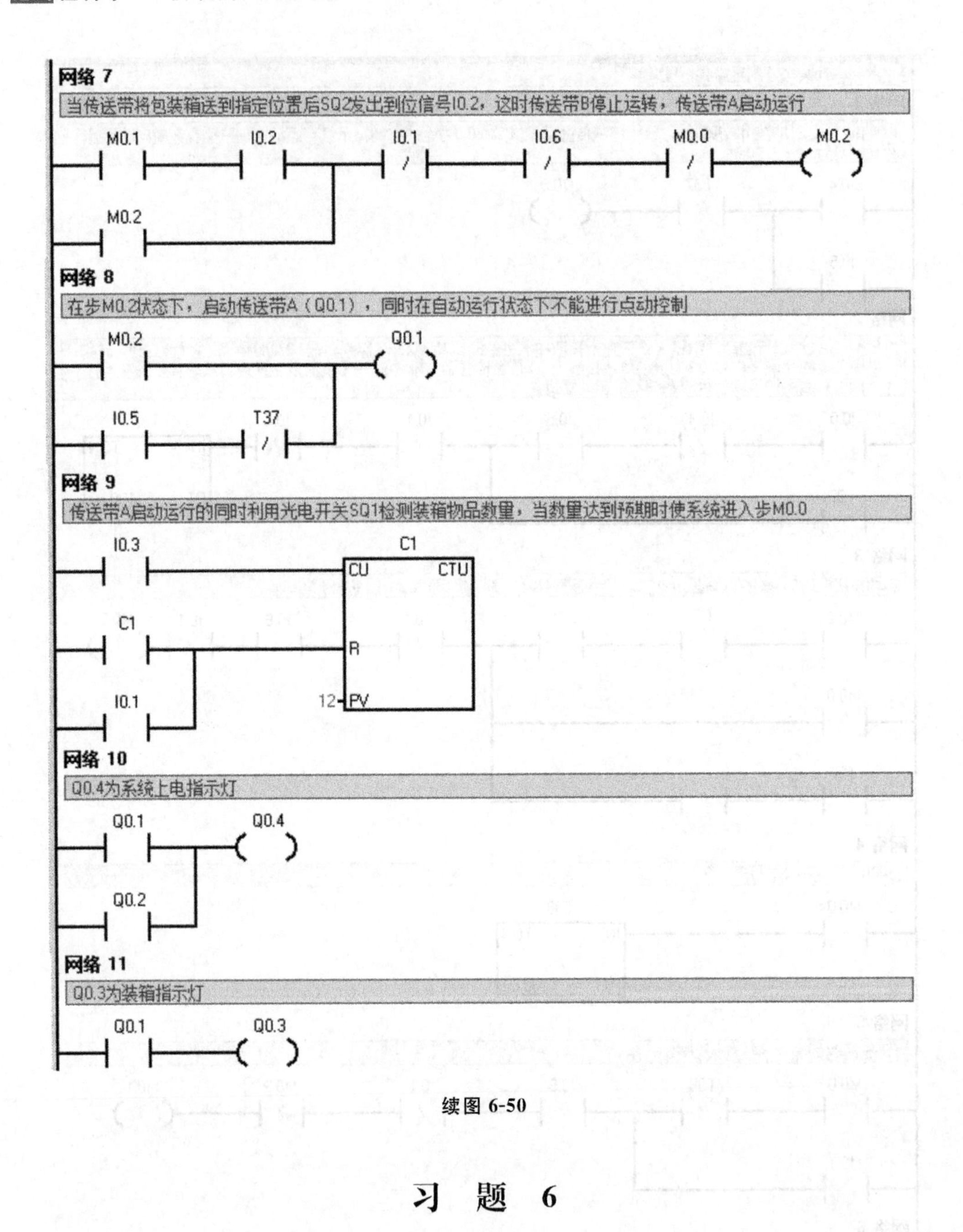

续图 6-50

习 题 6

思考题

1. S7-200 系列 PLC 支持的通信协议有哪些？它们各有什么特点？

2. 如何理解自由口通信的功能？

3. 继电器输出型的 PLC 能否用于控制步进电动机？

4. 使用 PID 指令时需要注意什么问题？PID 控制中的 P、I、D 的具体含义是什么，它们各自有什么控制作用？

5. PLC 的选型原则有哪些？

6. 在进行 PLC 的硬件系统设计时需要注意哪些问题？

7. PLC 程序设计常用的方法有哪些?

8. PLC 程序设计的一般步骤有哪些?

9. 组态类软件有什么用途? 用 PLC 和组态软件构成监控系统的主要步骤有哪些?

10. 编制第五节介绍的生产线自动装箱控制系统的力控上位机监控程序。

11. SM30 中赋值为 2 和 9 时的含义分别是什么?

12. 简述高速计数器指令和高速脉冲指令的使用方法。

参考文献 CANKAOWENXIAN

[1] 张凤珊. 电气控制及可编程序控制器[M]. 2 版. 北京:中国轻工业出版社,2003.
[2]《工厂常用电气设备手册》编写组. 工厂常用电气设备手册[M]. 2 版. 北京:中国电力出版社,1998.
[3] 马志溪. 电气工程设计[M]. 北京:机械工业出版社,2002.
[4] 刘增良,刘国亭. 电气工程 CAD[M]. 北京:中国水利水电出版社,2002.
[5] 齐占庆,王振臣. 电气控制技术[M]. 北京:机械工业出版社,2002.
[6] 史国生. 电气控制与可编程控制器技术[M]. 北京:化学工业出版社,2003.
[7] 郁汉琪. 电气控制与可编程序控制器应用技术[M]. 南京:东南大学出版社,2003.
[8] 张万忠. 可编程控制器应用技术[M]. 北京:化学工业出版社,2001.
[9] 王兆义. 小型可编程控制器实用技术[M]. 北京:机械工业出版社,2002.
[10] 任振辉等. 电气控制与 PLC 原理及应用[M]. 北京:中国水利水电出版社,2008.
[11] 吴晓君,杨向明. 电气控制与可编程控制器应用[M]. 北京:中国建材工业出版社,2004.
[12] 李道霖. 电气控制与 PLC 原理及应用[M]. 北京:电子工业出版社,2004.
[13] 闫和平等. 常用低压电器与电气控制技术[M]. 北京:机械工业出版社,2006.
[14] 王永华. 现代电气控制及 PLC 应用技术[M]. 北京:北京航空航天大学出版社,2003.
[15] 廖常初. 西门子人机界面组态与应用技术[M]. 北京:机械工业出版社,2007.
[16] 龚运新. 工业组态软件应用技术[M]. 北京:清华大学出版社,2013.
[17] 黄永红. 电气控制与 PLC 应用技术[M]. 北京:机械工业出版社,2011.